# 国外油气勘探开发新进展丛书

GUOWAIYOUQIKANTANKAIFAXINJINZHANCONGSHU

十九

## WATER-BASED CHEMICALS AND TECHNOLOGY FOR DRILLING, COMPLETION, AND WORKOVER FLUIDS

# 水基钻井液、完井液及修井液技术与处理剂

[奥] Johannes Fink 著

张 洁 冯 杰 王双威 等译
尹 达 程荣超 审校

石油工业出版社

## 内 容 提 要

本书介绍了油气藏开发过程中使用的水基钻井液、压裂液、调剖液、修井液等体系及处理剂，阐述了其作用机理、适用范围、注意事项等。主要内容包括：水基工作液的发展历史和应用现状；水基钻井液的分类、常用处理剂以及目前的研究热点；压裂液的分类、常用处理剂以及目前处理剂以及目前的研究热点；水基工作液在完井、修井、井眼修复、固井、清除滤饼、储层改造、堵水以及提高采收率等作业中的应用；水基工作液常用的化学处理剂；水基工作液环保要求及废弃物处理。

本书适合从事井筒工作液科研、生产及作业的工程技术人员阅读参考，同时可作为石油高校相关专业的教学参考书。

### 图书在版编目(CIP)数据

水基钻井液、完井液及修井液技术与处理剂 / (奥) 约翰内尔·芬克 (Johannes Fink) 著；张洁等译. —北京：石油工业出版社，2020.6
（国外油气勘探开发新进展丛书；十九）
书名原文：Water-Based Chemicals and Technology for Drilling, Completion, and Workover Fluids
ISBN 978-7-5183-3988-4

Ⅰ. ①水… Ⅱ. ①约… ②张… Ⅲ. ①水基钻井液②完井液③修井液④钻井液处理剂 Ⅳ. ①TE254②TE257③TE358

中国版本图书馆 CIP 数据核字 (2020) 第 075228 号

Elsevier(Singapore) Pte Ltd.
3 Killiney Road, #08-01 Winsland House I, Singapore 239519
Tel：(65) 6349-0200；Fax：(65) 6733-1817

Water-Based Chemicals and Technology for Drilling, Completion, and Workover Fluids
by Johannes Fink
Copyright © 2015 by Gulf Professional Publishing, an imprint of Elsevier Inc. All rights reserved.
ISBN-13：9780128025055

This translation of Water-Based Chemicals and Technology for Drilling, Completion, and Workover Fluidsby Johannes Finkwas undertaken by Petroleum Industry Pressand is published by arrangement with Elsevier (Singapore) Pte Ltd.

Water-Based Chemicals and Technology for Drilling, Completion, and Workover Fluids by Johannes Fink 由石油工业出版社有限公司进行翻译，并根据石油工业出版社与爱思唯尔（新加坡）私人有限公司的协议约定出版。

《水基钻井液、完井液及修井液与处理剂》(张洁 冯杰 王双威 等译)
ISBN：978-7-5183-3988-4
Copyright © 2020 by Elsevier (Singapore) Pte Ltd

All rights reserved. No part of this publication may be reproduced or transmitted in any form or by any means, electronic or mechanical, including photocopying, recording, or any information storage and retrieval system, without permission in writing from Elsevier (Singapore) Pte Ltd. Details on how to seek permission, further information about the Elsevier's permissions policies and arrangements with organizations such as the Copyright Clearance Center and the Copyright Licensing Agency, can be found at our website：www. elsevier. com/permissions.
This book and the individual contributions contained in it are protected under copyright by Elsevier (Singapore) Pte Ltd. and Petroleum Industry Press (other than as may be noted herein).

This edition is printed in China by Petroleum Industry Press under special arrangement with Elsevier (Singapore) Pte Ltd. This edition is authorized for sale in the People's Republic of China only, excluding Hong Kong SAR, Macau SAR and Taiwan. Unauthorized export of this edition is a violation of the contract.

本书简体中文版由 Elsevier(Singapore) Pte Ltd. 授权石油工业出版社在中国大陆地区（不包括香港、澳门特别行政区以及台湾地区）出版与发行。未经许可之出口，视为违反著作权法，将受民事和刑事法律之制裁。
本书封底贴有 Elsevier 防伪标签，无标签者不得销售。

### 注 意

本书涉及领域的知识和实践标准在不断变化。新的研究和经验拓展我们的理解，因此须对研究方法、专业实践或医疗方法作出调整。从业者和研究人员必须始终依靠自身经验和知识来评估和使用本书中提到的所有信息、方法、化合物或本书中描述的实验。在使用这些信息或方法时，他们应注意自身和他人的安全，包括注意他们负有专业责任的当事人的安全。在法律允许的最大范围内，爱思唯尔、译文的原文作者、原文编辑及原文内容提供者均不对因产品责任、疏忽或其他人身或财产伤害及/或损失承担责任，亦不对由于使用或操作文中提到的方法、产品、说明或思想而导致的人身或财产伤害及/或损失承担责任。

北京市版权局著作权合同登记号：01-2017-7213

出版发行：石油工业出版社
    （北京安定门外安华里 2 区 1 号楼　100011）
    网　　址：www.petropub.com
    编辑部：(010)64523583　图书营销中心：(010)64523633
经　销：全国新华书店
印　刷：北京中石油彩色印刷有限责任公司

2020 年 6 月第 1 版　2020 年 6 月第 1 次印刷
787×1092 毫米　开本：1/16　印张：12
字数：300 千字

定价：96.00 元
（如出现印装质量问题，我社图书营销中心负责调换）
版权所有，翻印必究

## 《国外油气勘探开发新进展丛书（十九）》
## 编 委 会

主　任：李鹭光

副主任：马新华　张卫国　郑新权

　　　　何海清　江同文

编　委：（按姓氏笔画排序）

　　　　王长宁　卢拥军　刘　春

　　　　张　宏　张　洁　范文科

　　　　周家尧　郝明强　章卫兵

# 《水基钻井液、完井液及修井液技术与处理剂》译审组

组　　长：冯　杰　尹　达　张　洁

副组长：程荣超　郝惠军　王双威

成　　员：赵志良　张　蝶　刘裕双　张晓兵　李　龙
　　　　　李颖颖　李　爽　张天怡　刘　凡　钱佃存

审　　校：尹　达　程荣超

# 序

"他山之石，可以攻玉"。学习和借鉴国外油气勘探开发新理论、新技术和新工艺，对于提高国内油气勘探开发水平、丰富科研管理人员知识储备、增强公司科技创新能力和整体实力、推动提升勘探开发力度的实践具有重要的现实意义。鉴于此，中国石油勘探与生产分公司和石油工业出版社组织多方力量，本着先进、实用、有效的原则，对国外著名出版社和知名学者最新出版的、代表行业先进理论和技术水平的著作进行引进并翻译出版，形成涵盖油气勘探、开发、工程技术等上游较全面和系统的系列丛书——《国外油气勘探开发新进展丛书》。

自2001年丛书第一辑正式出版后，在持续跟踪国外油气勘探、开发新理论新技术发展的基础上，从国内科研、生产需求出发，截至目前，优中选优，共计翻译出版了十八辑100余种专著。这些译著发行后，受到了企业和科研院所广大科研人员和大学院校师生的欢迎，并在勘探开发实践中发挥了重要作用，达到了促进生产、更新知识、提高业务水平的目的。同时，集团公司也筛选了部分适合基层员工学习参考的图书，列入"千万图书下基层，百万员工品书香"书目，配发到中国石油所属的4万余个基层队站。该套系列丛书也获得了我国出版界的认可，先后四次获得了中国出版协会的"引进版科技类优秀图书奖"，形成了规模品牌，获得了很好的社会效益。

此次在前十八辑出版的基础上，经过多次调研、筛选，又推选出了《天然裂缝性储层地质分析（第二版）》《压裂水平井》《水力压裂——石油工程领域新趋势和新技术》《钻井液和完井液的组分与性能（第七版）》《水基钻井液、完井液及修井液技术与处理剂》《管道应力分析相关土壤力学》等6本专著翻译出版，以飨读者。

在本套丛书的引进、翻译和出版过程中，中国石油勘探与生产分公司和石油工业出版社在图书选择、工作组织、质量保障方面积极发挥作用，一批具有较高外语水平的知名专家、教授和有丰富实践经验的工程技术人员担任翻译和审校工作，使得该套丛书能以较高的质量正式出版，在此对他们的努力和付出表示衷心的感谢！希望该套丛书在相关企业、科研单位、院校的生产和科研中继续发挥应有的作用。

中国石油天然气股份有限公司副总裁 李鹭光

# 译者前言

约翰内尔·芬克的《水基钻井液、完井液及修井液技术与处理剂》第一版于 2015 年由海湾出版社出版。全书介绍了油气藏开发过程中使用的水基钻井液、压裂液、调剖液、修井液等体系及处理剂，阐述了其作用机理、适用范围、注意事项等内容。为了响应对环境保护日益关注的趋势，还重点介绍了与化学处理剂相关的环境法规、钻完井液及修井液的废弃物处理标准等。

本书内容丰富，结构清晰。全书共分六章：第一章介绍水基工作液的发展历史和应用现状；第二章介绍水基钻井液的分类、常用处理剂以及目前的研究热点；第三章介绍压裂液的分类、常用处理剂以及目前的研究热点；第四章介绍水基工作液在完井、修井、井眼修复、固井、清除滤饼、储层改造、堵水以及提高采收率等作业中的应用；第五章介绍水基工作液常用的化学处理剂；第六章介绍水基工作液环保要求及废弃物处理。

译者很荣幸能够有机会翻译此书，使之能够尽快与国内读者见面。译著由冯杰、尹达和张洁牵头翻译，尹达、程荣超对全书进行了校对和审定。分工如下：第一章由冯杰、王双威、赵志良翻译；第二章由尹达、张蝶、张洁翻译；第三章由张洁、李龙、李颖颖翻译；第四章由程荣超、张晓兵、张天怡翻译；第五章由郝惠军、李爽、刘凡翻译；第六章由王双威、张天怡、钱佃存翻译。

本书对从事石油钻井工程、钻井液技术、储层改造技术、调剖堵水技术和修井技术等工作的现场工程师、相关科研院所的科技工作者及管理人员具有重要参考价值，也可作为高等院校石油工程和油田化学相关专业的辅导用书。但限于我们的知识和经验，本书在翻译过程中难免有疏漏或错误之处，望读者批评指正。

# 原书前言

本书主要从化学方面对水基工作液进行了介绍。在简要介绍水基工作液面临的主要挑战后，本书重点关注了水基工作液和处理剂的有机化学原理。通过调研已出版文献和已发表专利等材料，详述了各种处理剂的性能特点及其在工作液的作用机理。此外，随着人们对环境问题的日益重视，对水基工作液的环保性能也进行了详细介绍。

# 原书致谢

首先非常感谢该项目的负责人 Wolfgang Kern 教授长期以来对该书撰写工作的持续关注和帮助。感谢我们的大学图书馆管理员 Christian Hasenhüttl 博士，Johann Delanoy 博士，Franz Jurek 博士，Margit Keshmiri 博士，Dolores Knabl 博士，Friedrich Scheer 教授，Christian Slamenik 博士和 Renate Tschabuschnig 在文献采购方面的支持。感谢 Miskolc 大学的 Lakatos 教授，他的鼓励使我投身于撰写此书的工作之中。

# 目 录

1 发展概况 ……………………………………………………………………………………（ 1 ）
  1.1 发展历程 …………………………………………………………………………（ 1 ）
  1.2 水基工作液在油田的应用 …………………………………………………………（ 1 ）
  参考文献 …………………………………………………………………………………（ 2 ）

2 钻井液 ………………………………………………………………………………………（ 4 ）
  2.1 钻井液的分类 ………………………………………………………………………（ 4 ）
  2.2 水基钻井液分类 ……………………………………………………………………（ 4 ）
  2.3 钻井液处理剂 ………………………………………………………………………（ 10 ）
  2.4 当前水基钻井液的研究热点 ………………………………………………………（ 42 ）
  参考文献 …………………………………………………………………………………（ 55 ）

3 压裂液 ………………………………………………………………………………………（ 72 ）
  3.1 增产技术对比 ………………………………………………………………………（ 72 ）
  3.2 特殊类型压裂液 ……………………………………………………………………（ 72 ）
  3.3 压裂液添加剂 ………………………………………………………………………（ 77 ）
  3.4 水基压裂液的一些特殊问题 ………………………………………………………（ 96 ）
  参考文献 …………………………………………………………………………………（101）

4 水基工作液的其他用途 ……………………………………………………………………（113）
  4.1 完井和修井 …………………………………………………………………………（113）
  4.2 井眼修复 ……………………………………………………………………………（115）
  4.3 固井 …………………………………………………………………………………（115）
  4.4 滤饼清除 ……………………………………………………………………………（118）
  4.5 天然裂缝性碳酸盐岩储层改造 ……………………………………………………（119）
  4.6 堵水 …………………………………………………………………………………（119）
  4.7 清扫液 ………………………………………………………………………………（120）
  4.8 提高采收率 …………………………………………………………………………（120）
  4.9 管道清洗用凝胶清管剂 ……………………………………………………………（125）
  参考文献 …………………………………………………………………………………（127）

5 通用处理剂 …………………………………………………………………………………（132）
  5.1 水溶性聚合物 ………………………………………………………………………（132）
  5.2 缓蚀剂 ………………………………………………………………………………（132）
  5.3 抑菌剂 ………………………………………………………………………………（134）
  5.4 防冻液 ………………………………………………………………………………（135）
  5.5 增稠剂 ………………………………………………………………………………（139）
  5.6 表面活性剂 …………………………………………………………………………（140）

  5.7 润滑剂 ………………………………………………………………………（141）
  5.8 泡沫 ………………………………………………………………………（141）
  5.9 水基凝胶 …………………………………………………………………（143）
  5.10 用于回注施工的阻垢剂 ………………………………………………（150）
  5.11 多功能处理剂 …………………………………………………………（151）
  参考文献 ………………………………………………………………………（152）

**6 环境保护和废弃物处理** ……………………………………………………（157）
  6.1 环境法规 …………………………………………………………………（157）
  6.2 毒性测试 …………………………………………………………………（158）
  6.3 污染物 ……………………………………………………………………（159）
  6.4 副产品 ……………………………………………………………………（160）
  6.5 废液 ………………………………………………………………………（160）
  6.6 废液在固井过程中的应用 ………………………………………………（160）
  6.7 废液在聚合物生产过程中的应用 ………………………………………（162）
  6.8 水基钻井液的处理 ………………………………………………………（162）
  6.9 钻井废弃物 ………………………………………………………………（164）
  6.10 采出水的管理 …………………………………………………………（165）
  6.11 土壤油污染 ……………………………………………………………（165）
  参考文献 ………………………………………………………………………（166）

# 1 发展概况

## 1.1 发展历程

在互联网文献和专著中关于钻井液发展历程的记录十分详细[1-8]。根据这些记录我们可以制作一个详细的钻井液发展脉络图[9]。

最早有证可查的钻井记录是在公元前347年的中国，人们将钻头固定在竹竿上进行钻井作业，完井深度为240m左右[10]。1845年，法国工程师Pierre-Pascal Fauvelle（1797—1867）发明了一套通过中空铁管将清水灌入钻孔的新型的钻井工艺[11-13]。1850年左右，在冲击钻井工艺中，使用了钻井液将井底岩屑携带至地面[14]。

早期钻井过程中通常使用水基工作液。从古埃及人开始，已经用水将井筒中的钻屑携带至地面。1846年，罗伯特·比尔特(Robert Beart)提出可以使用水携带钻孔中的钻屑。1890年左右，钻井液中加入了黏土。大约在同一时期，开始使用清水和塑性材料配制钻井液，并实现了在循环过程中将岩屑携带出井筒。其中的塑性材料可以在井壁形成致密的滤饼，降低钻井液的滤失量[15]。

历史文献表明，钻井过程中大部分使用水基钻井液[16]。与油基钻井液相比，水基钻井液成本更低，更加环保，所以成为了钻井作业的第一选择。

此外，由于乳化钻井液可以降低钻井风险和综合钻井成本，因此成为陆地、大陆架和深水钻井的首选钻井液[17]。但是，由于乳化钻井液会造成环境污染，并且在漏失严重情况下钻井液成本会大大提高，所以限制了乳化钻井液的应用范围。目前乳化钻井液条件下的堵漏材料和堵漏工艺仍是钻井液领域的研究热点之一[18]。

## 1.2 水基工作液在油田的应用

水基工作液在石油工业中的应用主要包括以下几个领域：钻井液、压裂液、水泥浆、顶替液、注水、提高采收率、挤水泥、酸化、洗井液。

基浆和用于提高基浆性能的某些添加剂对于上述施工至关重要。不同用途的井筒工作液（例如杀菌液或防腐液等）可能会用到组分基本相同的添加剂，这些通用添加剂将在本书的单独章节中介绍。

历史文献总结了石油工业中井筒工作液材料选择索引方法和防腐机理[19]。文献中介绍的商品名录见表1-1。

表1-1 文献中的商品名录

| 商品名/描述 | 供应商 |
| --- | --- |
| Biovis®/葡萄糖类增黏剂[16] | Messina化学公司 |

续表

| 商品名/描述 | 供应商 |
| --- | --- |
| Duovis®/黄原胶[16] | M-I Swaco-斯伦贝谢公司 |
| Flotrol™/淀粉衍生物[16] | M-I Swaco-斯伦贝谢公司 |
| Glydril®/聚乙二醇(浊点添加剂)[16] | M-I Swaco-斯伦贝谢公司 |
| Poly-plus® HD/丙烯酸共聚物(页岩包被剂)[16] | M-I Swaco-斯伦贝谢公司 |
| olypac® UL/聚阴离子纤维素[16] | M-I Swaco-斯伦贝谢公司 |
| Polyplus® RD/丙烯酸共聚物(页岩稳定剂)[16] | M-I Swaco-斯伦贝谢公司 |

# 参 考 文 献

[1] Forbes RJ, O'Beirne DR. The technical development of the Royal Dutch/Shell: 1890-1940. Leiden: Brill Archive; 1957.

[2] Brantly J. History of oil well drilling. Houston: Book Division, Gulf Pub. Co; 1971. ISBN 9780872016347.

[3] Buja HO. Historische Entwicklung in der Bohrtechnik. In: Handbuch der Bau-grunderkennung. Teubner: Vieweg; 2009. p. 17–25. ISBN 978-3-8348-0544-7. doi: 10.1007/978-3-8348-9994-1_2.

[4] Buja HO. Handbuch der Tief-, Flach-, Geothermie-und Horizontalbohrtechnik Bohrtechnik in Grundlagen und Anwendung. Wiesbaden: Vieweg + Teubner; 2011. ISBN 9783834899439.

[5] Springer FP. Zur Geschichte der Tiefbohrtechnik aus der Perspektive von Lehr-und Fachbüchern. Res montanarum 2012; 50: 257-65.

[6] Apaleke AS, Al-Majed AA, Hossain ME. Drilling Fluid: State of the Art and Future Trend. The Woodlands, Texas: Society of Petroleum Engineers; 2012. ISBN 978-1-61399-181-7. doi: 10.2118/149555-MS.

[7] Cass D. Canadian Petroleum History Bibliography. Calgary, Alberta: Petroleum His-tory Society; 2013. URL: http://www.petroleumhistory.ca/history/phsBiblio2013-10.pdf.

[8] Clark MS. The history of the oil industry. Tech. Rep.; San Joaquin Valley Geology; Bakersfield, CA; 2014. URL: http://www.sjvgeology.org/history/.

[9] Russum S, Russum D. History of the World Petroleum Industry (Key Dates). Geo-Help, Inc.; 2012. URL: http://www.geohelp.net/world.html.

[10] Totten GE. Timeline of the History of Committee D02 on Petroleum Products and Lubricants and Key Moments in the History of the Petroleum and Related Industries. Incontext. West Conshohocken, PA: ASTM International; 2007. URL: http://www.astm.org/COMMIT/D02/to1899_index.html.

[11] Fauvelle PP. Sonda hidraulica y mejoras que la perfeccionan. ES Patent 306; 1861.

[12] Fauvelle M. On a new method of boring for artesian springs. J Frankl Inst 1846; 42(6): 369-72.

[13] Kroker W. Fauvelle, Pierre-Pascal. In: Day L, McNeil I, editors. Biographical Dictionary of the History of Technology. London, New York: Routledge; 1996. p. 440. ISBN 9780415060424. URL: http://books.google.at/books?id=m8TsygLyfSMC&pg=PA440&lpg=PA440&dq=Fauvelle+patent&source=bl&ots=fXitCldcMo&sig=JA4BuR2jpB66hNHquvOlRJZi_dc&hl=de&sa=X&ei=QEcDU9fFJMmMZt Aap04DAAg&ved=0CF4Q6AEwBw#v=onepage&q=Fauvelle%20patent&f=false.

[14] Robinson L. Historical perspective and introduction. In: ASME Shale Shaker Com-mittee, editor. Drilling Fluids Processing Handbook; Chap. 1. Amsterdam: Elsevier; 2005. ISBN 9780750677752.

[15] Chapman MN. Process of treating restored rubber, etc. CA Patent 35180; 1890.

[16] Patel AD, Stamatakis E. Low conductivity water based wellbore fluid. US Patent 8598095, assigned to M-I

[17] L. L. C. (Houston, TX); 2013. URL: http://www.freepatentsonline.com/8598095.html.

[17] Dye W, Daugereau K, Hansen N, Otto M, Shoults L, Leaper R, et al. New water based mud balances high-performance drilling and environmental compliance. SPE Drill Complet 2006; 21(4). doi: 10.2118/92367-PA.

[18] Alsaba M, Nygaard R, Hareland G, et al. Review of lost circulation materials and treatments with an updated classification. American Association of Drilling Engineers 2014; AADE-14-FTCE-25.

[19] Bahadori A. Corrosion and Materials Selection: A Guide for the Chemical and Petroleum Industries. Chichester, West Sussex, UK: Wiley; 2014. ISBN 1118869192.

# 2 钻井液

钻井液俗称钻井泥浆或泥浆,是指在油气钻井过程中利用自身多种功能满足钻井工程需要的各种循环流体的总称。钻井液在钻井过程中具有携带岩屑和固相颗粒、冷却并润滑钻头、辅助支撑钻杆和钻头、提供静水压力稳定井壁并防止井涌或井喷的作用。根据地层的地质特征,选择合适的钻井液体系,有助于保障钻完井安全。

钻井液通过钻井泵提供动力在井筒循环并发挥其功能。为了提高钻井液各种功能并降低能耗,要求钻井液有良好的流变性,在满足净化井筒、携带岩屑要求的前提下,降低循环压耗。

钻井液需要有合适的触变性,当钻井液停止循环期间可以将岩屑悬浮,避免岩屑沉降。开钻后,钻井液在钻头和钻杆的转动下恢复流动状态释放岩屑。钻井液还可以在井壁上形成低渗透的致密滤饼,降低钻井液滤失量从而减少钻井液消耗。

致密的滤饼还起到封堵井壁的作用,有助于保证井壁的规则程度,防止出现井壁垮塌掉块、缩径等情况。此外,钻井液配方的优化还应考虑抗岩屑污染能力,保证钻井液各项性能不会因钻屑的混入、溶解发生变化而影响钻井安全。

在石油与天然气工业钻井过程中大多使用水基钻井液(WBM)。水基钻井液通常由液相(淡水或盐水)以及用于加重、提高悬浮能力、改善润湿性、控制滤失量、保持流变性等功能的材料或处理剂。

## 2.1 钻井液的分类

可以根据分散特性、液相矿化度和所用处理剂的类型将钻井液进行分类。Lyons[2]对钻井液的分类情况见表2-1。

表2-1 钻井液分类

| 钻井液类型 | 特点 |
| --- | --- |
| 清水钻井液[a] | pH值为7~9.5,包括开钻钻井液、膨润土钻井液、磷酸盐钻井液、有机降黏钻井液(单宁酸钠钻井液、褐煤钻井液、木质素磺酸盐钻井液)、聚合物钻井液 |
| 抑制性钻井液[b] | 抑制黏土水化钻井液(石灰钻井液、石膏钻井液、海水钻井液、饱和盐水钻井液) |
| 低固相钻井液[b] | 固相含量3%~6%,大多为有机聚合物钻井液 |
| 乳化钻井液 | 水包油钻井液;油包水钻井液(逆乳化,含水量>5%) |

[a]分散相体系;[b]不分散体系。

## 2.2 水基钻井液分类

政府和环境监管机构对钻井液的环保情况要求越来越严格,导致钻井行业对水基钻井液的应用越来越广泛，目前水基钻井液的使用率约为85%[3]。水基钻井液的类型可以根据钻井液中水相成分划分[3]，例如：

(1) pH值；
(2) 矿化度；
(3) 增黏剂类型（例如增黏剂为黏土、聚合物或黏土—聚合物混合增黏）；
(4) 降滤失剂；
(5) 反絮凝剂；
(6) 分散剂。

钻井液配方的优选通常取决三个方面：一是维持钻井液中可溶成分的有效含量；二是能够有效的维持地层中可溶解、易分散矿物的稳定；三是成本尽可能低。表2-2中给出了文献中提到的几种钻井液类型。

表2-2 钻井液类型

| 淡水钻井液 | 聚合物钻井液 |
|---|---|
| 钻开液 | 钾离子抑制性钻井液 |
| 分散钻井液/胶体钻井液 | 钙基钻井液 |
| 石灰钻井液 | KCl钻井液 |
| 石膏钻井液 | 阳离子钻井液 |
| 海水钻井液 | 正电胶钻井液(MMH) |
| 盐水钻井液 | 低固相钻井液 |

接下来将详细讲述这些类型钻井液的特点。一般情况下水是水基钻井液的连续相。水中通常加入碱、盐、表面活性剂、聚合物胶体、油基乳液等可溶性处理剂，以及包括黏土、重晶石、被悬浮的岩屑等不溶物。

## 2.2.1 淡水钻井液

淡水钻井液的涵盖范围很广，既包括不添加任何处理剂的清水，也包括加入黏土、重晶石以及不同有机处理剂的高密度钻井液[3]。钻井液的配方组成由钻遇地层的特征决定。当需要一定黏度的钻井液时，可以向淡水中加入一定量的黏土或水溶性聚合物。许多处理剂需要在较弱离子强度的溶液中才能发挥应有的作用，所以淡水是配制此类钻井液的理想连续相。无机和/或有机处理剂对黏土的流变行为起着决定性作用，特别是在高温环境中。遇水膨胀型聚合物或/和水溶性聚合物可以控制钻井液的滤失量。由于包括蒙脱石在内的多种流型调节剂在pH值大于9的情况下才能发挥最佳功效，所以钻井液一般是偏碱性的。氢氧化钠是应用最广泛的碱度调节剂。根据地层的压力系数，可以使用不溶性加重处理剂调节钻井液的密度。

## 2.2.2 海水钻井液

出于经济性和便捷性考虑，海上钻井通常使用海水钻井液[3]。一般情况下海水钻井液的配制和维护与淡水钻井液基本相似。但是，由于海水矿化度较高，需要加入更多的离子稳定剂，调整钻井液的流变性，降低钻井液的滤失量。

### 2.2.3 饱和盐水钻井液

无论是陆地钻井还是海上钻井,都可能钻遇盐层或盐丘。常规钻井液在盐层钻进过程中,地层中的盐分会溶解于钻井液中,导致井径扩大。而饱和盐水钻井液能够大大降低盐分的溶解,保持井径规则。在美国,盐层主要使用 NaCl 盐水钻井液钻进,而在其他国家和地区,例如北欧,通常使用包括镁离子和钾离子的混合盐水钻井液。而在墨西哥的 Gulf 区块深水(水深大于 500m)钻井中,通常使用欠饱和盐水($20\% \sim 23\%$ NaCl)钻井液。原因主要包括维持水敏性页岩地层的井壁稳定和抑制储层的天然气水合物两个方面。与淡水钻井液和海水钻井液相比,高矿化度盐水钻井液需要使用不同的黏土和有机处理剂。通常使用抗盐黏土和有机物提高钻井液的黏度,使用淀粉或聚合物纤维素降低钻井液的滤失量,使用氢氧化钠或石灰将偏酸性盐水的 pH 值调整至 $9 \sim 11$。

### 2.2.4 钙处理钻井液

当钻遇水敏性页岩地层或黏土含量较高地层时,通常使用石膏或石灰处理钻井液以应对钻井过程中存在的问题[3]。钙基钻井液的 pH 值通常在 $9 \sim 10$,当使用石灰处理钻井液时,pH 范围则在 $12 \sim 13$。与不使用石膏或石灰处理的钻井液相比,钙基钻井液需要使用更多的处理剂调整钻井液的流变性和滤失量。

### 2.2.5 钾盐钻井液

钾盐钻井液通常包括 $1 \sim 2$ 种聚合物和一种钾盐,钾盐通常是氯化钾。钾离子钻井液多用于某些水敏性页岩地层以提高钻井液的抑制性。钾离子钻井液广泛应用与国际各大油气田钻探中。但是由于高浓度钾离子在生物毒性等方面不满足排放许可的要求,美国已经禁止在海上钻井中使用钾盐钻井液。

### 2.2.6 低固相钻井液

低固相钻井液由清水、黏土以及用于提高钻井液黏度并控制滤失量的聚合物组成,也被称作不分散聚合物钻井液[3]。低固相钻井液使用最低浓度的黏土并尽可能的去除岩屑等无用固相。该体系可以进行加重,但主要用于不需要加重的条件下。由于低固相钻井液中胶体状态的固相含量低,可以有效地提高机械钻速。在低固相钻井液中,通过加入聚合物调整钻井液的流变性。实践证明,黄原胶能够有效提高钻井液对岩屑的悬浮和携带能力。在岩石强度较高的地层,使用低固相钻井液可以提高机械钻速,显著降低钻井成本并将岩屑在井底堆积的趋势降至最低。

### 2.2.7 乳化钻井液

水包油钻井液的典型配方包括[4,5]:
(1)乳化剂;
(2)降滤失剂;
(3)流型调节剂;
(4)碱度调节剂;

(5) 抑制剂：用于抑制地层中遇水膨胀黏土等其他不利于钻井液稳定的水化反应处理剂；

(6) 润湿剂：使乳化油相与固体表面之间具有更好的亲和力，例如，用于改善润滑效果和提高井壁岩石的亲油性；

(7) 杀菌剂：抑制细菌生长，降低细菌对乳状液的破坏。

多种水基钻井液配方在现场应用中都取得了良好的效果，但是在砂岩储层钻进过程中，水基钻井液也面临着一些挑战[6]。

重油黏度高，流动性差，采收率低，传统的重力驱油或驱替驱油对于沥青含量高的重油砂岩储层是不合适的。蒸汽辅助重力驱油可以显著提高重油油藏的采收率。采用定向井工艺，在砂岩油层钻一口水平开发井；然后在砂岩油藏的上方，采用相同的工艺打一口平行于开发井的水平蒸汽注入井并射孔，通过蒸汽注入井，向开发井注入过热蒸汽，给重油加热，降低重油的黏度，提高重油的流动性。但是砂岩重油油藏储层段钻进过程中，由于岩屑含油量高，在水基钻井液中去除困难，使钻井液的重复利用率大大降低[6]。

这一问题的解决途径有两种：(1) 将含有沥青的钻井液注入钻井液降温装置，将沥青质冷凝后筛除，这种方法成本非常高；(2) 使用聚合物钻井液，并加入 0.3% 左右的非离子表面活性剂。

研究发现，通过添加亲水亲油平衡值 (HLB 值) ≥7 的表面活性剂，可以将水基钻井液中油砂岩屑中的油和沥青乳化。HBL 值是衡量表面活性剂亲水或亲油强弱的参数，这一参数由 Griffin 提出[7]。表 2-3 中给出了部分经实践证明有效的表面活性剂，这些表面活性剂由加拿大安大略省伯灵顿的 Stepan 公司制造。

壬基酚乙氧基化物分子式如图 2-1 所示。

表 2-3 非离子表面活性剂[6]

| 化合物 | HLB 值 | 供应厂商 |
| --- | --- | --- |
| 壬基酚乙氧基化物 | 8.3 | IGEPAL® CO-430 |
| 辛基酚乙氧基化物 | 10 | IGEPAL® CA-520 |

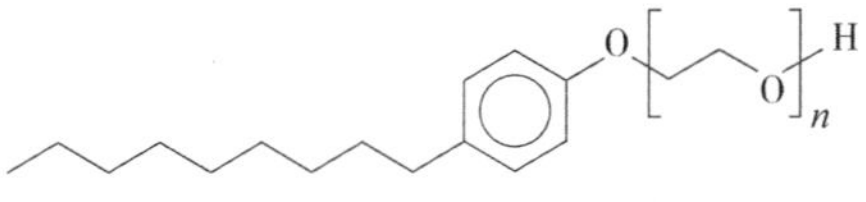

图 2-1 壬基酚乙氧基化物分子式

酯作为内相的水包油钻井液具有良好的生物友好性[5]。这些酯类等类油合成的化合物主要成分是碳链长度为 8~14 的脂肪酸 2-乙基己酯混合物、丙二醇单油酸酯或油酸异丁酯。

## 2.2.8 强抑制钻井液

提高钻井液的抑制性，可以预防强水敏地层岩石的水化分散[8]。强抑制钻井液由分子量为 400 万~1500 万的高分子量聚丙烯酰胺 (PAM)、分子量为 50 万~200 万的低分子量聚丙烯酰胺 (PAM)、长链多元醇和聚阴离子纤维素组成。典型的强水敏地层见表 2-4。

表 2-4 强抑制水基钻井液配方[8]

| 处理剂 | 加量 | 处理剂 | 加量 |
| --- | --- | --- | --- |
| NaCl | 24% | FILTER CHEK™ | 2 lb/bbl |
| CLAY GRABBER™ | 0.5lb/bbl | BARAZAN® | 1 lb/bbl |
| CLAY SYNC™ | 2.0lb/bbl | 氢氧化钾 | 0.5 lb/bbl |
| GEM™ | 2% | 重晶石 | |
| 聚阴离子纤维素 | 2 lb/bbl | | |

CLAY GRABBER™为高分子聚丙烯酰胺(PAM)，CLAY SYNC™为非离子低分子聚丙烯酰胺(PAM)，GEM™是一种长链多元醇，FILTER CHEK™为一种改性淀粉，BARAZAN®为一种增黏剂，所有处理剂均由哈里伯顿公司提供。

### 2.2.9 环保形势概述

世界范围内各区域对钻井过程中的环保要求越来越严格，因此最大程度的提高钻井全过程的环保程度成为钻井工程的重中之重。英国北海油田对钻井作业制定了强制性要求。随着钻井过程中对钻井液技术的日益升高，钻井液工业在新型环保钻井液体系和处理剂的研发上取得了令人瞩目的进步，能够同时满足环保性和经济性要求。

水基钻井液能够满足环保要求，但是相对于油基/合成基钻井液，水基钻井液在润滑性、页岩抑制能力和井壁稳定能力等方面还存在一定缺陷。通过在水基钻井液中加入多元醇或硅基页岩抑制剂，可以使水基钻井液的储层保护性能、润滑性能、井壁稳定性能和提高机械钻速方面与油基钻井液基本相当。

因此，为了在满足环保要求的前提下，进一步加强水基钻井液的性能，一种抑制性能够媲美油基钻井液的强抑制钻井液应运而生。与此同时，通过提高水基钻井液的储层保护性能，研发了一种低储层伤害水基钻开液，专门应用于主力储层段的钻井作业。

在水基钻井液中加入乙二醇或丙三醇等多元醇页岩抑制剂，可配制多元醇钻井液。多元醇抑制剂可以与常规的阴离子型钻井液和阳离子型钻井液搭配使用，提高钻井液对遇水易膨胀、分散页岩的抑制。除此之外，多元醇还可以提高钻井液的润滑性能。

硅酸钠和硅酸钾对页岩的抑制能力能够与油基钻井液媲美。硅酸盐钻井液需要将pH值提高至12以上，以保证其能够发挥最大的抑制作用。硅酸盐钻井液对页岩的抑制机理为：在储层低pH值环境条件下，硅酸盐钻井液中的硅酸可与高价阳离子生成沉淀和凝胶，生成的沉淀和凝胶可以覆盖在页岩表面，阻止页岩岩石与钻井液进一步接触，阻断水化膨胀、分散进程。

### 2.2.10 泡沫钻井流体

在某些特殊的地层，需要使用泡沫钻井流体代替常规的水基钻井液。例如，当钻遇压力亏空储层时，常规水基钻井液的密度过高，在井眼中的液柱压力大大超过地层岩石破裂压力。此时，可以通过向钻井液中充气，降低钻井液密度。同时为了维持钻井液对岩屑的悬浮、携带能力，通过加入发泡剂等处理剂使钻井液中的气体以稳定的泡沫状态均匀分布。

实验证明，在聚合物或共聚物溶液中加入与之所带电荷相反的表面活性剂可以制造稳定的泡沫流体。通过优选表面活性剂种类，调整表面活性剂与聚合物或共聚物的浓度比例，可以控制发泡率。因此阳离子聚合物或共聚物应与阴离子型表面活性剂配合使用。与之相反，阴离子聚合物或共聚物应与阳离子型表面活性剂配合使用。常见的阴离子型表面活性剂和阳离子型表面活性剂见表 2-5。

表 2-5 阴离子型表面活性剂和阳离子型表面活性剂

| 阴离子型表面活性剂 | 阳离子型表面活性剂 |
| --- | --- |
| 碱金属皂 | 烷基胺盐 |
| N-氨基酸 | 季铵盐 |
| N-酰基谷氨酸盐 | 烷基三甲基化合物 |
| N-酰基多肽 | 铵基三甲基化合物 |
| 谷氨酸盐 | 烷基二甲基苄基铵化合物石蜡 |
| 磺酸盐 | 吡啶酚化合物 |
| 木质素磺酸盐 | 咪唑啉化合物 |
| 磺基琥珀酸衍生物 | 烷基喹啉化合物 |
| 牛磺酸 | 哌啶化合物 |
| 烷基硫酸盐 | 吗啉化合物 |
| 烷基醚硫酸盐烷基 | |
| 磷酸盐 | |

泡沫钻井液还需优选聚合物材料。例如，阴离子天然高分子羧甲基纤维素与阳离子型表面活性剂十二烷基三甲基溴化铵配合使用，控制表面活性剂的浓度小于 5mmol/L，使两者电荷相互作用，可以形成稳定的泡沫流体。当十二烷基三甲基溴化铵浓度为 0.5mmol/L，CMC 浓度为 750ppm 时，形成的泡沫稳定性最强。实验证明，当表面活性剂过量时，由于表面活性剂和聚合物电荷交换过程过于剧烈，不利于泡沫的形成[9]。

## 2.2.11 火山灰处理钻井液

膨润土钻井液在表层钻井中广泛应用。但是膨润土钻井液抗一价盐和二价盐、无用泥质固相和水泥等污染能力弱，pH 值适用范围窄，抗温能力小于 100℃[10]，与地层的黏土、页岩的交互作用强，导致其适用范围受到了限制。

由于膨润土钻井液中的淡水对地层的溶解能力较强，往往会导致井径扩大，钻井液漏失等钻井复杂。针对这种情况，文献中介绍了一种提高膨润土钻井液优化配方，能够提高钻井液抗一价盐和二价盐、无用泥质固相、水泥污染能力和抗温能力。钻井液配方为火山灰、水、增黏剂、pH 缓蚀剂以及一种具有增黏、降滤失双重功能的钻井液处理剂[10]。

世界各地广泛分布的火山灰主要由二氧化硅、氧化铝、氧化钙、氧化铁和氧化镁组成。火山灰与其他类型的灰分组成不同，例如飞灰，其主要含有二氧化硅和石灰。根据地点，面积和沉积国家的不同，火山灰的成分可能会有一些变化。

## 2.3 钻井液处理剂

本节将介绍钻井液处理剂。这些处理剂虽然也能应用于水基钻井液之外的其他工艺，但是本节涉及的处理剂都在钻井液相关文献中被提高。主要的钻井液处理剂包括杀菌剂、防腐剂、消泡剂、乳化剂、降失水剂和流行调节剂以及页岩稳定剂等。水基钻井液可参考有关文献，见表2-6。

表2-6 水基钻井液

| 成分 | 参考文献 | 成分 | 参考文献 |
| --- | --- | --- | --- |
| 乙二醇基 | [11] | CMC，氧化锌 | [15] |
| 硅酸盐 | [12，13] | AAm共聚物，聚(丙二醇)(WBM) | [16] |
| 聚丙烯酰胺，CMC | [14] | | |

### 2.3.1 流型调节剂

#### 2.3.1.1 提高钻井液抗温能力的处理剂

通常将甲酸钾和甲酸钠等甲酸盐加入聚合物钻井液后，可以缓解聚合物钻井液在高温条件下黏度降低的问题，使聚合物的抗温能力增强。但是甲酸盐成本较高，除了甲酸盐以外还有其他处理剂能够提高聚合物钻井液的抗温能力[17]。

包含多种聚(糖)的井筒工作液的抗温能力在135~160℃(275~325℉)。表2-8列出了在120℃下热滚前后含黄原胶和PAM的钻井液的表观黏度。

表2-7 热滚前后钻井液的表观黏度

| 配方组成 | 表观黏度(cP) | | 配方组成 | 表观黏度(cP) | |
| --- | --- | --- | --- | --- | --- |
| | 热滚前 | 热滚后 | | 热滚前 | 热滚后 |
| 盐水/XC | 13 | 3 | 盐水/XC/黏土稳定剂 | 12.5 | 3 |
| 盐水/PA聚酰胺 | 8.5 | 6 | XC/PA | 30 | 28.5 |
| 盐水/降滤失剂 | 4 | 4 | XC/PA/FLC | 38.5 | 16.5 |
| 盐水/FLC/XC | 16 | 10.5 | XC/PA/FLC/CLAYSEAL | 34 | 28 |
| 盐水/FLC/PA | 14.6 | 9 | XC/PA/FLC/CLAYSEAL/Barite | 38.5 | 38.5 |

#### 2.3.1.2 羧甲基纤维素

取代度通常大于1.0的CMC和PAC是两种广泛使用的阴离子聚合物，常用于调节钻井液的流变性，降低钻井液滤失量[3]。

较高的取代度CMC(例如取代度与PAC相当时)，在含有蒙脱石型黏土如膨润土的含电解质钻井液体系中具有良好的降低滤失量效果。然而，CMC属于高分子电解质，其降滤失效果随着钻井液中电解质浓度的升高而变差。因此，CMC主要适用于电解质浓度较低的钻井液体系，例如淡水基钻井液体系。虽然高聚合度的CMC和PAC常被作为钻井液增黏剂使用，但是常规等级的CMC和PAC低剪切流速下黏度较低，悬浮岩屑能力较差，无法及时将钻屑携带到地面，不能保证井眼清洁。

黄原胶具有优良的的流变性,也是一种钻井液用增黏剂和悬浮剂[3]。当钻井液循环减慢或停钻时,它在短时间内形成凝胶,可以将分散的固体悬浮在钻井液。钻井液重新循环后,凝胶很容易转变成可流动流体,从而保持流体化合物中所含固体的良好分散。

然而,黄原胶相对昂贵,并且抗温能力为120℃,不适用于井底温度超过120℃的钻井作业。此外,多种黄原胶含有非常细的不溶性物质,通常是发酵生产过程中的残留物。这些不溶性材料不利于钻井作业中的井眼清洁。只有价格更高的黄原胶中不含有此类不溶物质[3]。

在大多数钻井作业中,钻井液循环过程中会被高速剪切。施加高剪切可显著改善CMC的胶凝性能[3]。钻井液加入CMC并被高速剪切后,会形成凝胶状的流体,优化钻井液的流变性。

在70℃以上温度下对CMC热处理也可激发CMC的胶凝性质。有文献报道,CMC最高抗温140℃,高于此温度,CMC会受热分解。与抗温能力为120℃的黄原胶钻井液相比,CMC可以在更高的温度下进行钻井作业。

### 2.3.1.3 两性水溶季铵盐聚合物

文献中介绍了适用于水基钻井液的流型调节剂[18]。这是一种同时含有阳离子基团和阴离子基团的两性聚合物,其中阳离子基团为含季铵的两性羧甲基纤维素。

两性聚合物显示出与众不同的溶液性质。电离平衡的聚两性电解质具有更好的溶解性,并且在盐水溶液的黏度高于淡水。现场应用证明两性聚合物可用作水和盐水溶液的增黏剂以及盐水溶液的减阻剂。在这些应用中,同一基团或碳链上的阳离子与分子内部或溶液中负电荷之间的独特交换方式,使两性聚合物拥有了与众不同的溶液性质。不同电解环境中正负电荷的相互作用决定溶液的最终黏度。

适用于钻井液的典型季铵盐有季铵盐的卤化物、卤代醇和环氧化物以及含有疏水集团的季铵盐。表2-8中列出了典型的季铵盐,图2-2中介绍了有机季铵盐分子结构,图2-3中介绍了阴离子单体分子结构。

季铵化可以通过两步法合成,首先将多糖与胺化剂(例如胺卤化物,卤代醇或环氧化物)反应,然后将反应产物与季铵化处理剂反应,使产物季铵化[18]。

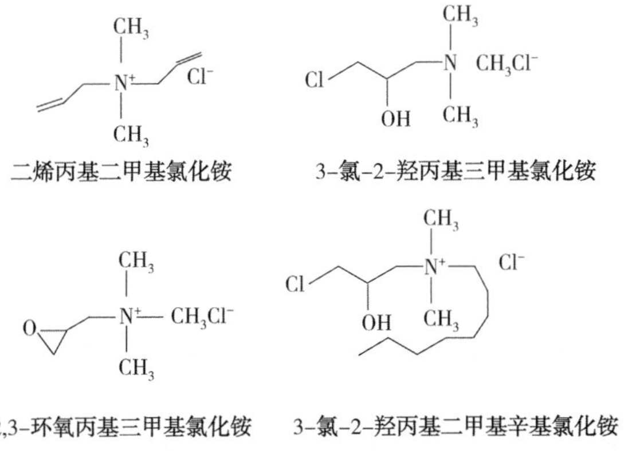

图2-2 有机季铵盐分子结构

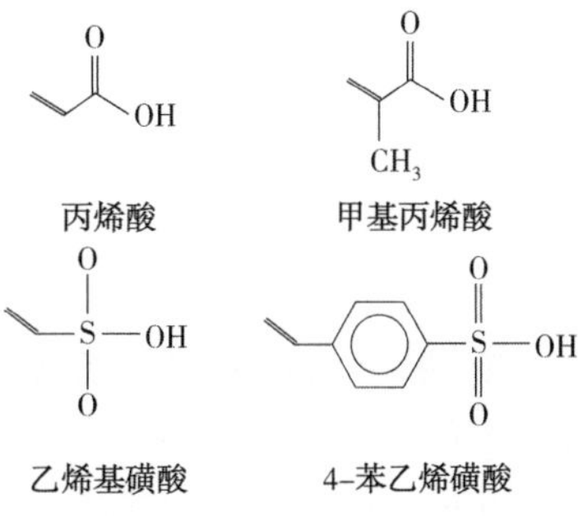

二烯丙基二甲基氯化铵　3-氯-2-羟丙基三甲基氯化铵　2,3-环氧丙基三甲基氯化铵　3-氯-2-羟丙基二甲基辛基氯化铵

图2-3 有机酸分子结构

丙烯酸　甲基丙烯酸　乙烯基磺酸　4-苯乙烯磺酸

为了调节两性合成聚合物的电荷密度和亲水—疏水平衡,非离子单体可以与阳离子或阴离子单体共聚。一些非离子单体如AAm和马来酸酐在聚合期间或之后水解而产生阴离子

基团[18]。

#### 2.3.1.4 有机硅树脂

基于有机硅树脂的化合物可以作为水基钻井液的储层保护降滤失剂[19]。该化合物加入饱和盐水中后能够在120℃高温和高压下保持稳定。玻璃化温度高于70℃的有机硅树脂固体颗粒成功在现场推广应用。现场应用的过程，首先从有机硅树脂的溶液中筛分出所需粒度分布的固体有机硅树脂颗粒，然后将有机硅树脂分散到钻井液中配制所需的井筒工作液。

表2-8 季铵盐化合物及其他单体[18]

| 类别 | 季铵盐化合物及其他单体 | 类别 | 季铵盐化合物及其他单体 |
| --- | --- | --- | --- |
| 盐类 | 3-氯-2-羟丙基二甲基十八烷基氯化铵 | 阳离子单体 | 甲基丙烯酰胺基丙基三甲基氯化铵 |
| | 3-氯-2-羟丙基二甲基辛基氯化铵 | | 3-丙烯酰胺基-3-甲基-丁基-三甲基氯化铵 |
| | 3-氯-2-羟丙基三甲基氯化铵 | 阴离子单体 | 丙烯酸甲基丙烯酸 |
| | 2-氯乙基三甲基氯化铵 | | 2-丙烯酰胺基-2-甲基丙烷磺酸 |
| | 2,3-环氧丙基三甲基氯化铵 | | 乙烯基磺酸苯乙烯磺酸 |
| | 3-氯-2-羟丙基二甲基十二烷基氯化铵 | 非离子单体 | 丙烯酰胺 |
| | 3-氯-2-羟丙基二甲基十四烷基氯化铵 | | 马来酸酐丙烯酸甲酯 |
| | 3-氯-2-羟丙基二甲基十六烷基氯化铵 | | 丙烯酸乙酯 |
| | 二烯丙基二甲基氯化铵 | | 丙烯酸羟乙酯、丙烯酸丁酯、醋酸乙酯 |
| 阳离子单体 | 丙烯酰氧基乙基三甲基氯化铵 | | 苯乙烯 |

#### 2.3.1.5 减阻剂

在钻井作业的某些操作中，水基工作液需要以高流速通过狭窄区间[20]。湍流中的水基工作液之间的摩擦，可能损失大量的能量。为了减少由摩擦导致的能量损失，常在水基工作液中加入减阻聚合物。

使用烷基丙烯酸（AAm）和丙烯酸（AA）或其他单体共聚合成的部分水解聚丙烯酰胺可用作减阻剂[20]。AAm的其他共聚单体是：AA，2-丙烯酰胺基-2-甲基丙烷磺酸；

N,N-二甲基丙烯酰胺；

乙烯基磺酸；

N-乙烯基乙酰胺；

N-乙烯基甲酰胺；

衣康酸；

甲基丙烯酸；

二烯丙基二甲基氯化铵。

通过将AAm/丙烯酸二甲基氨基乙酯的共聚物与苄基氯季铵化混合物/稳定和分散的乙胺，N,N,N-三甲基-2-[（1,氧代-2-丙烯基）氧基]氯化物[21]均聚，可以合成一种无毒生物友好减阻剂。该减阻剂可按如下方式制备[21]：

制备Ⅱ-1：向安装有搅拌器、氮气充入管线和冷凝器的三颈烧瓶中加入52g去离子水。向水中加入18g硫酸铵、7.5g硫酸钠和2g甘油。连续搅拌的条件下，向配制的盐溶液中加入15.35g AAm、1.15g用苄基氯季铵化的丙烯酸二甲基氨基乙酯和4g稳定分散的乙胺、N,N,N-三甲基-2-[（1,氧代-2-丙烯基）氧基]氯。然后在搅拌的条件下将0.1g萘酚乙醚表面活性剂和少于 0.1g 的偶氮引发剂,即 1H-咪唑,2,2-(偶氮二-甲基亚乙基)双(4,5-二氢-二盐酸盐)加入溶液。通过连续的氮气吹扫将溶液保持在 40~45℃ 的温度。当氧气完全置换时,聚合反应开始,溶液黏度逐渐增加并伴随放热现象。将溶液保持在 75~80℃ 的范围内约 2h。然后,将温度升至 95℃ 并保持该温度反应 1h,即可得到目标产物。

实验证明,减阻剂在淡水、2% 氯化钾溶液、10% 氯化钠溶液和合成盐水溶液中都能发挥极好的降低摩擦力效果[21]。

#### 2.3.1.6 解絮凝剂

木质素磺酸盐常被用作钻井液的解絮凝剂和稀释剂,具有调整水基钻井液黏度的功能[1]。

通常认为,低分子量、重度磺化的木质素磺酸盐能够在井底条件下覆盖在黏土边缘,使黏土携带长效或永久性负电荷。在 pH 值为 9.5~10 时,木质素磺酸盐分子上的羧酸盐、酚盐基团与黏土的相互作用最为活跃,因此往往会加入苛性钠、氢氧化钾等碱性物质,调整钻井液的 pH 值。木质素磺酸盐广泛存在于酸式亚硫酸蒸煮法造纸的纸浆废液中。近年来,纸浆工业逐渐摒弃了废酸工艺,转而采用另一种不含木质素磺酸盐副产物的工艺造纸。因此钻井液领域正在研究木质素磺酸盐的替代产品。钻井液领域对抗絮凝剂和稀释剂的要求为:能够适用于盐水和淡水钻井液中,能够在较低 pH 值(8~8.5)下发挥降黏作用,抗温能力超过 230℃,同时还要具有环保性能。

文献中介绍了多种磺酸盐改性的方法,例如通过与甲醛缩合[22]或用铁盐改性[23]。研究证明木质素磺酸铬盐以及木质素磺酸铬、铁混合金属盐是有效的钻井液降黏剂,能够控制钻井液的黏度,降低钻井液的屈服值和静切力。由于铬释放到自然环境中后具有潜在的生物毒性,世界各地的政府机构纷纷出台了关于含铬废液的排放禁止条款。因此,需要毒性较小的降黏剂替代品。通过将锡或硫酸铈与木质素磺酸钙水溶液混合,产生锡或磺酸铈和硫酸钙沉淀[24],可以制备毒性较低的木质素磺酸铈盐。

#### 2.3.1.7 硫酸亚铁

流体的黏度通常随着温度的升高而降低,但是某些聚合物处理剂或解絮凝剂可以减缓甚至逆转这种行为。含聚(N-乙烯基-2-吡咯烷酮/2-丙烯酰胺基-2-甲基丙烷磺酸钠)的水基钻井液能够在恶劣环境中保持较低的滤失量。

然而,这种聚合物会使钻井液增黏,在高固相钻井液中的加量受到限制,不能充分发挥高温条件下的降滤失效果。研究发现,通过在钻井液中加入硫酸亚铁,可以降低聚(N-乙烯基-2-吡咯烷酮/2-丙烯酰胺基-2-甲基丙烷磺酸钠)的增黏程度[25]。

#### 2.3.1.8 生物聚合物

非离子和离子聚糖等生物聚合物已用于配制无储层伤害钻井液[26]。由细菌或真菌产生多糖类型的生物聚合物是水溶性聚合物,可以增加钻井液的黏度,在循环和停钻期间降低钻井液的滤失量,提高钻井液对岩屑的悬浮能力。

Actigum Ⓡ CS 6 是通过需氧发酵方法由菌核型真菌产生的支链同多糖。这种硬化葡聚糖的主链由 β-d-吡喃葡萄糖基型(1-3)键残基组成,而支链上三个葡糖苷基团由具有一个 β-(1-6)键的 d-吡喃葡萄糖残基组成。

硬化葡聚糖是通过菌核型真菌的发酵产生的。与黄原胶一样,硬化葡聚糖是亲水胶体,具有特别高的黏度,能够提高钻井液的黏度和稳定性。随着 pH 值影响,硬化葡聚糖抗温能力为 130℃,溶液的黏度 1~12.5s 之间,不受钻井液滤液矿化度的影响[27]。

研究发现，以非精制硬化葡聚糖作为增黏剂，会降低钻井液中其他成分的有效浓度，甚至使钻井液处理剂完全失效[27]。实际上，以硬化葡聚糖为主要成分配制的钻井液只需要加入少量的其他钻井液处理剂即可满足钻井需求。特别是所加入的硬化葡聚糖中还含有其他副产物和菌体的情况下。这种菌体能够起到改善钻井液性能的效果，使用非精制硬化葡聚糖配制的钻井液可能比精制硬化葡聚糖钻井液具有更好的储层保护效果。因为，非精制硬化葡聚糖中的副产物可以降低由钻井液侵入和机械破坏导致储层伤害。

由产碱杆菌属产生的文莱胶是一种类似于硬化葡聚糖的异多糖，但具有 α-1-吡喃甘露糖基或 α-1-吡喃甘露糖基类型的残基。黄原胶是由野油菜黄单胞菌产生的阴离子支链杂多糖，其特征在于主链由 d-吡喃葡萄糖苷残基组成，侧链由丙酮酸和乙酸基团组成[26]。黄原胶对温度、pH 值或盐度变化的敏感性较低[27]。

表 2-9 介绍了一种硬化葡聚糖钻井液配方。

表 2-9 钻井液的配方组成[26]

| 配方 | 加量1 | 加量2 | 配方 | 加量1 | 加量2 |
| --- | --- | --- | --- | --- | --- |
| 水 | 1000mL | 900mL | 交联纤维素纤维 | — | 118 |
| 黄原胶 | 16g | — | $CaCO_3$ | — | 90 |
| 淀粉 | 16g | — | | | |

#### 2.3.1.9 可生物降解降黏剂

可生物降解的水基钻井液和处理剂通常含有聚酰胺基共聚物。共聚物中具有至少一个来自 AA 和丙烯酰胺丙烷磺酸盐（AMPS）的接枝侧链[1]。进而一定程度上证明，AMPS 官能团抗温能力更高，在更宽的 pH 值范围内保持分子结构稳定。

天然聚酰胺是典型的聚酰胺之一，如酪蛋白、牛肉蛋白、胶原蛋白和大豆蛋白[28,29]。表 2-10 中给出了部分适合接枝的单体。一些乙烯基单体如图 2-4 所示。

表 2-10 适用于接枝的聚酰胺和乙烯基单体[28,29]

| 聚酰胺类型 | 乙烯基化合物 |
| --- | --- |
| 酪蛋白 | 柠檬酸 |
| 明胶 | 衣康酸 |
| 胶原蛋白 | 富马酸 |
| 骨胶 | 异巴豆酸 |
| 血清白 | 巴豆酸 |
| 大豆蛋白 | 乙烯基膦酸 |
| — | 乙烯基乙酸 |
| | 2-丙基丙烯酸 |
| | 2-乙基丙烯酸 |
| | 甲基丙烯酸 |
| | 丙烯酸 |
| | 乙烯基醚 |

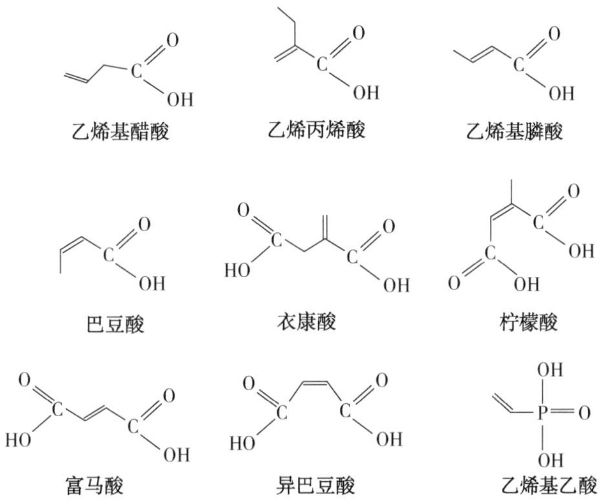

图 2-4 乙烯基单体

这种稀释剂/解絮凝剂既可用于淡水钻井液，也可用于盐水钻井液。此外，即使在 pH 值 = 8.0~8.5 的近中性下也能充分发挥功效，同时在更高的 pH 值下也可以使用[1]。

加入聚酰胺的钻井液在 200~230℃ 的温度下钻井时保持了良好的流变性，也同样适用于低温（例如温度低至 4℃）条件下使用。此外，该系统不含铬，铬通常与木质素磺酸盐稀释剂一起使用，因此这种化合物更环保[1]。

**2.3.1.10　抗高温钻井液配方**

油基钻井液比水基钻进液的高温稳定性强，是高温深井的第一选择[30]。但是，随着环境保护法对油基钻井液废液和油基钻井液岩屑的处理要求越来越高，水基钻井液在钻井工程中的应用越来越广泛。油基钻井液在高压下比水基钻井液具有更高的可压缩性，会导致黏度增加。另外，气体在油相中的溶解度更高，气藏气体侵入油基钻井液之初，地面监测装备难以发现，直到侵入气体接近井口才能预警，不利于井控安全。但气体在水中的溶解性极低，能够更早的发现地层流体入侵，及时关井处理。因此在高压井中，大多采用水基钻井液。

常规水基钻井液在高温条件下处理剂可能发生降解，导致黏度增加循环困难。钻井液高温增黏的主要因素是黏土在超过 120℃ 以上将发生凝胶化反应。目前已经研发出了黏土、无机盐以及薄壁细胞纤维素。根据标准钻井液试验，可以通过测量其屈服点和凝胶强度来监测钻井液的流变稳定性[31]。

文献中介绍了一种以黏土、无机盐（如氯盐或硫酸盐）以及薄壁细胞纤维素[32]为主要配方的水基钻井液。这种钻井液在较宽温度范围内都能保持良好的流变性，满足携带、悬浮岩屑需求。

薄壁细胞构成植物柔软部分的主体。研究发现，来自甜菜和柑橘等的薄壁细胞纤维素，具有独特的形态以及独特的理化学性质。此类植物纤维素的悬浮液表现出优秀的流变性[33]。此外，用温和的方法处理具有薄壁细胞壁结构的水果或蔬菜细胞，即可制备可吸收性强的微纤维[34]。

**2.3.1.11　低温钻井液配方**

在井底温度极低的条件下，可以加入防冻剂降低钻井液体系凝固点[35,36]。这种水基钻井液由水、黏土或聚合物和聚合甘油组成。

目前，为了应对低温钻井，研发了例如聚乙烯基吡咯烷酮、季铵盐或防冻鱼蛋白等防冻剂[37]。

### 2.3.2 降滤失剂

#### 2.3.2.1 成膜剂

半透膜是一种多孔材料，其孔隙小到足以阻止溶质流动，但又大到足以使溶剂流动[38]。通过将具有不同浓度（摩尔浓度）溶质的流体置于膜的两侧建立化学不平衡。溶剂通过膜进入富含溶质的溶液中，溶液的体积不断增大产生压力，直到膜中富含溶质溶液的化学势等于含有纯溶剂溶液的电势。由与溶剂体积增加产生的这种压力称为渗透压。

根据半透膜理论，形成了一种提高井壁稳定能力的水基钻井液。这种钻井液可以在页岩地层形成半渗透膜[39]。水相可以穿过半渗透膜自由地在钻井液和页岩间转移，但是钻井液和地层水中的离子无法穿过半渗透膜自由移动。

将两种反应物在适当的位置反应，生成溶解度较低的席夫碱。席夫碱聚合物在页岩沉积吸附即可形成半渗透膜。生成席夫碱的反应物之一是可溶性低聚物或具有酮或醛或醛醇官能团的聚合物单体。例如碳水化合物、糊精、有支链的线性淀粉。另一个反应物是伯胺。这些化合物通过缩合反应形成不溶的交联聚合产物，即席夫碱。席夫碱的形成如图2-5所示。

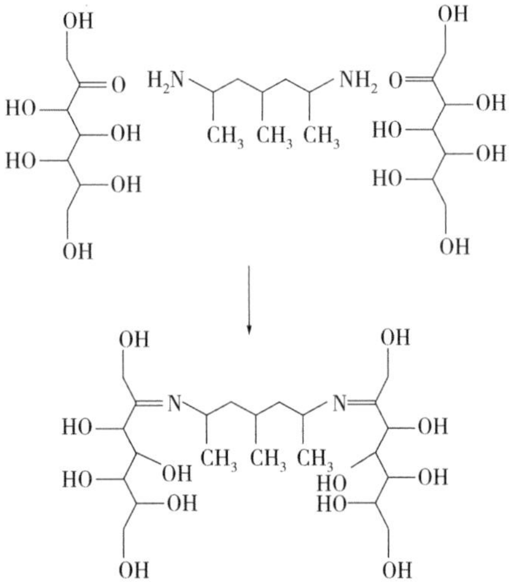

图2-5说明了糊精与二胺的反应，其他伯胺和聚（胺）反应机理基本相同。与长链胺、二胺或聚胺相比，低分子量胺的席夫碱反应过程中需要使用氢氧化钠、氢氧化钾、碳酸钠、碳酸钾或氢氧化钙等材料调整pH值[39]。以这种方式形成的席夫碱溶在钻井液中的溶解度必须极低，以便钻井期间席夫碱在页岩上沉积形成密封膜。

半透膜在岩石表面聚合、沉淀能够有效的阻止水或离子移入或移出页岩或黏土层，提高黏土和矿物质稳定，进而保证井壁稳定[39]。文献介绍了一种水基钻井液，其可以在页岩地层上形成半渗透膜以增加井眼稳定性[40]。该膜允许水相相对自由地移出页岩，但是有效地限制了离子穿过膜进入页岩或黏土。

图2-5 席夫碱合成机理

因此页岩地层与水基钻井液的稳定性可以提高[40]：

（1）在页岩地层使用水基钻井液；

（2）第一反应物，含有活性酮，醛或醛醇基团的可溶性单体，低聚物或聚合物，或具有可转化为酮或醛的基团；

（3）第二反应物，其为伯胺、二胺或多胺，通过缩合反应与第一反应物形成半溶解或沉淀的成膜产物。

在渗透膜制备的过程中，关键的影响因素包括聚合物含量和分子量，可发生交联反应的胺含量和溶液的pH值。

通过优选作为反应的主要聚合物，即可发生交联反应的胺，可以提高组分间发生的交联、聚合以及沉淀的效率。表2-11中介绍了生成席夫碱可选用的反应物。

由反应物反应形成的席夫碱必须部分溶解或不溶于钻井液,以便钻井过程中生成的席夫碱在页岩或其他地层上形成密封膜。

表2-11 生成席夫碱可选用的反应物

| 羰基化合物 | 胺基化合物 |
| --- | --- |
| 淀粉 | 六亚甲基二胺 |
| 糊精 | 乙氧基化醚胺 |
| 糖苷 | 丙氧基化烷基醚胺 |
| 玉米糖浆 | |
| 糖浆 | |
| 纤维素糖 | |

在反应过程中,由于会发生美拉德反应,反应溶液会出现明显变暗的现象,这是开始生成席夫碱的证明[40]。实际上,美拉德反应导致油炸过程中食物变褐。它是由氨基酸和还原糖之间的化学反应引起的[41]。

在泥岩地层钻进时,通过在钻井液中加入长链脂肪酸、甲基硅烷三醇或相关化合物,可以让席夫碱在电离状态下自组装,提高席夫碱的稳定性[42]。

硅酸的缩聚反应涉及硅酸盐离子与非离子化的醇基硅烷的反应,并以聚合—分解平衡结束[42]。

使用约15MPa的测试溶液,评价了不同酚在约25℃下的膜生成能力。使用浓度为10%的固体沉淀2-萘酚,在pH值为11.8~12的条件下进行了试验。12%氯化钠可以降低溶液的水分活度。通过测试淀2-萘酚的膜效率为65%[42]。实验过程中,评估了各种酚与不同水基钻井液和油基钻井液相互作用时页岩的膜效率[43]。使用不同浓度的阳离子和阴离子进行压力传递试验,即通过水的活度来测量膜效率。

页岩在盐溶液中的膜效率低至0.18%~4.23%。通过研究,还发现膜效率与页岩的其他性质之间的相关性。例如,页岩的膜效率与页岩的阳离子交换容量和渗透率的比值成正比。因此,较高的阳离子交换容量和较低的渗透率可以显著提高膜效率。

此外,水合离子的大小与页岩孔喉的大小之比决定了页岩限制溶质进入孔隙空间的能力,从而控制其膜效率。因此,可以根据水基流体中使用的阳离子和阴离子的类型优化钻井液配方[43]。

在钻井液中使用糖苷的优点是不再需要过多关注钻井液中的离子特性对糖苷的影响。如果钻井液中的水被糖苷束缚,则页岩的水合作用会大大降低。

糖苷与页岩直接作用的情况下,钻井液内相水活度的降低和页岩效率的提高可以阻止水向侵入。这有助于降低页岩的含水量,从而提高岩石强度,降低有效平均应力,提高井壁稳定性[44]。

加入甲基葡萄糖苷的水基钻井液各项性能优越,可以媲美油基钻井液[45]。使用这种钻井液可以减少油基钻井液钻屑的处理,最大限度地减少环保、健康和安全问题等方面的影响。逆乳液钻井液的材料见表2-12。

表2-12 用于逆乳液钻井液的材料

| 处理剂 | 参考文献 | 处理剂 | 参考文献 |
| --- | --- | --- | --- |
| 单官能醇的醚 | [46] | 疏水侧链聚(酰胺)s(PAs)和钠 | [54] |
| 支链二癸醚 | [47,48] | 聚(丙烯酸酯)或聚(丙烯酸) | [55] |
| α-磺基脂肪酸 | [49] | 聚(醚胺) | |
| 亲油醇 | [50-52] | 羟基聚合物的磷酸酯 | [56] |
| 亲油酰胺 | [53] | | |

### 2.3.2.2 Polydrill(商品名)

Polydrill是一种磺化聚合物,可作为水基钻井液的降滤失剂[57]。测试表明该产品的热稳定性高达200℃,并具有出色的抗盐能力。Polydrill可用于饱和NaCl钻井液以及钙离子浓度为75000ppm或镁离子浓度为100000ppm的钻井液中。淀粉与Polydrill的复配后形成的处理剂已经成功进行了现场试验。试验井最深4800m,钻井液中加入了11~22kg/m³的预胶化淀粉和2.5~5.5kg/m³的Polydrill。此外,还在井底温度为150℃条件下,评价了淀粉/Polydrill抗钙污染能力[58]。

Polydrill中的聚糖和淀粉能够提高钻井液中聚合物的抗温能力。在分散体系(例如褐煤或木质素磺酸盐)中,添加少量Polydrill即可显著降低钻井液的高温高压滤失量。

在传统的或无黏土的钻完井液中,Polydrill可单独使用也可以与其他降滤失剂配合用[59]。现场产生的钻井液以及污泥满足各项环保要求,处理和排放没有任何问题。

### 2.3.2.3 胺基丙烷聚合物

图2-6所示的基胺丙烷的水溶性聚合物可与磺化聚合物(例如水溶性木质素磺酸盐、缩合萘磺酸盐或磺化乙烯基芳族聚合物)配合使用,可以降低固井水泥浆对钻井液的污染[60,61]。基胺丙烷的聚合物可以是均聚物或共聚物,可以是交联的也可以是未交联的。这些组分在水溶液中相互反应产生凝胶状物质,该物质能够堵塞高渗透地层,避免水泥浆滤失量过大。此外,当交联共聚物用于标准水基钻井液配方时,高温老化后的滤失量显著降低[62]。

$$H_2C=CH-CH_2-NH_2$$

图2-6 胺基丙烷分子结构

### 2.3.2.4 非离子单体和离子单体的配合使用

用于水基钻井液的处理剂,能够增加钻井液黏度、抑制固相颗粒、降低钻井液的滤失量。水基钻井液通常含有少量或不含氯化钙。然而,当流体中氯化钙浓度增加时,这些添加剂的维持钻井液流变性和降滤失量效果大大降低[63]。

已经研发出三元共聚物和四元共聚物作为钻井液的降滤失剂[64,65]。共聚物的单体为非离子单体和离子单体的组合。

使用N-乙烯基-2-吡咯烷酮、丙烯酰胺基丙烷磺酸、AAm和AA作为单体的四聚物可通过溶液、悬浮液或乳液中的自由基聚合制备[66]。然而,首选的合成方法是本体溶液聚合[67]。使用2,2-偶氮二-(N,N,R-二亚甲基异丁脒)二盐酸盐作为自由基引发剂。此外,加入以化学式计量过量的螯合剂EDTA。反应在惰性气体中进行,温度最高可达60℃。

此外，非离子单体可以是 AAm、N,N-二甲基丙烯酰胺、N-乙烯基-2-吡咯烷酮、N-乙烯基乙酰胺或甲基丙烯酸二甲基氨基乙酯。离子单体是 AMPS、乙烯基磺酸钠和乙烯基苯磺酸盐。三元共聚物的分子量应为 0.2~1 MD。

文献[68]介绍了由 AMPS、AAm 和衣康酸共聚而成的降滤失剂[68]。这种降滤失剂适用于含钙离子的石灰石钻井液或石膏钻井液。

以 10% AMPS 和 90% AA 钠盐合成的的共聚物可以制备海水钻井液用降滤失剂[69]。该聚合物的平均分子量为 50~1000kD。

参考文献中介绍了通过同族聚合物分子内复合物（即聚两性电解质）的三元共聚物。这种聚合物是 AA-甲基苯乙烯磺酸盐-甲基丙烯酰胺基丙基三甲基氯化铵的三元共聚物[70,71]。

由离子单体 AMPS、乙烯基磺酸钠或乙烯基苯磺酸衣康酸和非离子单体，例如 AAm、N,N-二甲基丙烯酰胺、N-乙烯基-2-吡咯烷酮、N-乙烯基乙酰胺和二甲基氨基乙基甲基丙烯酸酯，形成的三元共聚物，可用作油井水泥中的降滤失剂[72]。

三元共聚物的分子量应为 0.2~1MD。三元共聚物包含 AMPS、AAm 和衣康酸。这种共聚物也适用于钻井液[73]。

文献提出由 40%~80%（摩尔）的 AMPS，10%~30%（摩尔）的乙烯基吡咯烷酮，0~30%（摩尔）的 AAm 和 0~15%（摩尔）的丙烯腈组成的四聚物作为钻井液降滤失剂[74]。即使在高矿化度下，这些聚合物也能产生抗高温胶体，在井筒压力下降低钻井液的滤失量。

对于水基钻井液，水溶性聚合物 PAM 等能够满足降滤失的效果。但是这些聚合物的抗温能力较弱。

文献中基于 AAm 的聚合物，研发出具有降滤失剂和流型调节剂功能、抗 260℃ 或更高的温度的共聚物[75]。这一共聚物由 AAm、AMPS 及其碱金属盐和丙烯酸酯、N-乙烯基内酰胺或 N-乙烯基吡啶（NVP）共聚而成[63,75]。表 2-13 中列出了部分抗高温的共聚物。

表 2-13 共聚物实例[75]

| 单体 1 | 摩尔百分数（%） | 单体 2 | 摩尔百分数（%） | 单体 3 | 摩尔百分数（%） |
|---|---|---|---|---|---|
| AMPS | 10 | AAm | 90 | — | — |
| AMPS | 20 | AAm | 80 | — | — |
| AMPS | 40 | AAm | 60 | — | — |
| AMPS | 37.5 | AAm | 50 | Acrylate | 12.5 |
| AMPS | 55 | AAm | 15 | NVP | 30 |
| NaAMPS① | 90 | DMAAm | 10 | — | — |

①单位为质量百分数（%）。

为了使钻井液滤饼更加致密，滤失量更低，钻井液中需要加入封堵剂[75]。适用于水基钻井液的封堵剂包括胶体沥青、石灰石、大理石、云母、石墨、纤维素、木质素和玻璃纸等。除了降滤失剂外，钻井液中还需要加入其他功能性处理剂，例如页岩稳定剂、悬浮剂、分散剂、防泥包剂、润滑剂、增重剂、随钻堵漏剂、堵漏剂、钻井提速剂、储层保护剂、缓蚀剂、缓冲剂、胶联剂、交联剂、盐、杀菌剂和桥堵剂[75]。

能够发生交联反应的单体有 N,N'-亚乙基双丙烯酰胺、二乙烯基苯、甲基丙烯酸烯丙酯或四烯丙基氧杂环丁烷[76]。这些单体分子结构如图 2-7 所示。交联聚合物是一种高效抗

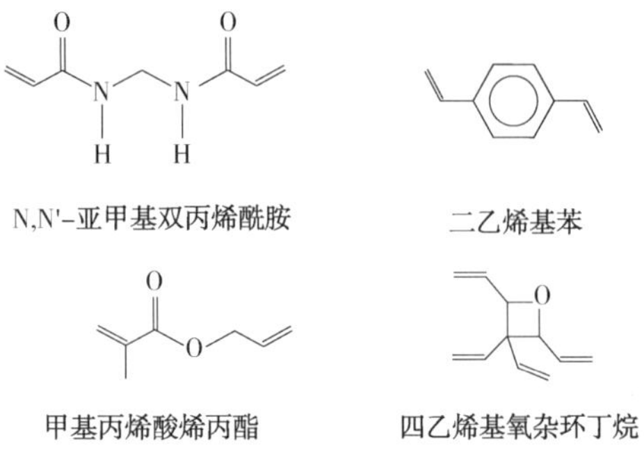

图 2-7 多功能单体分子结构

（图中标注：N,N'-亚甲基双丙烯酰胺；二乙烯基苯；甲基丙烯酸烯丙酯；四乙烯基氧杂环丁烷）

高温降滤失剂，在静态老化至260℃，16h后，测定了加入交联聚合物后钻井液高温高压滤失量小于25 mL/min[75]。

在$CaCl_2$水泥中，含有AAm和N-乙烯基-2-吡咯烷酮共聚物的样品比AAm和2-丙烯酰胺基-2-甲磺酸钠共聚物的滤失量更低[63]。文献中介绍了此类共聚物与N-乙烯基-N-甲基乙酰胺作为共聚单体制备的共聚物在水力水泥配方中的应用[77]。这些聚合物在井底温度范围为93～260℃（200～500°F）内有效，并且不会基液矿化度影响。30～90mol% AMPS，5～60mol% 苯乙烯和氨基酸残基的三元共聚物也适用于固井作业[78]。适用于井筒工作液降滤失剂的共聚物共混物见表2-14。

表 2-14 共聚物混合物的降滤失效果[79-81]

| 共聚物 | 分子量（kD） | 共聚物 | 分子量（kD） |
| --- | --- | --- | --- |
| 丙烯酰胺/乙烯基咪唑 | 100～3000 | 乙烯基吡咯烷酮/乙烯基磺酸钠 | 100～3000 |

### 2.3.2.5 合成聚合物纤维

钻井过程中经常发生漏失复杂，因此，在高渗透率性地层钻井液设计时会制定详细的防漏方案，提高钻井液的封堵能力，预防漏失复杂发生[82]。但是，如果钻遇大裂缝或大溶洞，钻井液无法在漏失通道端口建立滤饼，则会发生恶性漏失，导致钻井液失返。在这种情况下，需要判断漏点位置，进行停钻堵漏作业。如果堵漏失败，甚至会导致事故完井，无法达到钻井目的。

即使使用油基钻井液钻进时发生漏失，也可以使用水基堵漏浆进行堵漏作业。水基堵漏浆包括水基基浆，粗、中和细颗粒的混合物，以及刚性长纤维和柔性短纤维的混合物[82]。长纤维为水不溶性例如聚乙烯醇等，短纤维是水溶性聚乙烯醇或无机纤维[82]。

在封堵裂缝性漏失通道时，刚性纤维首先在裂缝处形成有效的三维网格，然后捕获短柔性纤维和颗粒，形成致密的封堵层，提高井壁承压能力。与油基堵漏浆相比，此类水基堵漏浆可以封堵更宽的裂缝漏失通道。

在钻井液中加入合成聚合物纤维可以有效降低钻井液的漏失[83]。目前已经研发聚四氟乙烯等含氟聚合物纤维，抗温能力高达约300℃。含氟聚合物纤维可抵抗$CO_2$、$H_2S$等其他地层流体的污染。

钻井液用聚（四氟乙烯）纤维的密度约2.1g/cm³，钻井液中岩屑的平均密度2.6g/cm³。两种物质密度不同，可以通过离心或其他方法将两者分离。另外，合成聚合物低摩擦纤维的黏度与其他材料黏度也显著不同，也可以借助之中特性将合成聚合物纤维分离。而且，也可以使用合适的过滤筛，将人造纤维筛出[83]。

### 2.3.2.6 羧甲基化棉籽短绒

添加羧甲基化棉籽短绒（RCL）可降低水基钻井液的滤失量[84]。RCL是天然存在的木质纤维素材料，它是通过去除短纤维后棉籽表面上剩余的纤维，除了含有葡萄糖类高分子量聚合物纤维素之外，棉籽短绒还含有高分子量木质素和半纤维素。

RCL 中多种聚合物(纤维素、木质素和半纤维素)的分子量及纤维结构在脱毛过程中保持完整。相反,使用热处理、机械和化学方法从木浆中分离纯度较高的纤维素则会将木质素和半纤维素去除,并且得到的纤维素分子量也会大大降低。

可以和羧甲基化 RCL 的反应的阳离子包括锂、钠、钾、钙、铝、钡、镁、铵或这些化合物的混合物。羧甲基化的 RCL 可以与上述阳离子交联,进一步改善钻井液的性能。多价金属离子是一种交联剂,主要包括 $Al^{3+}$、$Zn^{2+}$、$Ca^{2+}$、$Mg^{2+}$、$Ti^{4+}$ 和 $Zr^{4+}$。共价交联剂包括二氯乙酸、三氯乙酸和二卤代烷烃。

#### 2.3.2.7 聚阴离子纤维素

文献[85]中详细介绍了一种加入了 PAC 和磺酸盐聚合物的水基钻井液。该钻井液在高温高压深井的应用过程中具有良好的抗温能力,滤失量也能保持相对较低的水平。

#### 2.3.2.8 磺酸盐

当将含磺酸盐的聚合物添加到含有 PAC 的钻井液中时,可以有效降低钻井液滤失量。现场应用证明,水基钻井液中加入 PAC 和分子量为 300～10000kD 的磺酸盐聚合物,在 300°F(150℃)下长时间老化,钻井液的滤失量满足钻井需求。

#### 2.3.2.9 羧甲基纤维素

某些羧甲基羟乙基纤维素(HEC)的混合物或 N,N-二甲基丙烯酰胺和 2-丙烯酰氨基-2-甲基-1-丙磺酸(AMPS)的共聚物和共聚物盐以及 AA 的共聚物,可以提高高温条件下钻井液的黏度,降低钻井液滤失量[86]。

#### 2.3.2.10 羟乙基纤维素

文献[87]中介绍了取代度为 1.1～1.6 的 HEC(羟乙基纤维素)在水基钻井液中的降滤失效果。当使用 HEC 将钻井液的表观黏度调整至 15cP 以上时,钻井液 API 滤失量小于 50mL/30min。交联 HEC 能够有效降低钻井液在高渗透率地层中的滤失量[88,89]。HEC 衍生物的聚合物凝胶适应性强,能够作为多种钻井液体系的降滤失剂,应用于多种井型的钻完井作业中。详细的评价了加入聚合物颗粒后,钻井液的滤失量、驱替压力以及渗透率恢复值,实验证明 HEC 衍生物的聚合物凝胶与地层配伍性强,几乎不会造成储层伤害[90]。HEC 可以用长链醇或酯醚化或酯化。醚键在水溶液中比酯键更稳定[91]。

#### 2.3.2.11 淀粉

如图 2-8 所示的淀粉是多种钻井液用聚合物降滤失剂的原材料。学者们评价了多种新研发的直链淀粉类降滤失剂的特征,评价结果详见表 2-15。

表 2-15 淀粉类产品

| 淀粉类型 | 含水量(%) | 支链淀粉含量(%) | 分子量(kD) |
| --- | --- | --- | --- |
| 含蜡淀粉 | 12.9 | 0 | 20787 |
| 低直链淀粉 | 12.7 | 26 | 13000 |
| 直链中间体淀粉 | 12.3 | 50 | 5115 |
| 高直链淀粉 | 12.2 | 80 | 673 |
| 交联高直链淀粉 | — | 80 | — |

通过将原材料在 140℃ 条件下溶解糊化,在 80bar 压力下挤注,然后加入交联剂反应 3min,使淀粉发生交联即可得到改性淀粉。对于交联的高直链淀粉类型,在挤出过程还加入

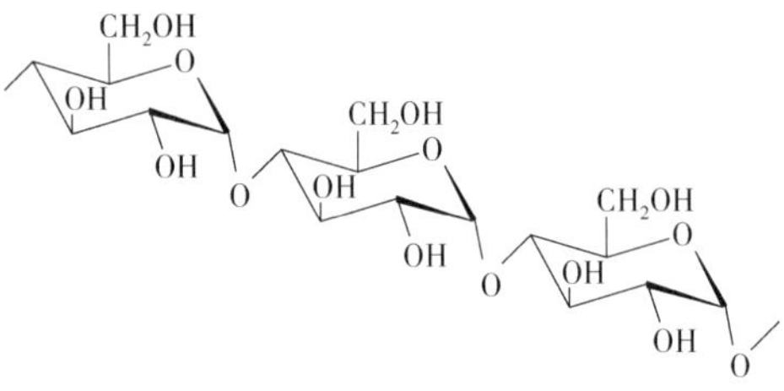

图 2-8　支链淀粉分子结构

了其他化学辅助材料。

淀粉类降滤失剂杂质含量极低，在改性期间不需要溶剂，也不会产生废水，因此，淀粉类降滤失剂适用于环境敏感区域。室温条件下，大多数淀粉能够有效降低膨润土浆的 API 滤失量，但是，将化学改性的交联高直链淀粉加入钻井液后，膨润土浆的滤失量没有明显变化。

文献[92]中测定了在不同温度下热滚后，加入新型淀粉降滤失剂的钻井液的静态滤失量。实验结果证明，新型淀粉降滤失抗温能力为 150℃，部分新型淀粉降滤失剂的动态和静态降滤失效果比目前广泛使用的淀粉更强。

### 2.3.2.12　预交联淀粉

文献[93，94]中介绍了预交联淀粉在钻井液中的降滤失效果。预交联淀粉在 120℃ 温度下热滚 32h 后未发生明显降解，仍然具有较好的降滤失效果。交联剂与含水浆料中的颗粒淀粉反应，可以得到预交联淀粉。反应过程中，使用 Brabender 黏度计通过测定 104℃ 和 144℃ 温度下的黏度，控制交联反应的程度。当产品黏度开始升高时获得的预交联淀粉，130℃ 以下温度，黏度不会超过 200Bra。

将预交联淀粉浆料鼓式干燥并研磨，得到干燥的降滤失剂产品。高温条件下，将加入淀粉的钻井液静态老化后，测定钻井液的 API 滤失量及标准要求的其他性能，以评价淀粉处理剂的有效性，然后方可将生产的淀粉降滤失剂应用于现场钻井作业[95,96]。

### 2.3.2.13　预胶化淀粉

在钻井液中加入某些有机添加剂能够显著影响由宏观颗粒形成的钻井液滤饼的性质。通过测定钻井液滤饼中细粒颗粒的电泳迁移率，研究了水溶性降滤失剂的作用机理。根据水溶性降滤失剂对滤饼中细粒颗粒负电荷密度的不同影响，可以将水溶性降滤失剂分为四种类型[97]：

（1）聚乙烯，使电荷密度降低。
（2）乙二醇和预胶化淀粉，不改变电荷密度。
（3）羧甲基淀粉，不改变电荷密度。
（4）磺化酚醛树脂、CMC 和水解的聚丙烯腈，增加电荷密度。

不同降滤失剂的分子结构决定了其降滤失剂的机理。非离子降滤失剂通过完全封堵滤饼孔隙发挥降滤失效果，而阴离子降滤失剂则通过增加滤饼的负电荷密度和减小孔径发挥作用。阴离子降滤失剂会使黏土进一步分散，非离子降滤失剂有利于胶体稳定性[98]。

文献[99]中使用扫描电子显微镜（SEM）研究了由滤液矿化度和聚合物处理剂引起的滤饼性质的变化。首先分别配制了含有聚合物的淡水钻井液（聚合物为淀粉、PAC 和合成的高温稳定聚合物）和不含聚合物的淡水聚合物的钻井液，然后加入电解质（NaCl、$CaCl_2$、$MgCl_2$），在 200~350℉（90~189℃）条件下对钻井液污染。然后测量钻井液在被电解质污染前后的 API 滤失量，并将滤饼冷冻干燥后在 SEM 下观察，以分析滤饼结构受电解质、温度和聚合物的影响。

未被高温老化、电解质污染的钻井液滤饼呈盒式结构，孔隙度低。电解质污染后的钻井液滤饼孔隙度明显增大，高温使黏土层状结构凝结和脱水，聚合物能够使膨润土免受电解质和高温的影响。

#### 2.3.2.14 葛兰胶

研究发现,葛兰胶是一种极具特色的水基钻井液用降滤失剂[100,101]。天然葛兰胶的性能更好,在水溶液中具有良好的溶解性并且具有极强的增黏作用。但是需要注意的是,天然葛兰胶中含有细胞碎片或其他不溶性残渣。黄原胶作为多种井筒工作液的增黏剂,已经广泛应用于石油钻井开发领域[102]。脱乙酰黄原胶只适用于不含瓜尔胶的配方[103]。

#### 2.3.2.15 腐植酸衍生物

风化褐煤是一种柔软的蜡质矿物,可以溶解在碱性溶液中。它是褐煤的氧化产物,含有高达90%的腐植酸[104]。风化褐煤以北达科他州地质调查局的第一任主任阿瑟格雷伦纳德(1865—1932)命名。

腐植酸可以作为水合缓冲剂,有助于使粉末或颗粒保持干燥性和可流动性[105]。通常,水合缓冲剂用于抑制固体颗粒对大气中水分的吸收。

磺化腐植酸是一种钻井液降滤失剂,由三种组分组成:磺化腐植酸铬盐、磺化酚醛树脂和水解铵聚丙烯酸酯[106]。

文献中已经报道了磺化腐植酸树脂的现场应用效果。特别是在深井,钾盐和欠饱和盐水钻井液中也具备良好的降滤失效果。磺化酸化腐植酸具有良好的抗高温、抗盐、抗钙污染能力。这种钻井液具有稳定的性能和良好的流变特性,可以提高固井质量。

通过添加铬酸钾化合物可以降低钻井液黏度,缓解钻井液在高温条件下增稠的问题[107]。与腐植酸盐本身相比,铬褐煤、铁铬木质素磺酸盐和腐植酸铬在稀释钻井液、降低钻井液剪切强度以及降低钻井液滤失量方面具有更好的效果。此外,腐植酸铬酸盐的制备工艺简单、成本低廉。

可用将腐植酸转化为腐植酸铬的代表性铬化合物主要有重铬酸钠二水合物、铬酸钠四水合物、硫酸铬、氯化铬和硫酸铬钾。[107]

反应如下:

制备方法 Ⅱ-2:将腐植酸悬浮液用水稀释至固体浓度为18%。(1)将该混合物搅拌并加热至70℃。(2)缓慢加入铬试剂的水溶液反应1.5h。(3)将温度升至75℃并保持1h。(4)加入氢氧化钾。(5)调节加入水的总量,使最终的腐殖酸固体浓度为16%。将混合物加热1h至75~80℃,然后冷却,并冷冻干燥。

#### 2.3.2.16 硅酸钠

多年来,硅酸钠作为堵漏材料已经在许多井中成功应用,特别适用于高渗透率地层的钻井作业[108]。当将硅酸钠和酯类等活化剂的含水混合物注入井筒后,硅酸盐溶液反应形成胶体,胶体进一步聚合形成凝胶。凝胶可以提高高渗地层的强度、刚度,降低地层的渗透性。

由于硅酸钠具有上述特性,因此已被应用于水基钻完井液体系,防止高渗透性地层钻进时钻井液漏失[109]。由硅酸盐反应产生的凝胶可溶于酸和碱。

硅酸碱金属盐加量的上限取决于地层中孔隙半径和所需的凝胶强度。地层中孔径越大,所需的凝胶强度越高,硅酸碱金属盐所需的浓度越高。实际应用中,硅酸碱金属盐的浓度通常约为40%,因为大多数商业硅酸盐产品的浓度都为40%。

此外,硅酸钠钻井液体系中通常需要加入活化剂。甲酰胺或水溶性酯等活化剂在水基钻井液中水解,释放$H^+$离子使钻井液pH值降低,发挥激活效应。可加入铝酸钠等促进剂以加速凝胶形成[108,109]。在参考文献[109]中详细给出了使用硅酸盐进行堵漏作业的典型钻井液配方。

### 2.3.2.17 活性滤饼

参考文献中介绍了一种可以形成活性滤饼的水基钻井液体系[110]。活性滤饼能够阻止钻井液中的液相侵入地层，降低钻井液滤失量并保护储层，但是在储层开采过程中允许油气资源流入井筒。

（1）改性淀粉。可以选择疏水改性淀粉、PAC、CMC、疏水改性的合成聚合物，例如聚甲基丙烯酸羟丙酯作为钻井液降滤失剂。最优选的降滤失剂是聚合淀粉或通过羟甲基化和羟丙基化改性的淀粉。颗粒类桥堵材料可以使用表面经疏水改性的碳酸钙[110]。

（2）过氧化镁。过氧化镁在碱性环境中非常稳定，添加到聚合物基钻井液，完井液或修井液中时仍保持稳定。因为过氧化镁是粉状固体，可以作为滤饼的组成部分[111]。过氧化物可以用温和的酸浸泡产生过氧化氢。使用过渡金属催化过氧化氢，可以生成氧和羟基（OH—）。这些高反应活性的（OH—）可以和聚合物上的耐酸基团反应。在井底温度低于65℃时，通过在碱性水基体系中使用过氧化镁作为破胶剂，可以显著提高滤饼的清除效率。过氧化镁清除滤饼工艺包括以下步骤：储层钻进、扩眼、加入过氧化镁处理剂并循环钻井液，加入用于砾石充填的降失水剂。

### 2.3.2.18 混合酸

使用四氧化锰（$Mn_3O_4$）加重的钻井液形成的滤饼只能使用强酸去除[112]。使用高密度钻井液完井后，有机酸的滤饼去除效率较低。在高温和易腐蚀环境中不能只使用HCl酸化储层。在这种情况下，建议进行双级酸化作业，即首先使滤饼中的聚合物降解，然后使用酸液将滤饼中的固体颗粒溶解。文献中研发了一种含有HCl和有机酸的混合酸，能够提高钻井液滤饼的清除效率。室内实验证明，在88℃温度下，4%乳酸和1%HCl混合溶液能够成功溶解$Mn_3O_4$颗粒。另外使用有机酸和酶的组合也可以去除钻井液滤饼[112]。

### 2.3.2.19 胶乳

聚合物胶乳能够在井壁上形成可变形膜，从而降低水基钻井液的滤失量。胶乳可能包含以下组分[113]：

（1）可硫化的基团，例如丁二烯；

（2）硫化剂，如硫、2,2-二硫代双苯并噻唑、有机过氧化物、偶氮化合物、烷基秋兰姆二硫化物和硒酚衍生物；

（3）硫化促凝剂，如脂肪酸如硬脂酸、金属氧化物如氧化锌、醛胺化合物、胍衍生物和二硫化秋兰姆化合物；

（4）硫化缓凝剂，如水杨酸、乙酸钠、邻苯二甲酸酐和N-环己基硫代邻苯二甲酰亚胺；

（5）消泡剂；

（6）填料：可根据需要增加或减少处理剂密度。

胶乳也用于水泥配方中的降滤失剂[113]。在固井水泥浆中加入胶乳可以降低固井密封剂的脆性，从而提高固井水泥浆的韧性。此外，胶乳可防止固井后的气窜。当密封剂开始从低黏性流体变为高黏性物质发挥固化效果时，防气窜能力是固井效果的重要评价指标之一。在水泥固化期间，密封剂质量无法传递流体静压力。

当密封固化剂施加在地层上的压力小于地层孔隙压力时，地层中的气体首先会侵入固井水泥浆甚至通过固井水泥浆形成气窜。气窜过程中气体会在固井水泥环中形成流动通道，地层气体通过流动通道持续迁移[113]。由羧化苯乙烯/丁二烯共聚物配制的胶乳可以在井壁形成半透膜或密封层，防止气窜的发生[114]。目前有供应商可以提供羧化苯乙烯/丁二烯共聚物，例如 Gencal ® 7463[115]。

磺化胶乳在现场应用过程中不需要加入表面活性剂，从而降低了钻井液处理剂应用过程中的运输成本，简化了钻井液的配制工艺。为了更好的发挥胶乳的功能，通常将铝酸钠与胶乳共同使用[115]。

在乳胶性能测试过程中，测得的显微照片显示了胶乳在页岩中微裂缝中的积累。由于钻井液渗滤进入页岩裂缝的流速和体积非常小，单独的钻井液滤失无法解释胶乳在裂缝吼道深处堆积的现象，一定程度上证明了胶乳的降滤失效应。当胶乳的沉积足够多而能将裂缝开口封堵时，裂缝通道被密封，井壁承压能力提高，井筒出现正压差。差压可以将胶乳沉积物压实成固体封堵层。另外，需要向含有胶乳的钻井液中加入铝酸钠、氢氧化铝、硫酸铝、乙酸铝、硝酸铝或铝酸钾铝络合剂等沉淀剂[114]。最理想状态下，形成的封堵层应该完全不具有渗透性，但是实际上，封堵层只具有低渗透性。即使如此，也能有效降低工作液液体渗入地层，提高井筒工作液的储层保护效果[115,116]。

胶乳（通常水是连续相）加入烃基钻井液中后，必须能够在烃基钻井液中均匀的分散悬浮，因此必须在烃基钻井液中加入至少一种乳化剂。烃基钻井液中通常含有多种乳化剂，如果胶乳在使用时可以直接与烃基钻井液混合而不需要添加其他处理剂的话，可以简化配制工艺。一些乳胶产品能够与铝配合发挥协同效应，提高滤饼的密封性。

胶乳的主要成分包括作为乳化剂的表面活性剂、润湿剂和增重剂（例如碳酸钙、重晶石或赤铁矿）。合适的乳化剂和润湿剂包括离子型表面活性剂和非离子表面活性剂的混合物。离子表面活性剂可以是脂肪酸、胺、酰胺和有机磺酸盐；非离子表面活性剂可以是乙氧基化表面活性剂的混合物。油包水乳液可以由油相、水相（盐水或淡水）、表面活性剂、加重剂和盐或电解质组成[117,118]。

已经开发出用于封堵漏失地层，停止钻井液漏失、窜流和井喷的改良型产品。该产品由水、水溶性橡胶胶乳、有机土和碳酸钠配制而成[119]。

在适用于井筒工作液的各种胶乳中，首选通过乳液聚合方法制备的胶乳，例如苯乙烯/丁二烯共聚物胶乳。乳液的水相是苯乙烯/丁二烯共聚物的水性胶体分散体。胶乳通常含有少量乳化剂、聚合催化剂和链改性剂。

促进胶乳稳定的表面活性剂为乙氧基化壬基酚。有机黏土可以为烷基季铵膨润土。碳酸钠用作缓冲剂并防止橡胶胶乳与水中的钙离子接触导致的破乳。作为分散剂、丙酮、甲醛和亚硫酸钠的缩合反应产物可以作为该反应的分散剂[119]。文献[120,121]中介绍了聚合物胶乳的该合成方法。

当这种处理剂与油基钻井液接触时，立即形成具有超高黏度的弹性橡胶状物质[119]。当橡胶状物质注入井筒后即可进入孔洞和裂缝等漏失通道。通过挤注压力和摩擦压力共同作用柔性封堵漏失通道。聚乳胶处理剂具有选择封堵性，能够自发进入同一裸眼段的压力薄弱地层，解决多点漏失的复杂事故。

#### 2.3.2.20 炭黑

文献[122,123]中介绍了一种由炭黑、沥青、褐煤以及鱼油和乙二醇混合液配制而成的钻井液。

炭黑基本上由纯碳组成,粒径细微,具有 $25\sim500m^2/g$ 的高表面积,吸油能力为 $0.45\sim3cm^3/g$。

除了对润滑剂具有高亲和力外,炭黑的硬度还使其成为坚固配件(如金属与金属接触)之间的有效减摩剂。涂有润滑剂的超细尺寸颗粒可以穿透通常不能与钻井液体系中的其他固体一起穿透的开口和表面。

炭黑形成微型结构比表面积大,使碳氢化合物更多的与细菌解除,加速碳氢化合物的细菌降解。已经确定,由于对海洋生物的不利影响,水表面上任何大尺寸的碳氢化合物光泽都是不环保的。几乎所有钻井液都含有少量烃,会在水面形成光泽。油层钻进时,可以加入炭黑,或者可以直接获得其他钻井便利时,钻井液中可以加入炭黑。

炭黑具有强亲油性,对油、酚、醇、脂肪酸和用于钻井液的其他长碳链处理剂具有极高的亲和力。

此外,沥青质本质上是强亲油且不易与水或水基钻井液混合的处理剂。因此,沥青不是水基钻井液的常用处理剂。添加非离子表面活性剂可以解决亲油处理剂无法分散的问题。钻井液用非离子表面活性剂包括聚氧乙烯氧丙烯二醇、聚乙二醇(PEG)和聚丙二醇的混合物。

将疏水性沥青、疏水性炭黑和非离子表面活性剂混合。然后在足够高的机械剪切速率下搅拌足够的时间,可以将疏水性炭黑和疏水性沥青转化为亲水性炭黑和亲水性沥青[123]。表面改性可以使炭黑分离成单独的颗粒并在钻井液中保持分散。这些颗粒在井壁堆积或析出,减少钻井液滤失量。这些细而分散的表面改性颗粒是性能优良的水基钻井液用封堵剂[123]。

### 2.3.2.21 降滤失剂的性能测试

滤失量是钻井液的关键性能之一。对于水基钻井液,滤失量过大会显著影响钻井液的密度和流变性,引发井壁失稳等复杂。室内可以根据钻井液滤失量评价标准评价钻井液的滤失性能[31]。

通过测定标准程序获得的钻井液滤饼性质,可以在室内评价降滤失剂的效果。大多数含有降滤失剂的流体都具有触变性。因此,当给流体施加垂直方向上的剪切应力时,流体的表观黏度会发生变化。真实的钻井过程中钻井液在垂直方向上也是存在剪切应力的,因此,动态滤失量评价结果与静态滤失量会有所不同。

静态滤失量的测量结果不适用于压裂液体系,也不能详细了解黏性流体侵入,滤饼形成和滤饼侵蚀的复杂机制[124]。另外,室内动态滤失量评价方法无法完全模拟井下钻井液真实的滤失过程。这导致目前钻井液的滤失量与真实情况还存在一定误差。为了解决这一问题,发明了评价钻井液滤失量的大型高温高压装置。使用大型高温高压装置测得的钻井液滤失量数据与室内实验数据相比,钻井液射流对实验结果有明显的影响[125]。

然而,使用静态钻井液滤失量评价实验可以获得滤饼形成过程的某些阶段中的滤失行为特征,特别是当钻井过程中钻井液静止时。

文献[126]中对水包油乳液在多孔介质中的流动行为进行了系统的实验室研究。通过实验,研究了油滴在多孔介质中的滞留机理及其对渗透性的影响。

使用表面改性且具有锋利边缘的碳化硅颗粒和稀释后的十二烷水溶液微乳液乳液进行流动实验。通过研究采出水向储层深处的渗流规律,评价采出水回注过程中,水中的微乳液会否对储层渗透率造成影响。

研究发现了多孔介质捕获液滴的两种主要机制，即表面捕获和应变捕获。即使在多孔介质孔径与微乳液尺寸相当的情况下，表面捕获机制也可以显着地降低多孔介质深处的渗透性。此外，渗透率降低的程度对流体矿化度和流速非常敏感。与表面捕获相比，应变捕获会以较低的传播速率引发更严重的堵塞[126]。

### 2.3.3 乳化剂

#### 2.3.3.1 石油醚

含有10%～30%的水和其余的油性物质的羧酸醚可用作钻井液体的乳化剂[127]。

羧酸醚可由脂肪醇合成，脂肪醇转化为醇化物，然后与环氧乙烷反应，最后在碱性介质中用氯乙酸衍生物烷基化，形成最终产物[128]。

羧酸醚是油溶性的，主要存在于油相中并且主要分布在油水界面处。使用羧酸醚配制的钻井液乳状液稳定、钻井液滤失量低。此外，即使在低于10℃的低温下，钻井液的流变性仍能保持稳定[127]。

#### 2.3.3.2 AMPS 三元共聚物

文献[129]中介绍了一种高温高压老化后，可以降低钻井液滤失量的聚合物。该聚合物是 N-乙烯基己内酰胺，2-丙烯酰胺基-2-甲基-1-丙烷磺酸和 AAm 的三元共聚物，三者的含量量分别为15%、20%和65%。

将 AMPS 三元共聚物添加到钻井液或其他井筒工作液中，可以改善高温和高压条件下井筒工作液对页岩地层的侵入。

AMPS 三元共聚物在钻井液环境中 N-乙烯基己内酰胺单体的环酰胺环打开发生水解，在聚合物主链上产生仲胺结构。该结构导致聚合物的分子体积更大，并使聚合物表面携带负电荷[129]。

### 2.3.4 天然气水合物抑制剂

天然气水合物是在高压、低温下形成的固体冰状晶体[130]。气体水合物由水分子组成，水分子形成五元和六元多边形结构，水分子借氢键结合形成笼形结晶，气体分子被包围在晶格之中。在高压下，多个结晶有自发结合的趋势，形成包围气体分子的较大结晶笼。大结晶笼结构在高压下热力学稳定。在足够的压力下，天然气水合物能够在远高于水的凝固点温度下形成。

天然气水合物形成的必要条件包括液相水的存在、高压低温条件（即①气体处于水汽饱和或过饱和状态并存在游离水；②有足够高的压力和足够低的温度）；辅助条件—压力波动、气体流向的突变、晶种的存在。

深水钻井作业期间，井底环境满足天然气水合物形成的所有必要条件。含水钻井液提供自由水，在海床上遇到低温，并且流体的静水压头产生高压。因此，天然气水合物的形成可能直接影响钻井作业的进程。天然气水合物可以在压力大于 500psia～8000psia、温度低于 1.67℃和压力大于 8000psia、温度低于 27℃的环境中生成。特别是在压力 1000psia～6000psia、温度低于 2℃和压力大于 6000psia、温度低于 27℃条件下天然气水合物生成速度最快[130]。总之，高压、低温和水的存在有利于天然气水合物在钻井液中形成[131]。

天然气水合物抑制剂主要可以分为两大类：一类是动力学抑制剂，可以影响天然气水合物晶体生长的动力学过程;另一类是热力学抑制剂,可以影响天然气水合物晶体生长的热力学过程。热力学抑制剂为可以通过分子间氢键与水结合的化合物,从而防止结合的水分子彼此形成氢键并与剩余的游离水形成氢键。换句话说,这些化合物降低了游离水浓度,也可以说降低了水的活度。水活度的降低可以抑制天然气水合物晶体形成,使水合物的生成需要更高的压力或更低的温度。

乙二醇是性能优良的水合物抑制剂,不仅能够抑制水合物形成,还可以降低钻井液的密度,优化钻井液的整体性能[130]。对乙二醇的糠虾毒性试验[132]结果显示,LC50 为 970000ppm SPP,是 EPA 标准中允许排放到沿海水域最低值的 30 倍以上。此外,乙二醇在排放区域不会产生光泽。

文献[131]中介绍了另外一种用于水基钻井液的天然气水合物抑制剂配方。该配方由聚甘油混合物、羧酸盐和无机盐组成。表2-16中所示的天然气水合物抑制剂配方可以将天然气水合物形成的温度降低20%。

R1 含有单甘油(12%~18%)、二甘油(25%~20%)、三甘油(约5%)和少量的聚甘油(小于1%)。R1 还含有氯化钠、磷酸盐和硫酸盐,其总重量比例为约45%。R2 是聚甘油的混合物,主要包含单甘油(50%~55%)、二甘油(28%~32%)和甘油三酯(10%~12%)。R2 还含有其他聚甘油,例如四或五聚乙二醇(或更高级的聚甘油),总重量百分比小于5%。

表 2-16　抑制剂配方天然气水合物形成温度[131]

| 处理剂配方 | 温度(K) | 处理剂配方 | 温度(K) |
| --- | --- | --- | --- |
| R1 | 7.5 | 甘油 | 5.6 |
| R2 | 2.4 | 乙二醇 | 7.8 |
| 乳酸钠 | 9.8 | 甲醇 | 14.8 |
| 醋酸钠 | 12.5 | 氯化钠 | 16.6 |
| 甲酸钠 | 11.8 | | |

处理剂 R1 具有与单乙二醇相当的天然气水合物抑制能力。处理剂 R2 具有比其他化合物更低的天然气化合物形成温度。

研究证明表 2-17 中的化合物对于抑制天然气水合物形成具有协同作用[131]。特别是,通过 R2 制剂与盐的组合,具有显着的协同效应。其机理可能是由于单甘油和聚甘油分子与离子物质的相互作用。这些物种可以避免 R2 分子的聚合,亲水性更强,并且水的活性更大。

对 16 种室内配制的钻井液和其他井筒工作液进行了一系列热力学实验,筛选水基钻井液中水合物形成的平衡条件[133]。抑制天然气水合物形成的主要影响因素包括钻井液矿化度和甘油含量。此外,其他钻井液添加剂,例如膨润土、重晶石和聚合物,对水合物的形成具有一定的促进作用。

### 2.3.5　润滑剂

#### 2.3.5.1　基础研究

已经开展了大量关于润滑剂性能室内评价研究,包括测试几种类型钻井液储层伤害程度以及钻井液的润滑性能。某些聚合物处理剂兼具润滑剂的功能,但是钻井液中需要添加专门的润滑剂才能保证钻到目的地层。由于目前的技术现状和环境限制，主要选择用于水基钻井液的润滑剂。

过去水基钻井液通常使用碳氢化合物和脂肪酸作为润滑剂，但近期如酯类和植物油类环保润滑剂越来越成熟。这些化学处理剂可以显著降低金属/金属和金属/岩石接触的水基流体环境中的摩擦系数。实验室测试表明，加入酯或植物油钻井液的摩擦系数能够降低70%以上。此类高效润滑材料具有极高的表面活性，提高润滑剂与金属外壳或钻井液中固相的黏附性，发挥表面的润滑性功能。

另外，高表面活性使润滑剂更容易与钻井液的其他组分作用。例如，即使钻井液中含有少量的油，也会使钻井液转化为具有一定凝胶强度的反向乳液[134]。钻井过程中，不希望出现钻井液增稠的现象，因为高黏度钻井液不仅会引起钻井复杂还会造成储层伤害。

除此之外，润滑剂可与二价或多价离子反应，形成存在离子键的离子聚合物。该反应会使润滑剂转变为类似沉淀物的油脂。此类反应的发生与润滑剂的化学性质有关。有的润滑剂可以在钙、镁离子浓度为1000ppm的低矿化度溶液中生成沉淀物。有时，淡水中的钙、镁离子浓度即可超过1000ppm，所以在选择水基钻井液润滑剂时，需要考虑润滑剂的抗高价离子能力[134]。

#### 2.3.5.2 可生物降解的烯烃异构体

某些烯烃异构体可以作为水基钻井液的润滑剂[135]。聚α-烯烃作为润滑剂时，能够满足海上钻井液的环保要求。烯烃异构体可以通过聚乙烯制备。通过将石脑油催化裂解可以制备乙烯。

#### 2.3.5.3 脂肪酸酯

包括低聚甘油脂肪酸酯在内的某些酯可以提高水基钻井液的润滑性能。在酸催化或碱催化条件下，将低聚甘油与相应的脂肪酸酯化，可以制备低聚甘油脂肪酸酯。

低聚甘油酯在室温下是液体，并且是各种低聚甘油酯的混合物。因此，酯含有二甘油和三甘油以及四甘油和五甘油和甘油的混合物[136]。表2-17给出了脂肪酸对应IUPAC（国际纯化学与应用联合会）的名称。图2-9中为一些脂肪酸的分子结构。

表2-17 脂肪酸[136]

| 酸 | IUPAC对应名称 | 酸 | IUPAC对应名称 |
| --- | --- | --- | --- |
| 己酸 | 己酸 | 异硬脂酸 | 16-甲基十七烷酸 |
| 辛酸 | 辛酸 | 油酸 | 顺-9-十八碳烯酸 |
| 2-乙基己酸 | 2-乙基己酸 | 反油酸 | 反式-9-十八碳烯酸 |
| 癸酸 | 癸酸 | 十八烯酸 | 顺式-6-十八碳烯酸 |
| 月桂酸 | 月桂酸 | 亚油酸 | (9Z,12Z)-9,12-十八碳二烯酸 |
| 异十二烷酸 | 11-甲基十二烷酸 | 亚麻酸 | (9Z,12Z,15Z)-9,12,15-十八碳三烯酸 |
| 肉豆蔻酸 | 十四烷酸 | 桐油酸 | (9Z,11E,13E)-9,11,13-十八碳三烯酸 |
| 棕榈酸 | 十六酸 | 顺9-二十炭烯酸 | 二十烷酸 |
| 棕榈油酸 | 顺式-十六碳-9-烯酸 | 二十二烷酸 | 二十二烷酸 |
| 硬脂酸 | 硬脂酸 | 顺芥子酸 | 顺-二十二烷-13-烯酸 |

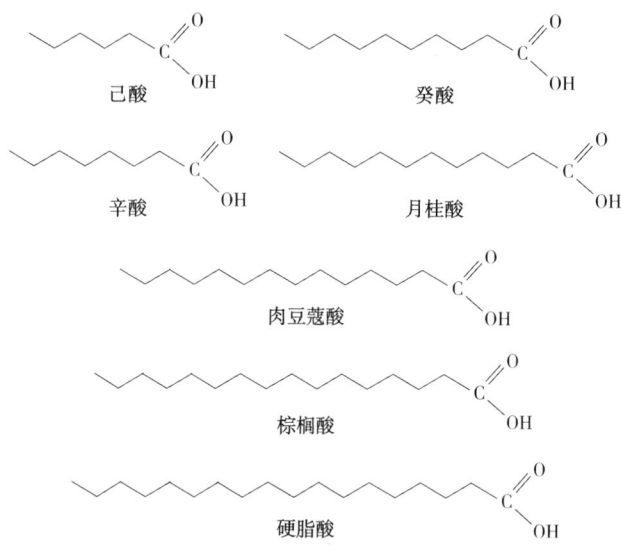

图 2-9 脂肪酸的分子结构

（1）可生物降解酯类。

钻井液领域对可降解处理剂，特别是酯类处理剂的研究越来越广泛。表 2-18 中列出了部分研究酯类化合物的有关文献。

表 2-18 酯类润滑剂

| 酯类化合物 | 研究文献 | 酯类化合物 | 研究文献 |
| --- | --- | --- | --- |
| 油酸 2-乙基己酯 | [137] | 甘油单叶酸 | [138] |
| 甘油三酯油 | [137] | 磺化蓖麻油 | [138] |
| 大豆磺酸盐 | [138] | | |

酯在高 pH 值的水基钻井液中会发生裂解反应，生成的产物可以使钻井液易发泡，导致钻井液性能恶化，带来一系列钻井复杂。植物油的磺酸盐，特别是大豆油磺酸盐，是一种水基钻井液用润滑剂。但是在钻井液中，特别是水基钻井液中，大豆磺酸盐会导致钻井液起泡，这限制了它的用途[138]。

使用其他制造工序产生的副产品作为钻井液润滑剂，使副产品不必另行处理，对工业制造和降低润滑剂成本都是有利的。文献[139]中介绍了在生产甘油（包含甘油、甘油低聚物与脂肪酸）工艺产生的副产物中加入氢氧化钾或氢氧化铵，将副产物中和后，可以得到酯类润滑剂。甘油组分的组成见表 2-19。

表 2-19 甘油组分的组成[139]

| 甘油组分 | 含量（%） | 甘油组分 | 含量（%） |
| --- | --- | --- | --- |
| 甘油 | 10～13 | 聚甘油 | 15 |
| 双甘油 | 16～23 | 氯化钠 | 2～4 |
| 甘油三酯 | 5～7 | 碳酸钠 | 0.3～1 |
| 四甘油 | 4～6 | 水 | 22～28 |
| 五甘油 | 3～4 | 羧酸盐 | 11～14 |

脂肪酸化合物可以从植物油、木浆加工、动物脂肪加工等工艺中获得。硫酸、盐酸、硝酸和对甲苯磺酸等可以作为酯化的催化剂。文献[139]中用的催化剂是浓硫酸。此外，可以使用二酸如马来酸、琥珀酸或戊二酸延长化合物的链长[139]。

(2) 油酯。

支链羧酸酯等油酯可以作为钻井液的润滑剂[140,141,142]。Tall(妥尔)油可与二醇进行酯交换[143]或与单乙醇胺[144]缩合可以获得支链羧酸酯。酯类还包括植物油[145]、废葵花油[146-149]等天然油和磺化鱼脂[150]等天然脂肪。在水基钻井液体系中，使用主要由 $C_{16}$ 至 $C_{24}$ 不饱和脂肪酸生成的部分水解甘油酯，不会产生有害泡沫。

这种部分水解甘油酯在低温条件下可以使用，可生物降解且无毒[151]。高温条件下可以使用长链聚酯和 PA 的混合物[152]。

当使用例如新戊二醇、季戊四醇、三羟甲基丙烷与脂肪酸合成的酯类配制钻井液的情况下，可以加入三乙醇胺等叔胺与脂肪酸的混合物，以提高钻井液的润滑效率[153]。

(3) 醇酯混合物。

研究证明除酯类化合物外，脂肪醇与羧酸酯混合物可以作为水基钻井液用润滑剂。醇类可以是格尔伯特醇和油醇、酯类可以是油酸油酯或硬脂酸异十三烷酯[154]。其中，脂肪醇具有抑泡效果。

(4) 亚磷酸酯。

油基亚磷酸酯等亚磷酸酯可以用作辅助润滑。二烃基亚磷酸酯可由二甲基二烷基亚磷酸酯等较低分子量的二烷基亚磷酸酯与支链或支链醇反应[155]。

制备方法Ⅱ-3：将 2-乙基己醇、铝醇 8-10 和二甲基亚磷酸酯的混合物加热至 125℃，同时进行氮气保护。通过蒸馏除去新出现的甲醇。6h 后，将混合物加热至 145℃ 并在此温度下反应 6h。然后将反应混合物在 50mmHg 压力下，将温度升高至 150℃，回收另外的馏出物。然后过滤残余物，即可得到目标产物二烷基氢亚磷酸酯混合物。

(5) 磷酸酯。

研究证明聚醚磷酸酯与聚乙二醇(PEG)水溶液能够改善多种钻井液体系的润滑性[156]。其中磷酸酯可以通过五氧化二磷、多磷酸等磷化剂与聚醚反应制备，聚乙二醇的最佳分子量为 400D[156]。钻井液中的其他组分，特别是钙离子等二价离子，会对此类润滑剂造成不利影响[156,157]。

(6) 有机硫化物。

羟基硫醚能够进入油相，提高水包油钻井液的抗氧化能力和润滑性能[158]。1-十二碳烯与巯基乙醇缩合可以制备正十二烷基-(2-羟乙基)硫醚。相应的二醚，即 2,2-二-(正十二烷硫基)-二乙醚可以在硫酸或甲磺酸等酸催化剂下由醇缩合制备。

### 2.3.5.4 硅酸盐化合物

在钻井作业期间，有时会钻遇黏土含量高的页岩地层。这些地层中高活性页岩黏土含量较高，与水或水基工作液接触后，将会发生严重的理化性能变化，无法保持岩石的稳定性[159]。

尽管油基钻井液可有效抑制活性页岩黏土，但油基钻井液在应用过程中存在安全、环境危害和干扰油气测井作业等问题。为了提高水基钻井液对页岩黏土膨胀和分散的抑制能力，已经成功研发了高性能水基钻井液，并进行了现场试验。

自 20 世纪 30 年代后期开始使用的硅酸盐钻井液配方是非常成熟的[160]。由于油基钻井液易于使用，不易凝胶化或沉淀，并且能够给钻井工具与井筒之间提供良好的润滑性，硅酸盐钻井液没有得到广泛使用。然而，如今油基钻井液面临着越来越大的环境压力。钻井行业对硅酸盐钻井液替代油基钻井液的需求越来越大，对硅酸盐钻井液研究力度得到了加强，硅酸盐钻井液的一些缺陷也得到了有效的弥补[108,161]。

在已经得到商业化应用的水基钻井液中，硅酸盐钻井液的抑制性是最强的。例如 M-I Swaco 的 SILDRIL 的抑制性虽然还不如油基钻井液，但是比醇类钻井液强。与此同时，硅酸盐钻井液由于 pH 值较高导致健康和安全性差，热稳定性和润滑性差，易受污染，维护成本高，对某些井下设备有不利影响，并可能造成地层破坏[162]。

基于硅酸钾的钻井液已成为活性页岩地层钻井过程中性能最好的抑制性水基钻井液。在过去只有油基钻井液才能顺利钻进的页岩地层，如今使用硅酸钾钻井液也能够维持井壁稳定性[159]。然而，由于硅酸盐吸附，使得钻柱和井筒表表面变得粗糙，摩擦系数普遍较大。通过在硅酸盐钻井液中加润滑剂可以克服摩阻系数高的问题。

目前已经研发出用于硅酸盐钻井液的复合润滑剂，通过多种润滑剂的协同作用，降低钻井液的挤压润滑性。复合润滑剂可以是卵磷脂、硫化植物油、硫化猪油、硫化植物酯或硫化猪油酯，以及改性蓖麻油[159]。表 2-20 中列出了复合润滑剂的配方。

表 2-20 润滑剂配方[159]

| 配方组成 | 代号 | 摩阻系数 | 扭矩降低（%） |
| --- | --- | --- | --- |
| — | — | 0.39 | — |
| 5%硫含量硫化植物油与液体石蜡溶剂的混合物 | KT 810 | 0.33 | 15.4 |
| 0.5%磺化度磺化蓖麻油与液体石蜡溶剂的混合物 | KT 811 | 0.36 | 7.7 |
| 2%硫含量硫化植物油与液体石蜡溶剂的混合物 | KT 812 | 0.34 | 12.8 |
| 卵磷脂和液体石蜡溶剂的混合物 | KT 813 | 0.27 | 30.8 |
| 含硫量 5%的硫化植物油，磺化度 0.5%的磺化蓖麻油和液体石蜡溶剂的混合物 | KT 814 | 0.31 | 20.5 |
| 5%硫含量硫化植物油与卵磷脂和液体石蜡溶剂的混合物 | KT 815 | 0.23 | 41.0 |
| 含硫量 5%的硫化植物油，卵磷脂，磺化度为 0.5%的磺化蓖麻油和液体石蜡溶剂的混合物 | KT 816 | 0.16 | 59.0 |
| 2%硫含量硫化植物油与卵磷脂和液体石蜡溶剂的混合物 | KT 817 | 0.28 | 28.2 |
| 0.5%磺化度磺化蓖麻油与液体石蜡溶剂的混合物 | KT 818 | 0.37 | 5.1 |

### 2.3.5.5 磺化沥青

沥青是一种黑褐色至黑色固体，加热时软化，冷却后可以再硬化。沥青不溶于水并且难以在水中分散或乳化。

沥青与硫酸和三氧化硫反应，用氢氧化物如 NaOH 或 $NH_3$ 中和形成磺酸盐，使用热水提取反应产物中的可溶物，即可制得磺化沥青。

磺化沥青主要用于水基钻井液，也适用于油基钻井液[163]。除了降低滤失量和改善滤饼性能外，提高钻井液对钻头的润滑性，提高钻井液的储层保护性能是磺化沥青作为钻井液添加剂的重要功能[163]。另外，磺化沥青还可以提高水基钻井液对黏土的抑制能力。钻井液抑制能力不足，黏土则会吸水膨胀，引起井壁失稳、阻卡等严重的技术问题。

研究证明了磺化沥青作为钻井液中的黏土抑制剂的作用机理，即负电性磺化大分子附着在黏土层的正电极端达到电荷平衡,形成吸附层,阻止黏土吸收水分。此外,由于磺化沥青包含亲油基团,具有疏水性,可以进一步阻止黏土与水分的相互作用。如上所述,磺化沥青在水中的溶解度直接影响钻井液的抑制能力。通过引入水溶性阴离子聚合物,可以显著降低磺化沥青中水不溶性沥青的含量。也就是说,通过引入木质素磺酸盐以及磺化苯酚、酮、萘、丙酮和氨基增塑树脂等聚合物成分可以来增加磺化沥青中水溶性部分的比例[163]。

#### 2.3.5.6 石墨

以石墨作为钻井液的润滑剂已经具有很长的历史[164]。研究认为石墨通过一个颗粒在另一个颗粒上滑动的机械行为发挥润滑作用。石墨可以制成固体润滑剂,也可以将石墨在分散润滑油中制成液体润滑剂。也可以将石墨颗粒掺入脂类润滑剂中以提高润滑效果。

由于石墨具有优异润滑性能,学者们将多种石墨类润滑剂加入到不同水基钻井液体系中,然后评价了石墨对钻井液润滑性能的作用[164]。评价结果显示,石墨添加到水基钻井液中后,只能稍微降低钻井液的摩阻系数。由于石墨表面是疏水的,所有实验结果都说明固体石墨不能作为水基钻井液的润滑剂。

用乙二醇为载体对石墨进行表面涂覆改性,使石墨材料表面亲水,提高石墨在水基钻井液中的润滑性能[164]。目前有学者研发了石墨在乙二醇中的悬浮液,以延长石墨表面改性的有效期。在石墨和乙二醇的混合物中加入沥青可以提高悬浮液的稳定性。乙二醇涂覆的亲水性石墨颗可以层状堆积,因此也可以作为一种高效封堵剂使用。

#### 2.3.5.7 石蜡

据报道,无毒、可生物降解的石蜡可用作水基钻井液的润滑剂,储层保护剂或解卡液[165]。石蜡通常为8~16个碳原子的环烷烃。将石油精炼,然后通过化学试剂去除含硫、含氮杂质,通过加氢去除不饱和烃,即可制得纯化的石蜡[165]。

#### 2.3.5.8 偏甘油酯

水基钻井液是石油钻井历史上最早采用的钻井液体系,但是水基钻井液目前还存在一定的缺陷,限制了水基钻井液的应用范围。特别是在水敏性地层钻进的过程中,水基钻井液会与水敏性矿物发生理化反应,对钻井安全带来致命的影响[138]。

即使在强敏感性的页岩地层中,基于可溶性碱金属硅酸盐水基钻井液也能够维持井壁稳定。但是,需要在硅酸盐钻井液中加入矿物油、动植物油以及酯类等润滑剂。由于环保法律中对钻井液及其成分的生物降解性要求越来越严格,限制了具有高效润滑功能的矿物油等处理剂的使用。

研究发现,在低温条件下脂肪酸偏甘油酯可用于油基钻井液和水基钻井液的润滑剂。表2-21给出了测定偏甘油酯润滑性所用的油基钻井液和水基钻井液配方。

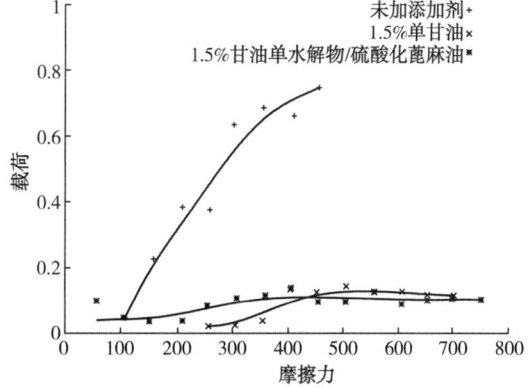

图2-10 各种润滑剂效果(相对值)[138]

润滑剂的有效性可以通过 Almen-Wieland 试验[166]、Falex 试验销和 V 形块摩擦磨损试验机[167]、Timken 磨损和润滑剂试验[168]以及四球试验[169]来测量。已经测量了各种润滑剂的效果,实验结果如图2-10所示。

表2-21 测定偏甘油酯润滑性所用水基钻井液和油基钻井液配方[138]

| 水基钻井液 | | 油基钻井液 | |
|---|---|---|---|
| 组成 | 含量 | 组成 | 含量 |
| 水 | 410g❶ | 白油 | 675mL |
| 黄原胶 | 20g | 水溶液 | 225mL |
| 膨润土 | 56g | $CaCl_2$ | 95g |
| CMC | 40g | 乳化剂 | 35g |
| 重晶石 | 1.8g | 降滤失剂 | 10g |
|  |  | 增黏剂 | 25g |
|  |  | 石灰石 | 17g |
|  |  | 重晶石 | 360g |

#### 2.3.5.9 氨基乙醇

润滑剂的稳定性在高pH值条件下会下降，特别是高温、高pH值条件下水解的酯类润滑剂。可以使用氨基醇代替醇合成酯类润滑剂。例如，通过聚合亚麻子油与二乙醇胺在160℃下反应，可以合成在40℃下黏度约为2700mPa·s的润滑剂[170]。通过向反应产物中加入一些油酸甲酯可以进一步降低产物的黏度。这种润滑剂加入硅酸盐钻井液后，即使在pH值为12的条件下也可提高钻井液的润滑性能。使用润滑性测试仪测试表明，在标准钻井液中添加3%的润滑剂可将扭矩读数降低50%。

#### 2.3.5.10 聚合醇

合成的聚-α-烯烃是一种高效水基钻井液用润滑剂、储层保护剂和解卡剂，具有环境友好性，能够满足在海洋钻井中的环保要求。钻井液行业急需研发其他无毒的水基钻井液用润滑剂、储层保护剂和解卡剂。有文献介绍了具有环保性能的聚亚烷基二醇[171]和侧链聚合醇如PVA[172,173]。

PVA本体和交联后的凝胶都可以用作钻井液润滑剂[174]。交联剂可以是醛、例如甲醛、乙醛、乙二醛和戊二醛，以形成缩醛；也可以是马来酸或草酸以形成交联酯桥；还可以是二甲基脲、聚丙烯醛、二异氰酸酯和二乙烯基磺酸盐[175]。

#### 2.3.5.11 脂肪酸多胺盐

脂肪酸多胺盐和脂肪酸酯单独使用即可改善水基钻井液的润滑性能，但是脂肪酸多胺盐和脂肪酸酯混合物可以发挥协同效应，进一步提高水基钻井液的润滑性[182]。不同比例的脂肪酸二亚乙基三胺盐和脂肪酸甲酯的共混物在水基钻井液中表现出比分别使用脂肪酸二亚乙基三胺盐或脂肪酸甲酯更好的润滑性[182]。

#### 2.3.5.12 粉末状润滑剂

将润滑剂制作成粉剂混合物，可以使润湿剂的运输和加入更加便利。用于水基钻井液的粉末状润滑剂添加剂含有高度分散的二氧化硅和脂肪酸烷基酯[183]。

高度分散的二氧化硅可以通过碱金属硅酸盐溶液与无机酸的湿法反应制得的二氧化硅沉淀制备。热解二氧化硅和热解疏水二氧化硅也可以制备高度分散的二氧化硅。热解二氧化硅

---

❶ 原书为41，缺单位。——译者改。

可以在火焰或高温热解下从气相中凝结获得。脂肪酸可以选择椰油烷基或牛脂烷基脂肪酸[183]。

制得的高度分散二氧化硅与脂肪酸烷基酯混合物为粒度细、可以自由流动的粉末，能够在-40～+80℃的温度范围内保持粉末状态。

文献[184,185]使用Reichert摩擦磨损试验机评价了上述润滑剂的润滑效果。测试过程中，将测试滚筒牢牢固定在旋转磨损环上，磨损环的下三分之一浸没在测试液体中[183]。

#### 2.3.5.13 多相润滑剂浓缩物

文献[186]中介绍了多相润滑剂浓缩物作为水基钻井液和修井液润滑剂的使用情况。油相可以是棕榈仁油和2-乙基己醇、氢化蓖麻油或甘油单月桂酸酯的饱和脂肪酸的酯混合物。

将多相制混合物加热至比相转化温度更高的温度，然后冷却使混合物温度至低于相转化温度，即可得含有极细油相颗粒的水包油乳液。乳液的颗粒细度小到可见光下无法观察的程度，因此多相润滑剂浓缩物为乳白色乳液。在低于混合物相转化温度条件下，多相润滑剂浓缩物可以长时间保持乳化状态[186]。

#### 2.3.5.14 成膜胺类

文献[187]中介绍了一种成膜润滑剂，这种润滑剂加入水基钻井液后，可以在浸泡于水基钻井液中的金属表面吸附，形成疏水膜。成膜润滑剂由肥皂、成膜胺和活化剂制成。可以在成膜润滑剂中加入增黏剂和稀释剂。

成膜胺广泛用作腐蚀抑制剂，对金属具有较强的亲和力，因此有效地涂覆在井下金属设备表面。当添加到水基钻井液或其他井筒工作液时，润滑剂短时间内即可分散并涂覆在井下金属表面。例如，当连续油管管柱的外表面与生产管柱的内表面发生摩擦时，成膜润滑剂在两个表面上形成润滑的乳液。金属表面之间摩擦的时间越长，产生的乳液越多，从而减少阻力[187]。

### 2.3.6 离子液体加重剂

在钻井液中使用离子液体加重可以减少高密度钻井液中固体加重剂的用量[188]，降低加重剂在固相设备中被筛除的量。

离子液体中既可以只含有一种离子液体，也可以加入几种不同离子液体的混合物。离子液体是低熔点盐熔体，熔点等于或低于100℃[189]。这里的100℃是根据定义任意选择的。

因为离子液体的密度比水和油更高，离子液体可以增加钻井液的密度。因此，使用离子液体加重的钻井液可以在不需要加重剂的情况下，将钻井液加重至所需的密度。

因此，也可以减少其他钻井液添加剂，例如用于水基和油基钻井液中，可以增加钻井液密度的聚合物等处理剂。这些处理剂加量的降低还可以提高钻井液的抗温能力。因为离子液体能够在一定程度上降低温度对钻井液的影响。另外，离子液体加重还可以降低气体在钻井液中的溶解度。实际上，在一些钻井液配方中也可以不加入水[188]。

### 2.3.7 页岩抑制剂

#### 2.3.7.1 页岩污染钻井液

在页岩地层使用水基钻井液钻进时常会出现页岩垮塌、钻屑分散等问题，导致钻井液流变性恶化和机械钻速降低[190]。页岩污染钻井液实验常用来评价页岩岩屑对水基钻井液性能的影响。

使用人工神经网络(ANN)的数学建模工具可以模拟页岩岩屑对水基钻井液的污染机理。该模型的建模基于一组输入数据和输出数据之间复杂算法的建立。对于页岩污染钻井液的行为进行ANN建模，页岩矿物学和流体成分构成一组输入数据，而实验上获得的污染百分比或钻井液对页岩抑制能力测试中的岩屑回收百分比作为一组输出。

依据150个标准页岩岩屑污染钻井液实验数据，建立了ANN模型。在150组实验中，使用了5种岩石成分不同的页岩岩屑污染不同矿化度、黏土稳定剂和高密度钻井液。

ANN模型即可以验证具有某种矿物组成的页岩岩屑对钻井液的影响，也可以预测岩屑对钻井液的污染行为，从而减少钻井液实验室制定钻井液配方时所需的实验次数。

因为页岩的化学性质随地层钻探的深度而变化，钻井液工程师可以使用该模型实时掌握页岩对钻井液的影响。只需要简单的测定钻井液的性能，就能根据页岩对钻井液的污染情况优化钻井液的性能，最大程度地降低页岩岩性突变带来的钻井风险和成本增加[190]。

#### 2.3.7.2 烷基乙氧基化物

水溶性二醇或多元醇广泛应用与水基钻井液的页岩抑制剂。文献中介绍了烷基乙氧基化物提高水基钻井液对页岩的抑制能力。ICI公司已经形成了只含有分子式为$RO(CH_2CH_2O)_nH$的烷基乙氧基表面活性剂水溶液和烷基乙氧基表面活性剂与其他表面活性剂微珠混合物的系列页岩抑制剂产品[162]。表2-22中详述了系列产品中的部分表面活性剂。

表2-22 表面活性剂

| 处理剂代号 | 成分 | $n$ | 分子量 | HLB |
| --- | --- | --- | --- | --- |
| BRIJ72 | 十八烷醇(C18) | 2 | 358 | 4.9 |
| BRIJ76 | 十八烷醇(C18) | 10 | 710 | 12.4 |
| BRIJ78 | 十八烷醇(C18) | 20 | 1150 | 15.3 |
| BRIJ721 | 十八烷醇(C18) | 21 | 1194 | 15.5 |
| BRIJ58 | 十六烷基(C16) | 20 | 1122 | 15.7 |
| BRIJ98 | 油烯基(C18-1) | 20 | 1148 | 15.3 |

#### 2.3.7.3 聚丙烯酰胺类

众所周知，已经商业化生产的高分子量聚丙烯酰胺聚合物能够提高水基钻井液对页岩水化膨胀的抑制能力，提高井壁稳定性。文献中介绍了含有非离子低分子量聚丙烯酰胺、非离子高分子量聚丙烯酰胺、长链醇或多元醇和PAC的处理剂能够提高水基钻井液的抑制性。

该处理剂能够在页岩岩石表面形成疏水屏障，防止钻井期间水敏性页岩地层的水化作用。这种处理剂不能在随钻封堵剂、堵漏剂和压裂液中应用。钻井液中加入此类抑制剂，还能提高储层保护效果，渗透率恢复值大于86%[191]。

通过溶液自由基聚合合成了AAm、2-丙烯酰胺基-2-甲基-1-丙烷磺酸、N-乙烯基吡咯烷酮和二甲基二烯丙基氯化铵的四元共聚物[192]。

室内评价了加入四元共聚物的饱和盐水钻井液老化前后的流变性和滤失量。钻井液在180℃条件下老化16h后，表观黏度、塑性黏度和屈服点增加，滤液体积随聚合物浓度的增加而降低。与由AAm、2-丙烯酰胺基-2-甲基-1-丙烷磺酸和N-乙烯基吡咯烷酮组成的三元共聚物相比，四元共聚物能够更好地提高滤饼质量。此外，四聚合物还具有出色的抗高温、抗盐能力[192]。

#### 2.3.7.4 季铵盐衍生物

文献[193]中介绍了一种包含水基连续相、加重剂、页岩抑制剂和页岩包被剂的水基钻井液。页岩包被抑制剂为胺基单体和乙酸乙烯酯的共聚物。通过共聚，形成聚乙烯醇（PVA）的季铵化胺衍生物。阴离子可以选择卤素、硫酸根、硝酸根、甲酸根等[194]。通过改变分子量和胺化程度，可以定制各种各样的产品。此外，钻井液中需要加入降滤失、pH 值调节剂、桥塞封堵剂、润滑剂、防泥包剂、防腐剂、表面活性剂和提切剂等[193]。该季铵盐衍生物可以用于低矿化度钻井液和淡水钻井液的页岩包被剂[194]。季铵化醚化聚乙烯醇和季铵化 PAM 的重复单元分子结构如图 2-11 所示。

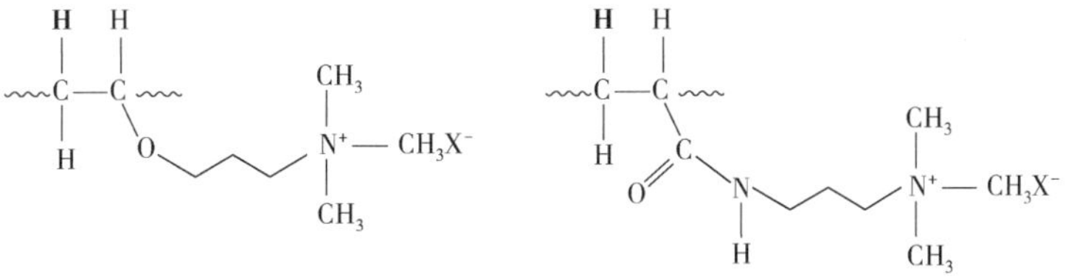

图 2-11 季铵化醚化聚乙烯醇和季铵化 PAM 分子结构[194]

另一种方法是使 PVA 与丙烯腈反应，然后将该产物氢化，制备胺基 PVA[193]。

#### 2.3.7.5 非离子聚胺

近年来，聚胺水基钻井液已在世界各地使用[195]。研究证明聚胺类页岩水化抑制剂（SDJA-1）可有效抑制黏土水化并具有 pH 值缓冲效果。此外，还评估了聚胺的抑制性、润滑性和生物毒性，并与其他水基钻井液抑制剂进行了比较。聚胺抑制剂无毒、环保，优于油基钻井液[195]。

许多常规的页岩水化抑制剂是阳离子型的[196]。例如，三乙胺硫酸二乙酯和三乙胺硫酸二甲酯具有良好的页岩抑制性以及良好环境友好性[197]。阳离子型页岩抑制剂中的阳离子可以与页岩表面的阳离子发生离子交换阳。阳离子型页岩抑制剂的抑制机理适用于海上平台钻井。但是在陆地钻井过程中需要使用低导电性的钻井液。特别是，低导电率钻井液有助于岩屑的处理。

低导电率的流体通常是指电导率小于 $10000\mu S/cm$ 的流体。当使用非离子聚胺时，可以在不增加流体的电导率的情况下实现页岩水化抑制。

将三羟基烷基胺如三甲醇胺、三乙醇胺和三丙醇胺缩合可以制备聚胺。这种聚合羟胺的基本分子结构如图 2-12 所示。使用聚胺的钻井液配方列于表 2-23 中。

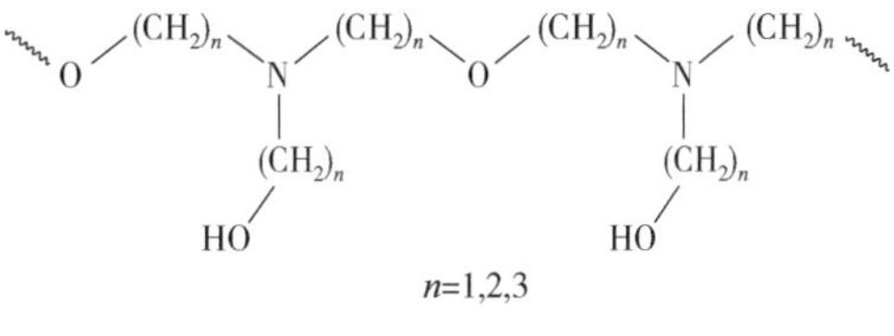

图 2-12 三羟基聚胺分子结构[196]

表 2-23 低电导率钻井液配方

| 化合物 | 商品名 | 加量(ppb) |
|---|---|---|
| $H_2O$ | 淡水 | 309 |
| 硬核葡萄糖增黏剂 | BIOVIS® | 1.67 |

续表

| 化合物 | 商品名 | 加量(ppb) |
|---|---|---|
| 淀粉衍生物 | FLOTROL® | 3 |
| KOH | 氢氧化钾 | — |
| 非离子聚合物 | EMI-1994 | 1 |
| 非离子聚胺 | EMI-1993 | 5 |
| $BaSO_4$ | 重晶石 | 65 |

聚醚二胺作为一种高效页岩抑制剂已被广泛用于水基钻井液中[198]。为了比较2,3-环氧丙基三甲基氯化铵和聚醚二胺之间的抑制性差异,评价了两者对膨润土的抑制实验和三次页岩滚动回收率实验。此外,研究了与膨润土和几种阴离子和两性聚合物添加剂的配伍性。研究表明,与2,3-环氧丙基三甲基氯化铵相比,聚醚二胺具有优异的黏土稳定性,并且黏土稳定效果更持久。与2,3-环氧丙基三甲基氯化铵相比,聚醚二胺与大多数常规添加剂和膨润土的配伍性强。此外,聚醚胺是环境友好型化合物,已经通过生物毒性评价实验。

#### 2.3.7.6 聚丙烯亚胺树枝状大分子聚合物

将聚亚丙基亚胺树枝状大分子聚合物或多胺双树枝状大分子聚合物加氢后的产物可以作为页岩水化抑制剂。在一定的环境中,聚(丙烯亚胺)树枝状大分子聚合物在40~260℃的温度下不会水解。

合成路线如图2-13所示。

#### 2.3.7.7 苯乙烯和马来酸酐的共聚物

文献[200]中介绍了苯乙烯、马来酸酐与EO或PO侧链的共聚物作为水基流体的页岩稳定剂的应用效果。此外,研究发现部分水解聚乙酸乙烯酯均聚物和共聚物的页岩抑制效果优异[201]。共聚单体之一的AA抑制反应产物的结晶,增强了共聚物的水溶性。

可以通过羧酸或酸酐基团与聚氧烷基化醇的酯化将环氧烷的侧链引入聚合物中。酯化步骤可在聚合反应之前或之后进行。当聚合物中约50%的羧基官能上的碳原子被酯化时,产物的抑制作用最强[200]。这种接枝聚合物的合成已在参考文献[202]中详细描述。

#### 2.3.7.8 大水力半径阴离子

在用水基流体钻井时,页岩中常常出现井壁失稳的问题[203]。井壁失稳主要由两个主要因素导致的:第一是页岩黏土与水理化反应;第二是从钻井液液柱到地层的压力传播。上述变化改变了岩石内的应力,导致页岩破裂。

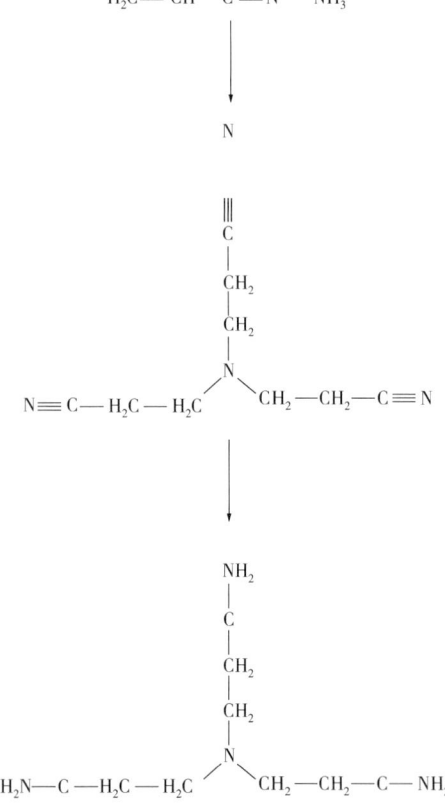

图2-13 树枝状大分子合成[199]

文献[203]中介绍了一种具有较大的水力半径的阴离子化合物，能够通过渗透作用降低钻井液的压力传递。具有大水力半径的化合物如图2-14所示。

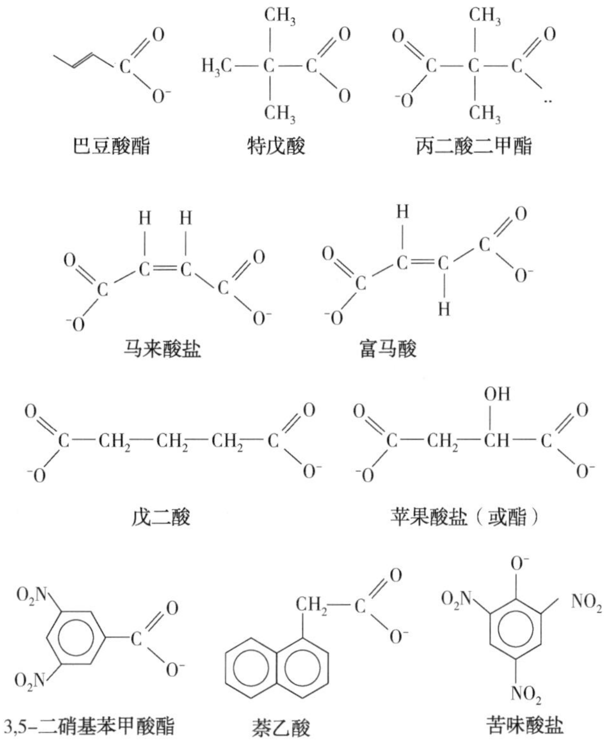

巴豆酸酯　　特戊酸　　丙二酸二甲酯

马来酸盐　　　　富马酸

戊二酸　　　　苹果酸盐（或酯）

3,5-二硝基苯甲酸酯　　萘乙酸　　苦味酸盐

图2-14　具有高水力半径的阴离子

实际上，苦味酸在化学意义上不是酸。只是芳族结构和侧链硝基化合物使羟基变得像羧基一样易发生质子解离。

压力传递试验：

压力传递试验主要用来测定地层的渗透性，进而测定地层流体和钻井液的压力。钻井液和地层流体之间的压力差越大，配方越有效。例如，试验证明新戊酸钾能够显著提高钻井液压力和地层流体压力之差[203]。

随后，参考文献[203]中介绍的压力传递实验的具体步骤如下：

将含黏土的柱塞岩心装入橡胶护套中，在端部用两个不锈钢堵头封闭，并放置在可加热、加压的岩心夹持器中。将两个不锈钢堵头连接到两个独立的能够在高压条件下运行的驱替系统中。一个驱替系统为开路，在此驱替系统中泵送地层水或钻井液溶液，使上述液体与岩心的一端接触。使用回压调节器保持钻井液的压力恒定。在测试期间处于压力下的驱替系统管线体积为22cm$^3$。此外，压阻式传感器在流体进入岩心夹持器之前连续测量驱替系统内部压力。

另一个驱替系统是孔隙压力驱替系统，模拟页岩的孔隙压力，内部容积为22 cm$^3$，回路中还有一个体积为38 cm$^3$的中间容器，因此总容积为60 cm$^3$。该中间容器中装有与地层流体成分相似的流体，其压力通过压阻式换能器测量。计算机记录岩心夹持器温度,孔隙压力驱替系统和钻井液压力驱替系统。此试验主要包括试验准备和钻井液性能评价两部分。

(1) 试验准备。

使含黏土岩心达到所需的温度和压力。例如,在80℃的温度,200bar的围压,模拟地层流体压力为100bar,流动状态下的钻井液压力为10bar条件下,维持2天。

(2) 钻井液性能评价。

用盐或盐和黏土抑制剂配制的测试流体驱替钻井液压力驱替系统中的孔隙流体。当钻井液回路中循环的孔隙流体完全被测试流体替换时,升高钻井液驱替系统中的压力,整个测试期间保持压力恒定。通过检测孔隙压力驱替系统中的压力变化趋势,特别是平衡时压力的大小评估测试钻井液防止压力向页岩传递中的有效性。

### 2.3.8 防腐剂

固体加重材料会给钻井液的流变性带来不利影响[205]。因此,有的钻井液配方中,将钾和钠的甲酸盐、乙酸盐和丙酸盐等溶液作为加重材料,降低钻井液中的固相含量。这些盐在水中的溶解度非常高,因此可以由盐溶液制备高密度低黏度的水基工作液。

然而,羧酸碱金属盐钻井液钻遇某些具有易发生离子交换的岩层(例如沸石)时,羧酸碱金属盐趋向于形成游离羧酸。游离羧酸对钻井工具腐蚀性强,特别是在井底的高温条件下。这一重大缺陷限制了羧酸金属盐钻井液应用领域。

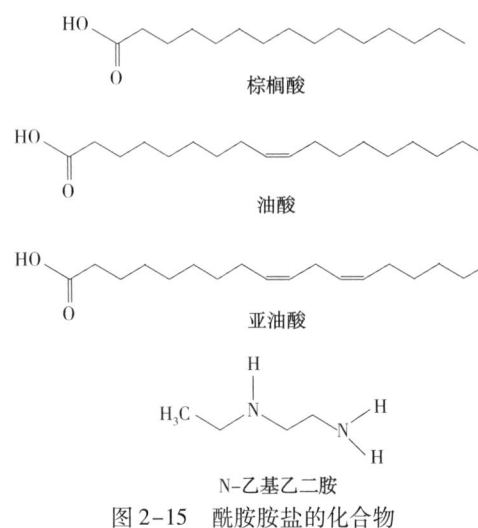

图2-15 酰胺胺盐的化合物

#### 2.3.8.1 酰胺胺盐

研究发现酰胺胺盐在高pH值环境不会水解,能够有效地发挥防腐作用,因此可以用作甲酸盐溶液的防腐剂[206]。这种化合物可以由大豆脂肪酸和N-乙基乙二胺制备。大豆脂肪酸的主要成分是亚油酸、油酸和棕榈酸。这些化合物如图2-15所示。

#### 2.3.8.2 硼化合物

已经发现,在含有金属羧酸盐的钻井液中加入硼化合物会大大降低它们对金属材料的腐蚀[205]。正硼酸、偏硼酸和复合硼酸是有效的防腐剂。向正硼酸中加入多元醇如甘露醇可以制得复合硼酸。

硼酸与一元醇或二元醇的酯在水性介质中的分散性差。例如硼酸三甲酯、硼酸单乙醇胺酯或硼酸三乙醇胺酯[205]。

#### 2.3.8.3 酚醛类防腐剂

酚醛类化合物是有效的缓蚀剂[207](表2-24)。图2-16为酚醛类防腐剂的分子式。

表 2-24 酚醛类防腐剂[207]

| 名称 | 名称 | 名称 | 名称 |
| --- | --- | --- | --- |
| 苯酚 | 邻苯二酚 | O 型碘苯酚 | 邻苯三酚 |
| 邻甲酚 | 间苯二酚 | 邻硝基苯酚 | 4,4r 联苯二酚 |
| O 型氟苯酚 | 愈创木酚 | O-烯丙基苯酚 | 1,3-二羟基萘 |
| 邻氯苯酚 | 对苯二酚 | 水杨醛 | |
| O 型溴苯酚 | 间苯三酚 | | |

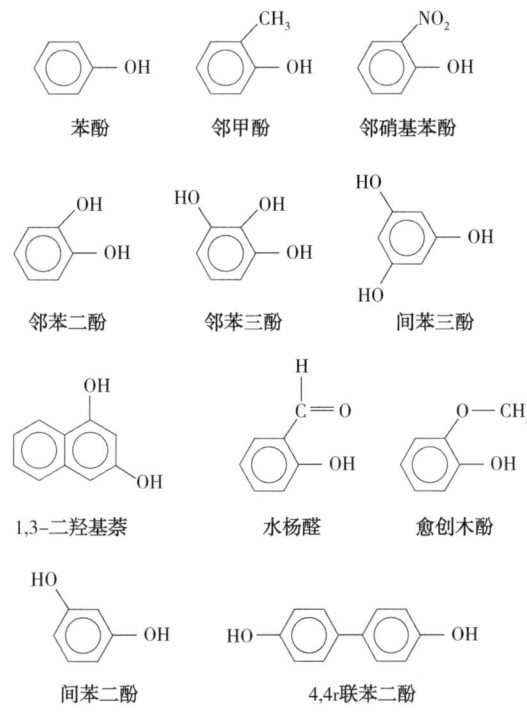

图 2-16 酚醛类防腐剂分子式

### 2.3.8.4 防泥包剂

保护环境免受钻井液影响变得越来越重要[208]。油基钻井液可以使用，但不能在近海或陆上水域排放。用低芳烃矿物油代替柴油可以降低油基钻井液的毒性。油基钻井液废弃物的处理成本很高，因此，研发油基钻井液的替代产品非常重要，含有石膏、石灰和部分水解的 PAM 的水基钻井液可以替代油基钻井液。

然而，当钻头表面和钻屑之间的黏附力大于钻井液中页岩岩石的层间内聚力时，钻井液中的液相将与钻屑发生相互作用，例如产生泥包钻头[208]。为了减少泥包钻头，必须减小可变形页岩岩屑和钻头表面之间的黏附力。研究证明聚丙二醇的共聚物可以防止水基钻井液钻进时泥包钻头的发生。

另外，文献[209]中研发了一种设计了液压布局的多晶金刚石紧凑钻头，能够通过钻井过程中钻头产生的液压去除页岩地层的黏土对钻头的吸附，保持钻头清洁。该钻头在使用水基钻井液钻穿白垩纪和三叠系地层的过程中进行了现场试验，钻头性能得到了显着改善。

在页岩地层钻进时，常常会遇到钻井液中岩屑含量不断增加的问题，特别是使用水基钻井液的时候[210]。页岩岩屑可以彼此粘连，然后粘附到井底钻具组合以及钻头的切削齿表面。随着时间的推移，会形成一个大的塑性胶团，阻止钻井液循环并降低钻井速度。

当岩屑暴露在传统的水基钻井液时，岩屑可以自发吸水并迅速向深处扩散，最终导致页岩分散。目前，已经研发出具有强抑制性的水基钻井液技术，能够降低页岩的水化程度，抑制页岩分散，使页岩岩屑保持完成的形态，从而有助于防止页岩在钻头、钻具上的吸附，减少泥包钻头。

磷酸盐类化合物可以作为水基钻井液的防泥包剂，减少页岩岩屑的吸附和泥包钻头倾向[210]。防泥包剂主要包括：水解聚马来酸和3-膦酰基丙酸、琥珀酸和丙基膦酸、二丁基膦酸酯2-羟基膦酰乙酸二甲基丙基膦酸酯和亚磷酸、二乙基膦酸酯和甲基丙烯酸乙酯磷酸酯、膦酰基乙酸三乙酯、四甲基膦酰琥珀酸盐、膦酸琥珀酸、2-羟乙基膦酸。

表面活性剂类的烷基磺基琥珀酸盐是另一种水基钻井液用防泥包剂[211]。尤其是，二异丁基磺基琥珀酸钠和二己基磺基琥珀酸钠，在水中可溶或可分散度大于25%，并且对环境无毒。图2-17给出了部分防泥包剂的分子式。

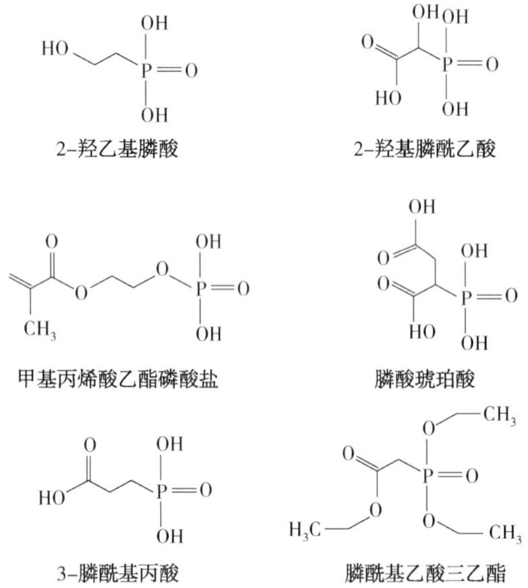

图2-17 防泥包剂分子式

## 2.4 当前水基钻井液的研究热点

### 2.4.1 储层伤害

水基钻井液和乳化酸的储层伤害问题备受关注[212]。钻井液对储层伤害的主要因素有以下六个方面[213]：

（1）储层流体与钻井液液相之间不配伍。例如油基钻井液滤液与地层水之间产生乳状液。

（2）储层岩石与钻井液液相不配伍。例如，抑制能力不足的钻井液流体（如清水）与易吸水膨胀的蒙脱石或弱胶结高岭石接触后，可能会对近井地带的渗透率造成严重的影响。

（3）固相侵入。例如钻井液加重剂或岩屑侵入储层。

（4）相圈闭或水锁。例如在侵入并滞留在气藏储层近井地带的水基钻井液。

（5）化学吸附或润湿反转。例如由于近井地带吸附乳化剂，导致岩石润湿性和流体流动特性变化。

（6）细菌繁殖。例如钻井作业导致储层滋生细菌，菌落繁殖产生大量黏液，使储层渗透率降低。

在过平衡钻井过程中，悬浮在钻井液中的固相颗粒会随钻井液侵入储层，堵塞储层孔隙通道，引起储层伤害。为了减轻固相颗粒伤害，需要优选钻井液中固相颗粒的粒径范围，使固相颗粒粒径大于储层孔隙直径，作为架桥材料对储层孔隙进行屏蔽暂堵，阻止固相颗粒和钻井液滤液侵入储层。

有学者建立固相颗粒伤害评价模型，通过模拟证明，当固相颗粒直径小于孔喉直径时，固相颗粒会侵入储层导致储层岩石渗透率降低。固相颗粒侵入储层的深度与储层流体的启动压力密切相关。侵入深度越深，储层油气资源流入井筒所需的压差越大。

#### 2.4.1.1 四氧化三锰对储层的影响

四氧化三锰的密度可以达到 $4.8g/cm^3$，目前已经成为超深气藏钻井过程中所用水基钻井液加重材料的一种。这种钻井液在井壁形成的滤饼全部由四氧化三锰形成[217]。

有些文献中提到，使用四氧化三锰配制的钻井液会造成储层伤害。储层岩石被四氧化三锰加重的钻井液污染后，渗透率明显下降。需要采取成本高昂的改造措施解除钻井液对储层的伤害。与 $CaCO_3$ 不同，四氧化三锰属于强氧化剂，所以 HCl 对四氧化三锰为主要成分的滤饼溶解能力不足。有学者研究了150℃条件下，不同的有机酸、螯合剂以及生物酶对四氧化三锰滤饼的清除能力。

与此同时，有研究者声明研发了一种含有四氧化三锰的钻井液配方，可以大大减轻钻井液对储层油气资源渗透率的伤害[218]。这种钻井液特别适用于由于某些特殊条件无法进行储层改造的油气藏钻井。文献报道称，这种钻井液在不需要酸洗的情况下，污染岩心后，岩心的渗透率恢复值可以达到90%以上。

通过调整钻井液的流变性、抗温能力、控制合理钻井液密度、降低钻井液滤失量等，使四氧化三锰钻井液具有优越的储层保护效果(不酸洗情况下，渗透率恢复值达到90%以上)。典型的钻井液配方见表 2–25。

表 2–25　储层保护四氧化三锰钻井液配方[219]

| 处理剂名称 | 加量(lb/bbl) | 处理剂名称 | 加量(lb/bbl) |
| --- | --- | --- | --- |
| 水(淡水) | 0.952 | Dextride(改性淀粉和杀菌剂) | 6.0 |
| 膨润土 | 4.0 | 熟石灰 | 0.25 |
| XC 聚合物粉剂 | 1.5 | 四氧化三锰 | 80 |

对比了甲酸盐加重的合成基钻井液和储层保护四氧化三锰钻井液的渗透率恢复值。岩心物性基本相同的情况下，甲酸盐加重的合成基钻井液渗透恢复值为66%，储层保护四氧化三锰钻井液的渗透率恢复值为93%[218]。

#### 2.4.1.2 无固相钻井液

钻井过程中钻井液对储层的伤害主要是由其中的固相颗粒和滤液造成的[220]。采用近平衡钻井，使井底压力尽量接近储层孔隙压力，可以大大降低储层伤害程度。但是在高压井中，必须采用过平衡钻井，才能保证钻井安全。这种情况下，需要提高钻井液对储层的屏蔽暂堵能力，阻止钻井液中的固相颗粒和滤液侵入储层。此外，如果采用欠平衡钻井，钻井液也需要对储层进行屏蔽暂堵，以阻止储层中的固相进入井筒。

通常，欠平衡钻井工艺采用空气、泡沫以及充 $CO_2$ 流体作为钻井液。这种气体钻井液可以满足欠平衡钻井中的技术要求，但是成本非常高[220]。低密度流体可以同时满足过平衡钻井和欠平衡钻井对钻井液的要求，特别是水基钻井液，更具有环保性强、成本低廉的特点。但是，要求水基钻井液需要有良好的流变性和较低的滤失量。在低密度钻井液中可以通过加入某些聚合物，优化钻井液的流变性和滤失量，也可以加入固体架桥颗粒降低钻井液滤失量。某些具有表面活性剂特征的共混高分子聚合物既能改善低密度钻井液在低剪切速率下的流变性，又能控制钻井液的滤失量，使用这种聚合物可以配制无固相钻井液[220]。

在异构化烯烃水溶液和高分子量聚乙二醇乳状液中进行了表面活性剂的筛选，筛选结果显示，最有效的表面活性剂是十三烷基醚硫酸钠[220]。加入改表面活性剂而产生的乳液的初始液滴尺寸小于 $10\mu m$。在93℃条件下热滚后，乳状液仍能保持稳定。但是在120℃温度下热滚后，乳状液液滴的尺寸增加至 $78\mu m$。通过增加表面活性剂浓度，或将表面活性剂与其他添加剂配合使用可以解决高温条件下乳状液液滴尺寸增大的问题。例如将表面活性剂与聚合物配合使用能够提高钻井液的抗高温能力[220]。

### 2.4.2 沥青粉的井壁稳定能力

沥青粉是沥青矿的一种，也被称为黑沥青（Gilsonite），主要成分是天然碳氢化合物，其化学和物理性能与矿源密切相关。Gilsonite 是犹他州盐湖城 American Gilsonite 有限公司的注册商标。

通用的 Gilsonite 牌沥青粉的软化点为175℃，Gilsonite MH 的软化点可以达到190℃，Gilsonite 300 软化点为150℃，Gilsonite 325 软化点为160℃。不同沥青矿脉开采出的沥青加工成的天然沥青粉，软化点各不相同。在参考文献[221]中详细介绍了沥青粉。适用于钻井液的沥青粉大多产自犹他州博南扎地区。这个地区开采出的沥青粉密度 $1.05g/cm^3$，软化点 190~205℃。另外，钻井液中也会用到软化点为165℃的沥青粉。它具有低酸值、零碘值，并且可溶于或部分溶于芳香烃和脂肪烃中。

长期以来，在钻井过程中，通过在水基钻井液中加入沥青粉或沥青类产品，提高钻井液的井壁稳定能力。沥青粉可以大大降低水敏性地层、易坍塌页岩地层的坍塌掉块，减轻井眼腐蚀，并能够提高钻井液的润滑性，降低钻井液滤失量。

沥青粉本身疏水，大多数润湿剂无法使沥青粉表面转变为水润湿。因此，很难优选出适用于沥青粉的分散剂，特别是将沥青粉加入到含盐、含钙、含固相颗粒或含柴油钻井液中。

在应用于钻井液的过程中，必须使沥青具有水润湿性并保证其在钻井液的分散性，否则沥青粉会在钻井液中团聚，然后与钻屑一起，被振动筛、除泥器等固控装置筛除。因此，沥青粉通常与表面活性剂、乳化剂共同使用。同时必须制定沥青粉润湿性、重复润湿性（rewettability）以及可储存性标准，以规范钻井液用沥青粉的性能[222]。研究证明，当以2份 Gilsonite HM、1份 Gilsonite Select、1份苛性褐煤和 0.1~0.15 份非离子表面活性剂形成的沥青粉产品能够满足在钻井液中应用的要求[222-225]。具体处理方式为：首先将疏水的沥青粉与表面活性剂或分散剂混合，混合物在优选的转速下，高速搅拌一定时间可以使疏水沥青粉转变为亲水沥青产品。表面活性剂可以选择乙氧基化乙二醇，分散剂可以选用氢氧化钾、氢氧化钠或其他氢氧化物。

天然沥青粉（磺化沥青、氧化沥青、褐煤或上述材料的混合物）是常用的钻井液处理剂。但是天然沥青粉只能部分溶于钻井液，并可能引起钻井液发泡。因此，液体沥青加工成干粉沥青，可以一定程度上解决上述问题。此外，向液体沥青中加入聚乙二醇可以提高液体沥青产品的稳定性。通过特殊的制备方法也可以获得稳定的复合物[227]。例如，首先将增黏剂与水混合，然后加入聚乙二醇，最后加入磺化沥青。

### 2.4.3 黏土抑制剂

相对于油基钻井液、合成基钻井液，水基钻井液的环保性能更强。但是水基钻井液会引起黏土水化膨胀。暴露在钻井液中的储层沉积盐发生水化膨胀后，会对钻井造成不利影响从而导致钻井成本大大增加[228]。因此，降低黏土矿物的水化膨胀是钻井液领域重要研究方向之一。只有掌握黏土膨胀机理，才能制定合适的黏土防膨方案。适用于水基钻井液的黏土抑制剂需要既能阻止黏土矿物水化分散，又要满足环保要求。

黏土的水化膨胀以离散的方式发生，即逐步形成整数层水合物。层间距的变化在热力学上类似于相变。渗透性膨胀仅发生在含有可交换阳离子的黏土矿物夹层区域中。这种类型的膨胀比结晶膨胀大得多。钠蒙脱石极易发生渗透性膨胀，但是钾蒙脱石不会发生此类膨胀。因此控制适当程度的电荷交换反应可以有助于黏土稳定[228]。可交换碱金属阳离子插入蒙脱石后与水的解吸附等温线表明，阳离子的离子半径越大，吸附的水越少[229]。此外，膨胀能力与阳离子的水化能之间存在一定的对应关系[230]。钻井过程中，地层岩石发生膨胀后会引起一系列不利的钻井复杂，例如，引起泥包钻头、增高钻具摩阻、滤饼厚度增加、致密程度下降等，从而引发卡钻、无法建立循环等钻井事故，提高钻井成本[231]。

在北海油田和美国墨西哥湾油田，大部分井会钻遇巨厚膏泥岩地层。地层的主要岩石成分为钠蒙脱石，通常也被成为皂土。由于钠阳离子为低价离子（+1价），易溶于水，在皂土中主要的离子交换反应为钠阳离子交换。因此皂土的吸水膨胀性非常强，因此研发一种具有皂土抑制能力的物质和方法对于安全钻井非常重要[232]。

黏土或页岩具有较强的吸附能力，黏土的膨胀以及因膨胀导致的地层孔隙压力变化会导致井壁失稳。水基流体对页岩岩石的作用取决于水基流体的活度和流体组成。页岩的膨胀行为可以分为形变机理和迁移机理。矿化度、密度、滤饼性能是提高钻井液对页岩地层井壁稳定能力的关键性能。

#### 2.4.3.1 黏土膨胀动力学

学者已经开始开展关于黏土矿物膨胀的动力学基础理论研究[234]。研究了含有聚合物抑制剂的纯黏土（蒙脱石、伊利石和高岭石），并建立了膨胀现象动力学定律。

#### 2.4.3.2 水化应力

由化学力引起的应力，例如水化应力，会对井筒的稳定性产生很大的影响[235]。当水的总压力和化学势增加时，水会被吸收到层状黏土之中。

如果黏土层可以自由移动，黏土层间距会增大，导致黏土分散。如果黏土膨胀受到限制，则会产生水合应力[236]。水合应力导致孔隙压力增加，使钻井液液柱压力不足以平衡孔隙压力，导致井壁失稳。

#### 2.4.3.3 糖类衍生物

甲基葡糖苷和烯化氧如EO，PO或1,2-环氧丁烷的反应产物常用于钻井液的黏土稳定剂。常温条件下，这种添加剂可溶于水，但在高温下不溶于水[237]。高温条件下，这类处理剂析出，吸附在钻头切削齿表面，井壁岩石表面和钻屑表面。

室内研究表明，常规钻井液配方中加入山梨糖醇和烯化氧的反应产物后，钻井液对页岩的抑制能力大大提高。其抑制性强于含有多元醇的水基钻井液，特别是多元醇钻井液中不加入KCl的情况下。山梨糖醇和烯化氧的反应产物具有环境友好性。环氧烷可以是EO，PO或环氧丁烷，也可以是这些环氧烷的混合物。聚羟基直链烷烃和环氧烷烃的反应产物可以通过常规的聚合反应，例如碱催化聚合反应合成，反应条件温和。

多羟基直链烷烃的存在使多元醇的疏水性增加。有学者认为，页岩抑制的机理可能是由于吸附在页岩黏土表面上的相邻多元醇分子之间增强的疏水作用所致。另一种解释是这些分子可有效破坏黏土矿物表面水膜的结构。该结构已被提议作为水基流体中黏土矿物的膨胀机理[238]。

### 2.4.4 固相颗粒的移除

沉积在井筒设备中的固体颗粒通常是细碎的无机颗粒，例如从地层进入井筒的固体，包括水力压裂支撑剂、地层的砂、黏土和各种其他沉淀物[239]。这些颗粒表面被含烃物质覆盖，在油气管道、沉降池、井筒设备和其他设备表面沉积，使这些设备表面的重质烃类物质越来越多。通常这些沉积物黏滑、油性大，能够紧紧的吸附在金属和陶瓷表面，因此能够吸附在井筒装置表面，对流体在钻井、生产管柱的流动产生阻力。

通常使用机械式振动筛、除砂器、除泥器和离心机，通过机械分离，将钻井液中的固相颗粒去除。但是单单通过机械分离，难以保证固相颗粒清除的效果。因此需要辅助使用化学清洁的方法提高固相去除效果，例如在钻井液中加入硫酸钾等化学清洁剂。文献[239]中还介绍了一种与能够去除水基钻井液固相的清洁剂配方与设备，能够有效的去除和抑制井筒工作液中的沥青焦油和黏性流体。这种固相清洁方法需要向钻井液中加入可溶性萜烯。实践证明，可用作清洁剂的萜烯见表2-26。

表2-26 可用作清洁剂的萜烯

| 处理剂 | 处理剂 | 处理剂 |
| --- | --- | --- |
| 香芹烯 | 松节油混合萜 | 月桂烯 |
| 双戊烯 | 萜品烯 | 小茴香烯 |
| 蒎烯 | 水芹烯 | |
| 萜品油烯 | | |

松节油混合萜是萜烯的混合物。d-柠檬烯或R-1-甲基-4-(1-甲基乙烯基)环己烯是天然存在的可生物降解的溶剂，是柑橘皮油的主要成分，结构如图2-18所示。松节油混合萜具有高润滑性和低毒性的特点，在水基钻井液中加入d-柠檬烯可以提高机械钻速[240]。

有研究发现，加氢后的不饱和萜烯可以通过LC-50生物毒性测试标准。加氢萜烯和加氢萜烯—未加氢萜烯的混合物配制的钻井液与仅使用未加氢萜烯配制的钻井液相比，具有更强的环境友好性[241]。在图2-19中显示了加氢萜化合物对萜烯钻井液生物毒性的影响。

LC-50生物毒性测试是在某些条件下，测定悬浮的颗粒类物质杀死50%的Mysid虾的浓度。该图的纵轴是悬浮颗粒相杀死50%的受试者时的浓度。

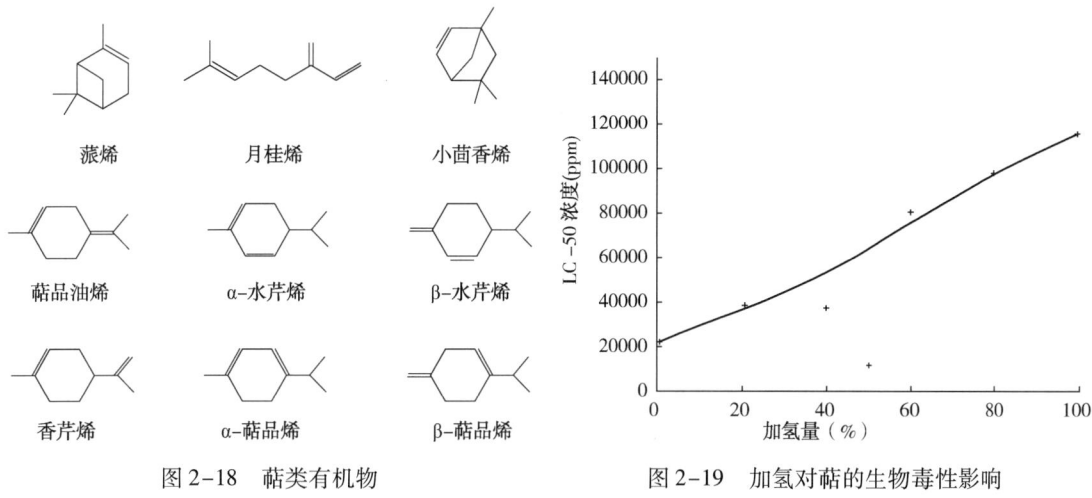

图 2-18 萜类有机物　　　　图 2-19 加氢对萜的生物毒性影响

### 2.4.5　钻井液滤饼清除技术

有文献介绍了使用水润湿处理剂去除井壁上吸附的水基钻井液滤饼[242]。磺化硫酸盐木质素盐和溶解在水中的 N-甲基-N-油基牛磺酸盐的混合物能够有效的清洗掉井壁表面的水基钻井液，并将钻井液从井筒中移出。磺化硫酸盐木质素盐和溶解在水中的 N-甲基-N-油基牛磺酸盐的混合物取代钻井液吸附在井壁表面后，可以使井壁保持水润湿性[242]。

#### 2.4.5.1　页岩储层

非常规页岩气藏中通常选用非水基流体钻井液[243]。这种类型钻井液可以提高页岩稳定性，润滑性，并且具有抗污染能力强等优点。但是成本高，环保性能差。由于具有成本低廉、环保性强的特点，对水基钻井液的需求将长期存在。在非常规气藏中，页岩的岩性特征和储层温度是最重要的地质特征，常规的水基钻井液很难应对高温高压页岩地层安全钻进的需求。但是，可以根据页岩地层的岩石理化特征、钻井工艺、地层环境等因素优化水基钻井液配方。有学者在室内研发了一种与油基钻井液性能相当的水基钻井液，室内评价工作已经全部完成，并进了现场试验，在满足页岩地层安全钻进要求的前提下，环保程度和经济效益也得到了提高[243]。

#### 2.4.5.2　页岩抑制能力

在钻完井作业中使用水基流体所产生的许多事故复杂都是由于流体与页岩之间的不配伍造成的[244]。这种不配伍性可能引起井径扩大、页岩坍塌掉块并增加钻井成本。

水敏性页岩地层的井壁失稳可能与黏土吸水和水化有关。当水基钻井液与页岩接触时，页岩自发将水吸收，发生水化膨胀。膨胀后黏土体积大大增加，页岩应力增强，导致地层脆性或拉伸破坏，发生井壁坍塌掉块，发生卡钻事故。另一方面，黏土矿物体积增加会降低页岩的机械强度导致井眼缩径，使钻屑水化分散以及泥包钻头。减少这些钻井问题的最佳方法是防止水的吸附和黏土的水化[245]。

在计划进行砾石填充的地层发现强反应性页岩给施工作业来了巨大的挑战[244]。页岩抑制的重要性和砾石充填过程中与页岩反应性等机理尚不清楚。室内通常使用离心管评价不同黏土防膨剂的防膨效果，从而优选页岩抑制剂。这种行业内公认的测试方法对页岩抑制剂的筛选是具备较强的合理性的,但只能评价不同溶液对页岩抑制的相对效果。

已经制定了用于砾石充填工艺的页岩抑制剂选择指南。建议基于地层水类型和密度、页岩类型、温度、井史上暴露于不同流体的过程和环境因素等进行页岩抑制剂的优选[244]。

聚合物可能通过覆盖在黏土表面,降低黏土与水基流体接触,从而发挥黏土防膨作用。但是减少水基流体侵入页岩岩石并不是页岩稳定的唯一机制[246]。部分聚合物还可以降低页岩与水基流体之间的渗透压。

页岩包被剂:水基钻井液中加入部分水溶的页岩包被剂,以减少在钻井液中的水相引起的页岩水化膨胀。

强活性泥质地层的抑制:泥质地层在水存在下具有很强的反应活性。同时具有亲水基团和疏水基团的聚合物溶液可以有效的维持泥质含量较高岩石的稳定[247-249]。亲水部分由聚氧乙烯组成,疏水端为异氰酸酯。由于这种聚合物能够吸附在黏土表面,并且具有疏水基团,因此具备抑制泥质岩石的膨胀或分散的能力。

加热处理:为了增加主力储层的渗透性,可以给储层加热,在井底压力下将吸附在地层的水分加热至沸点以上,使地层中的水分蒸发,提高储层的渗透率[250,251]。例如可以通过将高温不含水气体(例如加热的氮气)注入储层提高储层温度、蒸发液态水。

季铵盐:胆碱盐是适用于欠平衡钻井作业的钻井液黏土防膨剂[252]。胆碱是含有N,N,N-三甲基乙醇铵阳离子的季铵盐。实际上,胆碱是一种水溶性化合物,为人体必需营养素之一[253]。现场应用证明,氯化胆碱在钻井液中有良好的黏土防膨效果。

制备Ⅱ-4:甲基-三乙醇基氯化胺可以通过在过量的甲基氯水溶液中加入三乙醇胺并加热数小时,反应完成后,蒸发过量的氯甲烷来制备。将氢氧化胆碱与甲酸在水中混合,只需搅拌一定时间,即可制备出甲酸胆碱。

如果在含有黏土颗粒的泥质地层中使用水基钻井液,水与黏土颗粒之间将发生离子交换、水化等反应。这些反应引起黏土颗粒的膨胀,破碎或分散而导致井壁掉块甚至完全坍塌[254]。

在钻井液中加入季铵盐聚合物可以预防黏土水化而引起的钻井事故复杂。室内试验证明,季铵盐聚合物有极强的页岩抑制能力。季铵化聚合物可以使用以下化合物合成[254]:

(1)将AA基胺衍生物与烷基卤化物季铵化,然后聚合。

(2)首先制备聚合物,然后将聚合物季铵盐化。

制备Ⅱ-5:季铵化单体可以通过将甲基丙烯酸-二甲基氨基乙酯与十六烷基溴混合来制备。将混合物加热至43℃并搅拌24h。然后,将混合物倒入石油醚中,使季铵化的单体沉淀析出[254],反应如图2-20所示。

可以使用如上所述的季铵化单体和甲基丙烯酸-二甲基氨基乙酯制备共聚物。用硫酸中和水溶液,并用水溶性的2,2-偶氮双(2-脒基丙

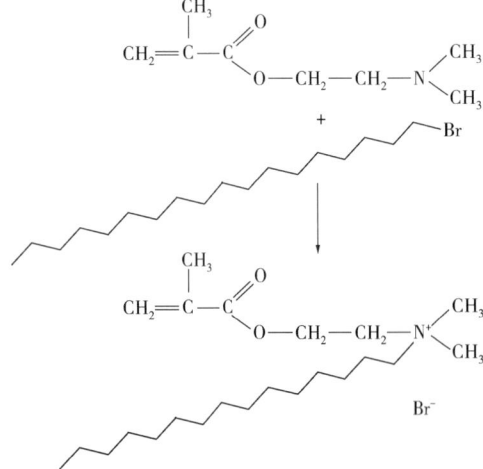

图2-20 甲基丙烯酸二甲基氨基乙酯与十六烷基溴化物的季铵化反应

烷)二盐酸盐进行自由基聚合(图2-21)。反应温度为43℃,反应时间为18h[254]。

有文献介绍了甲基丙烯酸二甲基氨基乙酯聚合物的季铵化方法。向甲基丙烯酸二甲基氨基乙酯的均聚物水溶液中加入氯化钠,调节pH值至8.9。然后再加入适量水和十六烷基溴作为烷基化剂,再用苄基乙酰基二甲基溴化铵作为乳化剂。然后将该混合物在搅拌下加热至60℃,反应24h[254]。

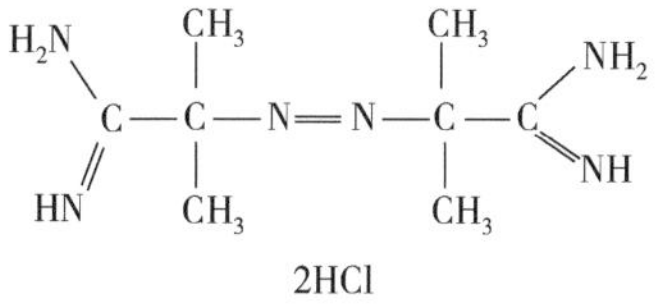

2,2-偶氮二(2-脒基丙烷)二盐酸盐

图2-21 水溶性自由基引发剂

### 2.4.6 滤饼质量

滤饼质量在钻井和完井作业中非常重要[255]。滤饼的致密程度决定了钻井液的滤失量和滤饼厚度等参数。此外,滤饼性质也会影响滤饼清除工艺的选择。

学者们已经建立了多种钻井液滤饼厚度、渗透率评价模型。大多数模型的建立都是在假设滤饼为均值的情况下建立的。然而,最近的一项研究表明,钻井液滤饼可分为具有不同性质的两层,具有非均质性[255]。

使用计算机断层扫描技术可以测量滤饼的厚度和孔隙率。另外,使用扫描电子显微镜可以观察滤饼的形态。在一项研究中,对高压高温滤饼进行了计算机断层扫描和电子显微镜观察。结果表明,滤饼是非均质的,在静态和动态条件下含有两个不同性质的滤饼层。在静态条件下靠近岩石表面形成的滤饼厚度为0.06in,孔隙度为10%~20%(体积分数)。在动态条件下形成的滤饼厚度为0.04in,孔隙率为15%(体积分数)。相反,在静态条件下,靠近钻井液的层厚度为0.01in,在动态条件下厚0.01in。

扫描电子显微镜显示,滤饼的两层中都同时包含大颗粒和小颗粒,粒径分布与钻井液中的颗粒基本相同,但大颗粒和小颗粒在两层中的含量相差极大。这种滤饼结构可以使滤饼的孔隙度接近零。作者指出,已有模型估算的滤饼厚度比滤饼的实际厚度几乎低了50%[255]。

### 2.4.7 压差卡钻

钻井液通常由淡水、盐水或油等基液或说载体、膨润土等增黏剂、重晶石等加重剂,以及多种性能调节剂组成。

钻井过程中,钻井液会有一定的滤失量。在钻井液滤失的过程中,液相通过井壁进入地层,过滤出的钻井液固相在井壁形成滤饼。形成的滤饼能够在一定程度上阻止钻井液的滤失,但是滤饼厚度过大时可能导致压差卡钻或黏滞卡钻[256]。

在海上平台钻大斜度井时,钻柱靠在大斜度井眼的一侧,滤饼在高渗透性地层表面积聚,这种情况下特别容易发生压差卡钻[257]。

当钻具旋转时,钻井液会对钻具起到润滑作用,并且钻井液施加的流体静压力在钻具的周围是均等的。然而,当钻具停止转动时,钻具与滤饼接触的部分处于与液柱压力隔绝状态,钻井液的静水压力与施加在靠近井壁一侧的地层压力之差,将钻具挤入滤饼中,造成起钻遇阻或卡钻。

起钻所需的拉力等于摩擦系数$\mu$和将钻柱推向地层的力的乘积。推力等于钻杆和滤饼之间的接触面积$A$和接触区域处的流体静压差$p$的乘积。流体静压差等于井眼中钻井液的压力与地层压力之间的差值。因此，拉力 $F$ 的计算公式为[257]：

$$F = \mu A p \tag{1}$$

钻杆和滤饼之间的摩擦系数 $\mu$ 取决于钻井液的组成。接触面积不仅取决于钻具和钻孔的直径，还取决于滤饼厚度。卡钻后，起钻所需的拉力可能超过地面设备的功率。除非卡住的管柱可以解卡，否则钻杆、卡钻部位以下的钻柱、工具可能被卡死。钻具卡死后，如果不进行事故完钻，通常需要在卡点以上回填侧钻，导致钻井成本大大增加[257]。

在使用水基钻井液的过程中，黏附卡钻多发生在停钻并未进行有效的上提下放的工况下。此时如果钻井液性能不足，虚厚的滤饼会与钻杆接触。当钻机的扭矩或拉力不足以从滤饼中释放钻具时，就发生了黏附卡钻事故[256]。当使用油基钻井液时，黏附卡钻发生的概率要小得多。

早期，发生卡钻后会使用油基解卡剂润滑钻具，然后再进行解卡作业。将解卡液的密度加重至与水基钻井液相同，加入 pill 等解卡剂。然后将配制的解卡液泵入井筒开始循环，替换水基钻井液。泵入井筒的解卡液量至少能够使井筒中的解卡剂液面能够浸泡住卡钻部位。油基解卡液侵入滤饼后能够降低滤饼对钻具的黏附力，并润滑钻具，降低滤饼与钻具之间的摩擦力，实现解卡。

相对与水基钻井液，乳化钻井液和油基钻井液摩擦系数极低，形成的滤饼厚度薄，减少了滤饼与钻具的接触面积，能够有效的防止压差卡钻。在复杂地层，乳化钻井液和油基钻井液是第一选择。然而，各国政府都出台了严厉的环保政策，越来越多地限制了乳化钻井液、油基钻井液和油基解卡液在钻井作业中的使用。钻井液可能会漏失到环境敏感区域，例如近海水域。海上钻井液的环境法规要求主要包括以下两点[257]：

（1）钻井液不会在排放水域留下光泽；
（2）钻井液需要符合通过 M. bahia 虾的生物测定法测得的毒性限值。

除了海洋生物毒性和对海洋水域的其他污染问题之外，海上平台使用的巨量油基钻井液的运输和储存存在一定的问题，并且耗资巨大。此外，钻井过程中产生的含油污泥和被油泥污染的钻屑必须进行不落地处理，然后运至陆地上的废弃物处理站处理。此外，陆地钻探需要以环境可接受的方式处理钻屑和使用过的油基钻井液[257]。

参考文献[258]中介绍了通过向水基钻井液中加入聚氧化烯二醇解决压差卡钻的问题。参考文献[259]中介绍了在盐水中加入聚环氧乙烷，EO-PO 共聚物或聚乙烯基甲基醚制备的解卡剂能够向滤饼渗透，使滤饼脱水开裂解卡。

目前市场上有多种解卡剂，最常用的是柴油，其作为解卡液直接添加到钻井液中。但是柴油浸泡的解卡成功率较低。文献[256]中介绍了水包油微乳液解卡剂。水包油微乳液水基钻井液的典型配方见表 2-27。

通过将各种表面活性剂与矿物油混合，并将一定量的混合物加入到黏度一定的标准钻井液中，然后测量滤饼的流体损失量，又选出了多种（微）乳液添加剂配方。表 2-28 中给出了表面活性剂和表面活性剂/油的比例。

从表 2-28 可以看出，阴离子表面活性剂在提供所需性能方面优于非离子或阳离子表面活性剂而不影响钻井液流变性。

表 2-27 水包油微乳液水基钻井液的典型配方

| 处理剂 | 加量 | 处理剂 | 加量 |
|---|---|---|---|
| 阴离子表面活性剂 | 5%（体积） | 聚合物类降滤失剂（CMC） | 3g/L |
| 表面活性剂助剂 | 可选择 | 消泡剂 | <1g/L |
| 无机盐 | 4~6g/L | 加重剂 | 根据需要 |
| 膨润土 | 40~80g/L | | |

表 2-28 乳液添加剂的性质[256]

| | 商品名 | 成分 | 表面活性剂/油 | 遇卡比例 | 滤失量（mL） |
|---|---|---|---|---|---|
| 标准水基钻井液 | | | — | 1.0 | 3.2 |
| 标准水基钻井液+油 | | | — | 6.9 | 2.2 |
| 标准水基钻井液+阴离子表面活性剂 | Petromix 9 | 石油磺酸盐混合物 | 3:2 | 0.2 | 0.4 |
| | Petronate L | 石油磺酸盐 | 3:2 | 0.31 | 1.3 |
| | Petronate HH | 石油磺酸盐 | 3:2 | 0.26 | 1.4 |
| | Roval IDBS | 碘苯磺酸 | 3:2 | 0.63 | 1.4 |
| | Sulframin 1250 | 苯磺酸钠 | 3:1 | 0.71 | 1.8 |
| | Sulframin AOS | 苯磺酸钾 | 3:2 | 0.55 | 1.9 |
| | ROVAL 70PG | 十二烷基苯磺酸钠 | 3:2 | 0.57 | 1.5 |
| | EMPHOS 20 | 磷酸酯聚（氧乙烯） | 2:3 | 1.81 | 13.5 |
| | PS21A TWEEN 20 | 脱水山梨糖醇单月桂酸酯 | 3:2 | 1.46 | 6.2 |
| 标准水基钻井液+非离子表面活性剂 | Synperonic 91/4 | 乙氧基烷基酚 | 3:2 | 0.29 | 7.0 |
| | Rewo RO 40 | 乙氧基化蓖麻油 | 3:2 | 2.9 | 9.2 |
| 标准水基钻井液+阳离子表面活性剂 | Ethoxamine SF11 | 乙氧基脂肪酸胺 | 3:2 | 0.71 | 3.3 |
| | Sochamine 35 | 咪唑啉 | 3:2 | 0.56 | 8.2 |

蓖麻油是生产蓖麻油酸原材料，蓖麻油酸是不饱和的 18-碳脂肪酸。磺酸盐是最好的阴离子表面活性剂之一。一些表面活性剂如图 2-22 所示。

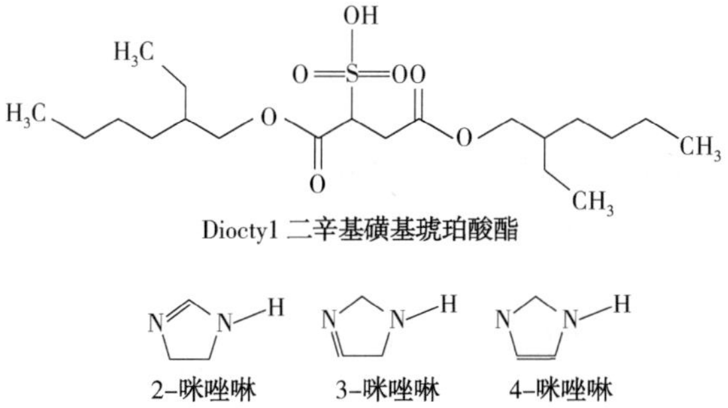

图 2-22 表面活性剂

出现在参考文献中的表面活性剂商品名录见表 2-29。

**表 2-29 表面活性剂商品名录**

| 商品名 | 产品介绍 | 供应商 |
|---|---|---|
| Alfonic® 1412-60 | 乙氧基化直链醇[155,158] | Vista Chemical 公司 |
| ALL-TEMP® | 丙烯酸聚合物[75] | 贝克休斯公司 |
| AquaPAC® | 聚阴离子纤维素[84] | Aqualon 公司 |
| Arco Prime™ | 石蜡油[165] | Lyondell 石油化学公司 |
| Avanel® S150 | 阴离子表面活性剂[119] | BASF AG 公司 |
| Baracarb® | 大理石粉末[113] | 哈里伯顿公司 |
| Barazan® | 多糖[8,191] | 哈里伯顿公司 |
| Barodense® | 赤铁矿粉末[113] | 哈里伯顿公司 |
| Bentone® 128 | 有机改性蒙脱石,(增黏剂)[82] | Elementis Specialties 公司 |
| BIO-LOSE™ | 复合多糖,降滤失剂[108,182] | 贝克休斯公司 |
| BIO-PAQ™ | 水溶性聚合物[108] | 贝克休斯公司 |
| Biovis® | 硬葡聚糖增黏剂[26,162,196] | Messina Chemicals 公司 |
| Bore-Drill™ | 阴离子聚合物[75] | Borden 化学公司 |
| Brij®(Series) | 乙氧基脂肪醇[162] | ICI 表面活性剂公司 |
| Brij® 76 | 聚(氧乙烯)(10)硬脂基醚[162] | ICI 表面活性剂公司 |
| Carbo-Gel® | 胺改性的有机黏土凝胶[165] | 贝克休斯公司 |
| Carbolite™ | 不同粒径范围的陶瓷支撑剂[252] | Carbo 公司 |
| Carbowax®(Series) | 聚(环氧乙烷二醇)(PEG)[158] | Union Carbide 公司 |
| Cellex® | 聚阴离子纤维素[191] | CP Kelco 公司 |
| Celpol®(Series) | 聚阴离子纤维素[84] | Noviant, Nijmegen 公司 |
| CFR™3 | 水泥减摩、分散剂[113] | 哈里伯顿公司 |
| Chek-Loss® PLUS | 超细木质素[75,108] | 贝克休斯公司 |
| Chemtrol® X | 粉状褐煤土与合成马来酸酐共聚物的混合物[75] | 贝克休斯公司 |
| Clay Sync™ | 页岩稳定剂[17,191] | Baroid 公司 |
| ClaySeal® | 页岩稳定剂[17,191] | Baroid 公司 |
| Claytone-II™ | 烷基季铵膨润土[119] | Southern Products, 公司 |
| Claytone® | 有机膨润土[113] | Claytone 公司 |
| Dacron® | 聚(对苯二甲酸乙二醇酯)[252] | DuPont 公司 |
| DFE-129™ | 丙烯酰胺/AMPS 共聚物[75] | 贝克休斯公司 |
| DFE-243 | 部分水解的聚丙烯酰胺/丙烯酸三甲氨基乙酯[108] | 贝克休斯公司 |
| Drill Gel® | 膨润土[159] | CETCO 技术公司 |
| DrillAhead® | 设计方案(Software)[113] | 哈里伯顿公司 |
| Driltreat™ | 加重剂[113] | 哈里伯顿公司 |

续表

| 商品名 | 产品介绍 | 供应商 |
|---|---|---|
| Driscal®D | 水溶性聚合物[113] | Drilling Specialties 公司 |
| Dualflo® | 改性淀粉[82,162] | M-I Swaco 公司 |
| Duovis® | 黄原胶[96] | M-I Swaco-Schlumberger 公司 |
| Ecodrill® 317 | 硅酸钾[159] | 加拿大 National Silicates 公司 |
| Ecorr™ RNM 45 | 橡胶颗粒[82] | Rubber Resources B.V. 公司 |
| Ecoteric™ | 乙氧基脂肪酸[199] | Huntsman 公司 |
| Empol™(Series) | 低聚油酸[158] | Henkel 公司 |
| Escaid® 110 | 石油馏分[158] | Exxon Mobil 公司 |
| EZ MUL® NT | 乳化剂[113] | Halliburton 公司 |
| Filter-Chek® | 改性纤维素[8,17,191] | Halliburton 公司 |
| Filterchek™ | 改性天然聚合物[191] | LS Baltica 公司 |
| FlexPlug® OBM | 活性,非颗粒状的随钻堵漏剂[113] | 哈里伯顿公司 |
| FlexPlug® W | 活性,非颗粒状的随钻堵漏剂[113] | 哈里伯顿公司 |
| Flo-Chek® | 随钻堵漏剂[113] | 哈里伯顿公司 |
| Flotrol™ | 淀粉衍生物[196] | M-I Swaco-Schlumberger 公司 |
| Flovis™ | 黄原胶类增黏剂[82] | M-I Swaco 公司 |
| Flowzan® | 黄原胶[63,182] | Phillips 石油公司 |
| Glydril® | 聚(乙二醇)(浊点添加剂)[196] | M-I Swaco-Schlumberger 公司 |
| Grabber® | 絮凝剂[8,17,191] | Baroid 服务公司 |
| Hydro-Guard® | 抑制性水基液体[17] | 哈里伯顿公司 |
| Hymod Prima™ | 球状黏土[82] | Imerys Minerals 公司 |
| Hyperdrill™ CP-904L | 丙烯酰胺共聚物[108,109] | Hychem 公司 |
| Hystrene®(Series) | 二酸类聚合物[158] | PMC Biogenix 公司 |
| Imbiber beads® | 交联烷基苯乙烯粉剂[82] | Imtech Imbibitive 技术公司 |
| Inipol™ AB40 | 阻垢剂[82] | CECA 公司 |
| Invermul® | 氧化妥尔油和多氨基脂肪酸的混合物[113] | 哈里伯顿公司 |
| ISO-TEQ | 异构化烯烃[135] | 贝克休斯公司 |
| Jeffamine® D-230 | 聚(氧丙烯)二胺[232] | Huntsman 公司 |
| Jeffamine® EDR-148 | 三甘醇二胺[232] | Huntsman 公司 |
| Jeffamine® HK-511 | Poly(oxyalkylene) amine[232] | Huntsman 公司 |
| Kasolv® 16 | 硅酸钾[161] | PQ 公司 |
| KEM-SEAL® PLUS | 甲基丙磺酸钠/N,N-二甲基丙烯酰胺共聚物[75] | 贝克休斯公司 |
| Kemseal® | 液体降滤失剂[75] | 贝克休斯公司 |
| Klerzyme™ | 果胶酶[33] | Centerchem 公司 |

续表

| 商品名 | 产品介绍 | 供应商 |
| --- | --- | --- |
| Kuralon™ | 聚(乙烯醇)纤维[82] | Kuraray,Osaka 公司 |
| Latex™ 2000 | 苯乙烯/丁二烯共聚物[119] | 哈里伯顿公司 |
| Ligco® | 褐煤[75] | 贝克休斯公司 |
| Ligcon® | 苛性褐煤[75] | Milchem 公司 |
| Magma™ | 挤注抽丝矿物纤维[82] | Lost Circulation Specialists 公司 |
| MAX-TROL® | 磺化树脂[75] | 贝克休斯公司 |
| Microtox® | 毒性测试标准化系统[197] | AZUR Environmental, MW Monitoring IP, Beckman Instruments 公司 |
| Mikhart™(Series) | 细碳酸钙颗粒[82] | M-I Swaco 公司 |
| Mil-Bar® | 重晶石加重剂[75,165,182] | 贝克休斯公司 |
| Mil-Carb® | 大理石颗粒[75,108,109,182] | 贝克休斯公司 |
| Mil-Gel-NT® | 膨润土石英混合物[75] | 贝克休斯公司 |
| Mil-Gel™ | 粉状蒙脱石[75,182] | 贝克休斯公司 |
| Mil-Pac LV | 低黏度多胺纤维素[182] | 贝克休斯公司 |
| Mil-Temp® | 马来酸酐共聚物[75] | 贝克休斯公司 |
| N-Dril™ HT Plus | 降滤失剂[17] | Baroid 服务公司 |
| Neodol®(Series) | 烷基烷氧基化表面活性剂[155,158] | Shell 公司 |
| New Drill® | 部分水解聚丙烯酰胺[182] | 贝克休斯公司 |
| NEW-DRILL® PLUS | 部分水解的聚(丙烯酰胺)[108,182] | 贝克休斯公司 |
| Norsorex™(Series) | 聚降冰片烯[82] | Atofina 公司 |
| PAC™-L | 降滤失剂[17] | Baroid 服务公司 |
| Paramul™ | 主乳化剂[82] | M-I SWACO-Schlumberger 公司 |
| Parawet™ | 主乳化剂[82] | M-I SWACO-Schlumberger 公司 |
| Pectinol® | 果胶酶[33] | Rohm & Haas 公司 |
| Petrofree® LV | 酯基反相乳液[8] | 哈里伯顿公司 |
| Petrofree® SF | 烯烃基反相乳液[8,191] | 哈里伯顿公司 |
| Pluracol® V-10 | 聚醚烯多元醇[158] | BASF AG 公司 |
| Poly-plus® HD | 丙烯酸共聚物(页岩包被剂)[196] | M-I SWACO-Schlumberger 公司 |
| Polydrill® | 阴离子聚合物[75] | Degussa AG 公司 |
| Polypac® UL | 聚阴离子纤维素[196] | M-I SWACO-Schlumberger 公司 |
| Polyplus® RD | 丙烯酸共聚物(页岩稳定剂)[196] | M-I SWACO-Schlumberger 公司 |
| Protecto-Magic™ | 粉状沥青[75] | 贝克休斯公司 |
| Pyro-Trol® | 丙烯酰胺/甲基磺酸共聚物[75] | 贝克休斯公司 |
| Rev Dust | 人造钻屑[75] | Milwhite 公司 |

续表

| 商品名 | 产品介绍 | 供应商 |
| --- | --- | --- |
| Shale Guard™ NCL100 | 页岩防膨剂[252] | 威德福公司 |
| Soltex® | 磺化沥青[75] | Chevron Phillips 化学公司 |
| Soyafibe™ | 大豆多糖[34] | Fuji Oil 公司 |
| Staflo® | 聚阴离子纤维素[84] | Akzo Nobel 公司 |
| Sulfa-Trol® | 磺化沥青[75] | 贝克休斯公司 |
| Sunyl® high | 高油酸葵花籽油[155] | SVO Enterprises 公司 |
| Superfloc™ | 丙烯酰胺共聚物[108,109] | Cytec Industries 公司 |
| Surfonamine® | 胺类作为颜料改性剂[199] | Huntsman 公司 |
| Surfonic® | 乳化剂, 乙氧基化 C12 醇[158] | Huntsman Performance Prod-ucts 公司 |
| Tergitol® (Series) | 乙氧基化 C11-15-仲醇, 表面活性剂[155,158] | Union Carbide 公司 |
| Triton® N (Series) | 烷基-芳基烷氧基化表面活性剂[155,158] | Union Carbide 公司 |
| Triton® X (Series) | 聚(环氧烷), 非离子表面活性剂[155,158] | Union Carbide 公司(Rohm & Haas) |
| Twaron® | 芳香族聚酰胺[82] | Teijin Twaron B. V. 公司 |
| Tychem® 68710 | 羧化苯乙烯/丁二烯共聚物[113] | Reichhold 公司 |
| Tylac® CPS 812 | 羧化苯乙烯/丁二烯共聚物[113] | Reichhold 公司 |
| Unamide® | 聚氧烷基化脂肪酰胺[158] | Lonza 公司 |
| Versatec™ | 油基钻井液[82] | M-I Swaco 公司 |
| Versatrol™ HT | 黑沥青[82] | M-I SWACO-Schlumberger 公司 |
| Westvaco® Diacid | 狄尔斯-阿德耳酰化剂[158] | Westvaco 公司 |
| XAN-PLEX™ D | 多糖增黏聚合物[108] | 贝克休斯公司 |
| Xanvis™ | Polysaccharide viscosifying polymer[108,109] | 贝克休斯公司 |
| Ziboxan® | 黄原胶[159] | Shandong Deoson 公司 |

# 参 考 文 献

[1] Nzeadibe KI, Perez GP. Method and biodegradable water based thinner composition for drilling subterranean boreholes with aqueous based drilling fluid. US Patent 8453735, assigned to Halliburton Energy Services, Inc. (Houston, TX); 2013. URL: http://www.freepatentsonline.com/8453735.html.

[2] Lyons WC, Plisga GJ, editors. Standard handbook of petroleum and natural gas engineering. 2nd ed. Burlington, MA: Gulf Publishing Co.; 2011 [an imprint of Elsevier]. URL: http://www.sciencedirect.com/science/book/9780750677851.

[3] Van Der Horst PM. Use of CMC in drilling fluids. US Patent 7939469, assigned to Dow Global Technologies LLC; 2011. URL: http://www.freepatentsonline.com/7939469.html.

[4] Gray GR, Darley HCH. Composition and properties of oil well drilling fluids. 4th ed. Houston, TX: Gulf Publishing Co.; 1981. ISBN 0872011291 9780872011298.

[5] Müller H, Herold CP, von Tapavicza S, Fues JF. Use of selected ester oils in water based drilling fluids of the o/w emulsion type and corresponding drilling fluids with improved ecological acceptability. US Patent 5318956,

assigned to Henkel Kommanditgesellschaft auf Aktien (DE); 1994. URL: http://www.freepatentsonline.com/5318956.html.

[6] Wu AM, Brockhoff J. Emulsified polymer drilling fluid and methods of preparation. US Patent 8293686, assigned to Marquis Alliance Energy Group Inc. (Calgary, CA); 2012. URL: http://www.freepatentsonline.com/8293686.html.

[7] Griffin WC. Classification of surface-active agents by HLB. J Soc Cosmetic Chemists 1946; 1: 311-26.

[8] West GC, Grebe EL, Carbajal D. Inhibitive water based drilling fluid system and method for drilling sands and other water-sensitive formations. US Patent 7439210, assigned to Halliburton Energy Services, Inc. (Duncan, OK); 2008. URL: http://www.freepatentsonline.com/7439210.html.

[9] Argillier JF, Audibert-Hayet A, Zeilinger S. Water based foaming composition-method for making same. US Patent 6172010, assigned to Institut Francais du Petrole (Rueil, FR); 2001. URL: http://www.freepatentsonline.com/6172010.html.

[10] Amanullah M, Bubshait AS, Fuwaires OA. Volcanic ash-based drilling mud to overcome drilling challenges. US Patent 8563479, assigned to Saudi Arabian Oil Company (SA); 2013. URL: http://www.freepatentsonline.com/8563479.html.

[11] Lee LJ, Patel AD, Stamatakis E. Glycol based drilling fluid. US Patent 6291405, assigned to M-I LLC (Houston, TX); 2001. URL: http://www.freepatentsonline.com/6291405.html.

[12] Mullen GA, Gabrysch A. Synergistic mineral blends for control of filtration and rheology in silicate drilling fluids. US Patent 6248698, assigned to Baker Hughes Incorporated (Houston, TX); 2001. URL: http://www.freepatentsonline.com/6248698.html.

[13] Charles UJ. Potassium silicate drilling fluid. WO Patent 1997005212 assigned to Urquhart John Charles; 1997. URL: https://www.google.at/patents/WO1997005212A1?cl=en.

[14] Kotelnikov VS, Demochko SN, Fil VG, Marchuk IS. Drilling mud composition-contains carboxymethyl cellulose, acrylic polymer, ferrochrome lignosulphonate, cement and water. SU Patent 1829381, assigned to Ukr. Natural Gas Res. Inst.; 1996.

[15] Gajdarov MM, Tankibaev MA. Nonclayey drilling solution-contains organic stabiliser, caustic soda, water and mineral additive in form of zinc oxide, to improve its thermal stability. RU Patent 2051946, assigned to Aktyubinsk Oil Gas Inst.; 1996.

[16] Muller GT, Patel BB. Compositions comprising an acrylamide-containing polymer and use. EP Patent 0728826 assigned to Phillips Petroleum Company; 2001. URL: https://www.google.at/patents/EP0728826B1?cl=en.

[17] Maresh JL. Wellbore treatment fluids having improved thermal stability. US Patent 7541316, assigned to Halliburton Energy Services, Inc. (Duncan, OK); 2009. URL: http://www.freepatentsonline.com/7541316.html.

[18] Warren B, van der Horst PM, van't Zelfde TA. Quaternary nitrogen con-taining amphoteric water soluble polymers and their use in drilling fluids. US Patent 6281172, assigned to Akzo Nobel NV (NL); 2001. URL: http://www.freepatentsonline.com/6281172.html.

[19] Berry VL, Cook JL, Gelderbloom SJ, Kosal DM, Liles DT, Olsen Jr CW, et al. Silicone resin for drilling fluid loss control. US Patent 7452849, assigned to Dow Corning Corporation (Midland, MI); 2008. URL: http://www.freepatentsonline.com/7452849.html.

[20] King KL, McMechan DE, Chatterji J. Water based polymers for use as friction reducers in aqueous treatment fluids. US Patent 7271134, assigned to Halliburton Energy Services, Inc. (Duncan, OK); 2007. URL: http://www.freepatentsonline.com/7271134.html.

[21] King KL, McMechan DE, Chatterji J. Methods, aqueous well treating fluids and fric-tion reducers therefor. US Patent 6784141, assigned to Halliburton Energy Services, Inc. (Duncan, OK); 2004. URL: http://www.freepatentsonline.com/6784141.html.

[22] Martyanova SV, Chezlov AA, Nigmatullina AG, Piskareva LA, Shamsutdinov RD. Production of lignosulphonate reagent for drilling muds – by initial heating with sulphuric acid, condensation with formaldehyde, and neutralisation of mixture with sodium hydroxide. RU Patent 2098447, assigned to Azimut Res. Prod. Assoc.; 1997.

[23] Ibragimov FB, Kolesov AI, Konovalov EA, Rud NT, Gavrilov BM, Mojsa JN, et al. Preparation of lignosulphonate reagent-for drilling solutions, involves additional introduction of water-soluble salt of iron, and anti-foaming agent. RU Patent 2106383; 1998.

[24] Patel BB. Tin/cerium compounds for lignosulfonate processing. EP Patent 0600343 assigned to Phillips Petroleum Company; 1998. URL: https://www.google.at/patents/EP0600343B1?cl=en.

[25] Patel BB, Dixon GG. Drilling mud additive comprising ferrous sulfate and poly(n-vinyl-2-pyrrolidone/sodium 2-acrylamido-2-methylpropane sulfonate). US Patent 5204320, assigned to Phillips Petroleum Company (Bartlesville, OK); 1993. URL: http://www.freepatentsonline.com/5204320.html.

[26] Cobianco S, Bartosek M, Guarneri A. Non-damaging drilling fluids. US Patent 6495493, assigned to ENI S.p.A. (Rome, IT) Enitechnologie S.p.A. (San Donato Milanese, IT); 2002. URL: http://www.freepatentsonline.com/6495493.html.

[27] Vaussard A, Ladret A, Donche A. Scleroglucan based drilling mud. US Patent 5612294, assigned to Elf Aquitaine (Courbevoie, FR); 1997. URL: http://www.freepatentsonline.com/5612294.html.

[28] Keilhofer G, Matzinger M, Plank J, Reichenbach-Klinke R, Spindler C. Water-soluble and biodegradable copolymers on a polyamide basis and use thereof. WO Patent 2008019987 assigned to Basf Construction Polymers Gmb, Gregor Keilhofer, Martin Matzinger, Johann Plank, Roland Reichenbach-Klinke, Christian Spindler; 2008. URL: https://www.google.at/patents/WO2008019987A1?cl=en.

[29] Matzinger M, Reichenbach-klinke R, Keilhofer G, Plank J, Spindler C. Water-soluble and biodegradable copolymers on a polyamide basis and use thereof. US Patent Application 20100240802, assigned to BASF; 2010. URL: http://www.freepatentsonline.com/20100240802.html.

[30] Elward-Berry J. Rheologically stable water based high temperature drilling fluids. US Patent 5244877, assigned to Exxon Production Research Company (Houston, TX); 1993. URL: http://www.freepatentsonline.com/5244877.html.

[31] API Standard RP 13B-1. Recommended practice for field testing water based drilling fluids. API Standard API RP 13B-1; American Petroleum Institute; Washington, DC; 2009.

[32] Elward-Berry J. Rheologically-stable water based high temperature drilling fluid. US Patent 5179076, assigned to Exxon Production Research Company (Houston, TX); 1993. URL: http://www.freepatentsonline.com/5179076.html.

[33] Weibel MK. Parenchymal cell cellulose and related materials. US Patent 4831127, assigned to SBP, Inc. (Philadelphia, PA); 1989. URL: http://www.freepatentsonline.com/4831127.html.

[34] Lundberg B, Huppert A. Dairy product compositions using highly refined cellulosic fiber ingredients. US Patent 8399040, assigned to Fiberstar Bio-Ingredient Tech-nologies, Inc. (River Falls, WI); 2013. URL: http://www.freepatentsonline.com/8399040.html.

[35] Hale AH. Water base drilling fluid. GB Patent 2216573, assigned to Shell Internat. Res. Mij BV; 1989.

[36] Hale AH, Blytas GC, Dewan AKR. Water base drilling fluid. GB Patent 2216574, assigned to Shell Internat. Res. Mij BV; 1989.

[37] Grainger N, Herzhaft B, White M, Audibert Hayet A. Well drilling method and drilling fluid. US Patent 7055628, assigned to Institut Francais du Petrole (Rueil Malmaison Cedex, FR) Imperial Chemical Industries Plc. (London, GB); 2006. URL: http://www.freepatentsonline.com/7055628.html.

[38] Mody FK, Fisk Jr JV. Water based drilling fluid for use in shale formations. US Patent 5925598, assigned to Bairod Technology, Inc. (Houston, TX); 1999. URL: http://www.freepatentsonline.com/5925598.html.

[39] Schlemmer RF. Membrane forming in-situ polymerization for water based drilling fluids. US Patent 7279445, assigned to M-I L. L. C. (Houston, TX); 2007. URL: http://www.freepatentsonline.com/7279445.html.

[40] Schlemmer R. Membrane forming in-situ polymerization for water based drilling fluid. US Patent 7063176, assigned to M-I L. L. C. (Houston, TX); 2006. URL: http://www.freepatentsonline.com/7063176.html.

[41] Maillard LC. Reaction generale des acides amines sur les sucres: Ses consequences biologiques. Compt Rend Acad Sci 1912; 154: 66-8.

[42] Mody FK, Pober KW, Tan CP, Drummond CJ, Georgaklis G, Wells D. Compounds and method for generating a highly efficient membrane in water based drilling fluids. US Patent 6997270, assigned to Halliburton Energy Services, Inc. (Duncan, OK) Commonwealth Scientific and Industrial Research Organisation; 2006. URL: http://www.freepatentsonline.com/6997270.html.

[43] Zhang J, Al-Bazali T, Chenevert M, Sharma M. Factors controlling the membrane efficiency of shales when interacting with water based and oil-based muds. SPE Drilling & Completion 2008; 23(2). doi: 10.2118/100735-PA.

[44] Hale AH, Loftin RE. Glycoside-in-oil drilling fluid system. US Patent 5494120, assigned to Shell Oil Company (Houston, TX); 1996. URL: http://www.freepatentsonline.com/5494120.html.

[45] Headley JA, Walker TO, Jenkins RW. Environmentally safe water based drilling fluid to replace oil-based muds for shale stabilization. In: Proceedings Volume. SPE/IADC Drilling Conf. (Amsterdam, The Netherlands, 2/28/95-3/2/95); 1995, p. 605-12.

[46] Müller H, Stoll G, Herold CP, Von Tapavicza S. Use of selected ethers of monofunctional alcohols in drilling fluids. EP Patent 0391251 assigned to Henkel Kommanditgesellschaft auf Aktien; 1992. URL: https://www.google.at/patents/EP0391251B1?cl=en.

[47] Godwin AD, Mathys GMK. Ester-free ethers. WO Patent 1993004028 assigned to Exxon Chemical Patents Inc; 1993. URL: https://www.google.at/patents/WO1993004028A1?cl=en.

[48] Godwin AD, Sollie T. Load bearing fluid. EP Patent 0532128 assigned to Exxon Chemical Patents Inc.; 1993. URL: https://www.google.at/patents/EP0532128A1?cl=en.

[49] Müller H, Herold CP, Fues JF. Use of surface-active alpha-sulfo-fatty acid di-salts in water and oil based drilling fluids and other drill-hole treatment agents. US Patent 5508258, assigned to Henkel Kommanditgesellschaft auf Aktien (Düsseldorf, DE); 1996. URL: http://www.freepatentsonline.com/5508258.html.

[50] Müller H, Herold CP, von Tapavicza S. Oleophilic alcohols as components of invert-emulsion drilling fluids. EP Patent 0391252 assigned to Henkel Kommandit-gesellschaft auf Aktien; 1993. URL: https://www.google.at/patents/EP0391252B1?cl=en.

[51] Müller H, Herold CP, von Tapavicza S. Oleophilic alcohols as a constituent of invert drilling fluids. US Patent 5348938, assigned to Henkel Kommanditgesellschaft auf Aktien (DE); 1994. URL: http://www.freepatentsonline.com/5348938.html.

[52] Müller H, Stoll G, Herold CP, von Tapavicza S. Drilling fluids. ZA Patent 9002665, assigned to Henkel KG auf Aktien; 1990.

[53] Müller H, Herold CP, von Tapavicza S. Oleophilic basic amine derivatives as additives for invert emulsion

[54] Lafuma F, Monfreux N, Perrin P, Sawdon C. Invertible emulsions stabilised by amphiphilic polymers and application to bore fluids. WO Patent 2000031154 assigned to Schlumberger Ca Ltd, Schlumberger Cie Dowell, Sofitech NV; 2000. URL: https://www.google.at/patents/WO2000031154A1? cl=en.

[55] Barclay-Miller DJ, Martin DW, Wall K, Zard PW. Surfactant composition. WO Patent 1995030722 assigned to Burwood Corp. Ltd. ; 1995. URL: https://www.google.at/patents/WO1995030722A1? cl=en.

[56] Brankling D. Drilling fluid. WO Patent 1994002565 assigned to David Brankling, Oilfield Chem Tech Ltd; 1994. URL: https://www.google.at/patents/WO1994002565A1? cl=en.

[57] Ujma KHW, Plank JP. A new calcium-tolerant polymer helps to improve drilling mud performance and reduce costs. In: Proceedings Volume. 62nd Annu. SPE Tech. Conf. (Dallas, 9/27–30/87); 1987, p. 327–34.

[58] Ujma KH, Sahr M, Plank J, Schoenlinner J. Cost reduction and improvement of drilling mud properties by using polydrill (Kostenreduzierung und Verbesserung der Spülungseigenschaften mit Polydrill). Erdöl Erdgas Kohle 1987; 103(5): 219–22.

[59] Plank J. Field results with a novel fluid loss polymer for drilling muds. Oil Gas Europe Mag 1990; 16(3): 20–3.

[60] Roark DN, Nugent Adam J, Bandlish BK. Fluid loss control and compositions for use therein. EP Patent 0201355 assigned to Ethyl Corporation; 1991. URL: https://www.google.at/patents/EP0201355B1? cl=en.

[61] Roark DN, Nugent Jr A, Bandlish BK. Fluid loss control in well cement slurries. US Patent 4698380, assigned to Ethyl Corporation (Richmond, VA); 1987. URL: http://www.freepatentsonline.com/4698380.html.

[62] Guichard B, Wood B, Vongphouthone P. Fluid loss reducer for high temperature high pressure water based-mud application. US Patent 7449430, assigned to Eliokem S.A.S. (Villejust, FR); 2008. URL: http://www.freepatentsonline.com/7449430.html.

[63] Patel BB. Drilling fluid additive and process therewith. US Patent 6124245, assigned to Phillips Petroleum Company (Bartlesville, OK); 2000. URL: http://www.freepatentsonline.com/6124245.html.

[64] Stephens M. Fluid loss additives for well cementing compositions. GB Patent 2202526; 1988.

[65] Stephens M, Swanson BL. Drilling mud comprising tetrapolymer consisting of n-vinyl-2-pyrrolidone, acrylamidopropanesulfonic acid, acrylamide, and acrylic acid. US Patent 5135909, assigned to Phillips Petroleum Company (Bartlesville, OK); 1992. URL: http://www.freepatentsonline.com/5135909.html.

[66] Arlt Dieter GDSC. Polymers containing sulphonic acid groups. US Patent 3547899, assigned to Bayer AG, Leverkusen; 1970. URL: http://www.freepatentsonline.com/3547899.html.

[67] Stephens M, Swanson BL, Patel BB. Drilling mud comprising tetrapolymer consisting of n-vinyl-2-pyrrolidone, acrylamidopropanesulfonicacid, acrylamide, and acrylic acid. US Patent 5380705, assigned to Phillips Petroleum Company (Bartlesville, OK); 1995. URL: http://www.freepatentsonline.com/5380705.html.

[68] Garvey CM, Savoly A, Resnick AL. Fluid loss control additives and drilling fluids containing same. US Patent 4741843, assigned to Diamond Shamrock Chemical (Dallas, TX); 1988. URL: http://www.freepatentsonline.com/4741843.html.

[69] Bardoliwalla DF. Fluid loss control additives from AMPS polymers. US Patent 4622373, assigned to Diamond Shamrock Chemicals Company (Dallas, TX); 1986. URL: http://www.freepatentsonline.com/4622373.html.

[70] Jean-Francois A, Annie AH, Lionel R. Filtrate reducing additive and well fluid. WO Patent 1998059014 assigned to Inst. Francais Du Petrole; 1998. URL: https://www.google.at/patents/WO1998059014A1?cl=en.

[71] Peiffer DG, Lundberg RD, Sedillo L, Newlove JC. Fluid loss control in oil field cements. US Patent 4626285, assigned to Exxon Research and Engineering Company (Florham Park, NJ); 1986. URL: http://www.freepatentsonline.com/4626285.html.

[72] Savoly A, Villa JL, Garvey CM, Resnick AL. Fluid loss agents for oil well cementing composition. US Patent 4674574, assigned to Diamond Shamrock Chemicals Com-pany (Dallas, TX); 1987. URL: http://www.freepatentsonline.com/4674574.html.

[73] Zhang GP, Ye HC. AM/MA/AMPS terpolymer as non-viscosifying filtrate loss reducer for drilling fluids. Oilfield Chem 1998; 15(3): 269–71.

[74] Lange W, Bohmer B. Water-soluble polymers and their use as flushing liquid addi-tives for drilling. US Patent 4749498, assigned to Wolff Walsrode Aktiengesellschaft (Walsrode, DE); 1988. URL: http://www.freepatentsonline.com/4749498.html.

[75] Jarrett M, Clapper D. High temperature filtration control using water based drilling fluid systems comprising water soluble polymers. US Patent 7651980, assigned to Baker Hughes Incorporated (Houston, TX); 2010. URL: http://www.freepatentsonline.com/7651980.html.

[76] Patel AD. Water based drilling fluids with high temperature fluid loss control additive. US Patent 5789349, assigned to M-I Drilling Fluids, L.L.C. (Houston, TX); 1998. URL: http://www.freepatentsonline.com/5789349.html.

[77] Ganguli KK. High temperature fluid loss additive for cement slurry and method of cementing. US Patent 5116421, assigned to The Western Company of North Amer-ica (Houston, TX); 1992. URL: http://www.freepatentsonline.com/5116421.html.

[78] Brothers LE. Method of reducing fluid loss in cement compositions which may contain substantial salt concentrations. US Patent 4700780, assigned to Halliburton Services (Duncan, OK); 1987. URL: http://www.freepatentsonline.com/4700780.html.

[79] Crema SC, Kucera CH, Konrad G, Hartmann H. Fluid loss control additives for oil well cementing compositions. US Patent 5025040, assigned to BASF (Porsippany, NJ); 1991. URL: http://www.freepatentsonline.com/5025040.html.

[80] Crema SC, Kucera CH, Konrad G, Hartmann H. Fluid loss control additives for oil well cementing compositions. US Patent 5228915, assigned to BASF Corporation (Parsippany, NJ); 1993. URL: http://www.freepatentsonline.com/5228915.html.

[81] Kucera CH, Crema SC, Roznowski MD, Konrad G, Hartmann H. Fluid loss control additives for oil well cementing compositions. EP Patent 0342500 assigned to BASF Corporation; 1989. URL: https://www.google.at/patents/EP0342500A2?cl=en.

[82] Ghassemzadeh J. Lost circulation material for oilfield use. US Patent 8404622, assigned to Schlumberger Technology Corporation (Sugar Land, TX); 2013. URL: http://www.freepatentsonline.com/8404622.html.

[83] Hofstütter H. Bore hole fluid comprising dispersed synthetic polymeric fibers. WO Patent 2012123338 assigned to Lenzing Plastics Gmbh; 2012. URL: https://www.google.at/patents/WO2012123338A1?cl=en.

[84] Melbouci M, Sau AC. Water based drilling fluids. US Patent 7384892, assigned to Hercules Incorporated (Wilmington, DE); 2008. URL: http://www.freepatentsonline.com/7384892.html.

[85] Hen J. Sulfonate-containing polymer/polyanionic cellulose combination for high temperature/high pressure

filtration control in water base drilling fluids. US Patent 5008025, assigned to Mobil Oil Corporation (Fairfax, VA); 1991. URL: http://www.freepatentsonline.com/5008025.html.

[86] Brothers LE. Method of reducing fluid loss in cement compositions containing substantial salt concentrations. US Patent 4640942, assigned to Halliburton Company (Duncan, OK); 1987. URL: http://www.freepatentsonline.com/4640942.html.

[87] Raines RH. Use of low m. s. hydroxyethyl cellulose for fluid loss control in oil well applications. US Patent 4629573, assigned to Union Carbide Corporation (Danbury, CT); 1986. URL: http://www.freepatentsonline.com/4629573.html.

[88] Chang FF, Bowman M, Parlar M, Ali SA, Cromb J. Development of a new crosslinked − hec (hydroxyethylcellulose) fluid loss control pill for highly − overbal − anced, high − permeability and/or high temperature formations. In: Proceedings Volume. SPE Formation Damage Contr. Int. Symp. (Lafayette, LA, 2/18−19/98); 1998, p. 215−27.

[89] Chang FF, Parlar M. Method and composition for controlling fluid loss in high permeability hydrocarbon bearing formations. US Patent 5981447, assigned to Schlumberger Technology Corporation (Sugar Land, TX); 1999. URL: http://www.freepatentsonline.com/5981447.html.

[90] Nguyen PD, Weaver JD, Cole RC, Schulze CR. Development and field application of a new fluid−loss control material. In: Proceedings Volume. Annu. SPE Tech. Conf. (Denver, 10/6-9/96); 1996, p. 933−41. URL: http://www.onepetro.org/mslib/servlet/onepetropreview? id=00036676. doi: 10.2118/36676−MS.

[91] Audibert A, Argillier JF, Bailey L, Reid PI. Process and water − base fluid utiliz − ing hydrophobically modified cellulose derivatives as filtrate reducers. US Patent 5669456, assigned to Institut Francais du Petrole (Rueil − Malmaison, FR) Dowell Schlumberger, Inc. (Sugar Land, TX); 1997. URL: http://www.freepatentsonline.com/5669456.html.

[92] Amanullah M, Yu L. Environment friendly fluid loss additives to protect the marine environment from the detrimental effect of mud additives. J Pet Sci Eng 2005; 48 (3-4): 199−208.

[93] Francis HP, DeBoer ED, Wermers VL. High temperature drilling fluid component. US Patent 4652384, assigned to American Maize − Products Company (Hammond, IN); 1987. URL: http://www.freepatentsonline.com/4652384.html.

[94] Nguyen N, Sifferman TR, Skaggs CB, Solarek DB, Swazey JM. Fluid loss control additives and subterranean treatment fluids containing the same. WO Patent 1999005235 assigned to Monsanto Co., Nat. Starch Chem. Invest.; 1999. URL: https://www.google.at/patents/WO1999005235A1? cl=en.

[95] API Standard RP 13I. Recommended practice for laboratory testing of drilling fluids. API Standard API RP 13I; American Petroleum Institute; Washington, DC; 2009.

[96] ASTM D5891−02. Standard test method for fluid loss of clay component of geosynthetic clay liners. ASTM Standard, Book of Standards, Vol. 04. 13 ASTM D5891−02; ASTM International; West Conshohocken, PA; 2009.

[97] Zhang CG, Sun MB, Hou WG, Sun D. Study on function mechanism of filtration reducer: The influence of fluid loss additive on electrical charge density of filter cake fines. Drilling Fluid and Completion Fluid 1995; 12(4): 1−5.

[98] Zhang CG, Sun MB, Hou WG, Liu YY, Sun DJ. Study on function mechanism of filtration reducer: Comparison. Drilling Fluid and Completion Fluid 1996; 13(3): 11−17.

[99] Plank JP, Gossen FA. Visualization of fluid − loss polymers in drilling mud filter cakes. In: Proceedings Volume. 64th Annu. SPE Tech. Conf. (San Antonio, 10/8−11/89); 1989, p. 165−76.

[100] Ballerini D, Choplin L, Dreveton E, Lecourtier J. Method using gellan for reducing the filtrate of aqueous

drilling fluids. EP Patent 0662563 assigned to Institut Francais Du Petrole; 2000. URL: https://www.google.at/patents/EP0662563B1?cl=en.

[101] Dreveton E, Lecourtier J, Ballerini D, Choplin L. Process using gellan as a filtrate reducer for water based drilling fluids. US Patent 5744428, assigned to Institut Fran-cais Du Petrole (Rueil-Malmaison, FR); 1998. URL: http://www.freepatentsonline.com/5744428.html.

[102] Navarrete RC, Seheult JM, Himes RE. Applications of xanthan gum in fluid-loss control and related formation damage. In: Proceedings Volume. SPE Permian Basin Oil & Gas Recovery Conf. (Midland, TX, 3/21-23/2000); 2000.

[103] Bruno L. Fluids useful for oil mining comprising de-acetylated xanthane gum and at least one compound increasing the medium ionic strength. WO Patent 1999003948 assigned to Rhone Poulenc Chimie; 1999. URL: https://www.google.at/patents/.

[104] Wikipedia, . Leonardite - wikipedia, the free encyclopedia; 2013. URL: http://en.wikipedia.org/w/index.php?title=Leonardite&oldid=530716648; [Online; accessed 19-February-2014].

[105] Hayes J. Dry mix for water based drilling fluid. US Patent 6818596; 2004. URL: http://www.freepatentsonline.com/6818596.html.

[106] Tan D. Test and application of drilling fluid filtrate reducer polysulfonated humic acid resin. Oil Drilling Prod Technol 1990; 12(1): 27-32, 97-98.

[107] Firth Jr WC. Chrome humates as drilling mud additives. US Patent 4921620, assigned to Union Camp Corporation (Wayne, NJ); 1990. URL: http://www.freepatentsonline.com/4921620.html.

[108] Xiang T. Drilling fluid systems for reducing circulation losses. US Patent 7226895, assigned to Baker Hughes Incorporated (Houston, TX); 2007. URL: http://www.freepatentsonline.com/7226895.html.

[109] Xiang T. Methods for reducing circulation loss during drilling operations. US Patent 7507692, assigned to Baker Hughes Incorporated (Houston, TX); 2009. URL: http://www.freepatentsonline.com/7507692.html.

[110] Brand FJ, Bradbury A. Water based wellbore fluids. US Patent 6884760, assigned to M-I, L.L.C. (Houston, TX); 2005. URL: http://www.freepatentsonline.com/6884760.html.

[111] Dobson Jr JW, Kayga PD. Magnesium peroxide breaker system improves filter cake removal. Pet Eng Int 1995; 68(10): 49-50.

[112] Al Moajil AM, Nasr-El-Din HA. Removal of manganese tetraoxide filter cake using a combination of HCl and organic acid. Journal of Canadian Petroleum Technology 2014; 53(02): 122-30. doi: 10.2118/165551-pa.

[113] Reddy BR, Palmer AV. Sealant compositions comprising colloidally stabilized latex and methods of using the same. US Patent 7607483, assigned to Halliburton Energy Services, Inc. (Duncan, OK); 2009. URL: http://www.freepatentsonline.com/7607483.html.

[114] Stowe II CJ, Bland RG, Clapper DK, Xiang T, Benaissa S. Water based drilling fluids using latex additives. US Patent 6703351, assigned to Baker Hughes Incorporated (Houston, TX); 2004. URL: http://www.freepatentsonline.com/6703351.html.

[115] Halliday WS, Schwertner D, Xiang T, Clapper DK. Water based drilling fluids using latex additives. US Patent 7393813, assigned to Baker Hughes Incorporated (Houston, TX); 2008. URL: http://www.freepatentsonline.com/7393813.html.

[116] Halliday WS, Schwertner D, Xiang T, Clapper DK. Fluid loss control and sealing agent for drilling depleted sand formations. US Patent 7271131, assigned to Baker Hughes Incorporated (Houston, TX); 2007. URL: http://www.freepatentsonline.com/7271131.html.

[117]　Bailey L. Latex additive for water based drilling fluids. US Patent 6715568, assigned to M-I L. L. C. (Houston, TX); 2004. URL: http://www.freepatentsonline.com/6715568.html.

[118]　Hernandez MI, Mas M, Gabay RJ, Quintero L. Thermally stable drilling fluid. US Patent 5883054, assigned to Intevep, S. A. (Caracas 1070A, VE); 1999. URL: http://www.freepatentsonline.com/5883054.html.

[119]　Sweatman RE, Felio AJ, Heathman JF. Water based compositions for sealing subterranean zones and methods. US Patent 6258757, assigned to Halliburton Energy Services, Inc. (Duncan, OK); 2001. URL: http://www.freepatentsonline.com/6258757.html.

[120]　Zhou M, Qiu X, Yang D, Wang W. Synthesis and evaluation of sulphonated acetone formaldehyde resin applied as dispersant of coal water slurry. Energy Conversion and Management 2007; 48(1): 204–9. URL: http://www.sciencedirect.com/science/article/pii/S019689040600152X. http://dx.doi.org/10.1016/j.encon man.2006.04.015.

[121]　Liu M, Lei J, Du X, Fu C, Huang B. Synthesis, properties and disper-sion mechanism of sulphonated acetone-formaldehyde superplasticizer in cemen-titious system. J Wuhan Univ Technol Mater Sci Ed 2013; 28(6): 1167–71. doi: 10.1007/s11595-013-0838-7.

[122]　Rayborn Sr JJ, Dickerson JP. Method of making a drilling fluid containing carbon black in a dispersed state. US Patent 5114597, assigned to Sun Drilling Products Corporation (Belle Chasse, LA); 1992. URL: http://www.freepatentsonline.com/5114597.html.

[123]　Rayborn Sr JJ, Rayborn JJ. Drilling fluid system containing a combination of hydrophilic carbon black/asphaltite and a refined fish oil/glycol mixture and related methods. US Patent 5942467, assigned to Sun Drilling Products Corporation (Belle Chasse, LA); 1999. URL: http://www.freepatentsonline.com/5942467.html.

[124]　Vitthal S, McGowen JM. Fracturing fluid leakoff under dynamic conditions: Pt.2: Effect of shear rate, permeability, and pressure. In: Proceedings Volume. Annu. SPE Tech. Conf. (Denver, 10/6-9/96); 1996, p. 821–35.

[125]　Lord DL, Vinod PS, Shah S, Bishop ML. An investigation of fluid leakoff phenomena employing a high-pressure simulator. In: Proceedings Volume. Annu. SPE Tech. Conf. (Dallas, 10/22-25/95); 1995, p. 465–74.

[126]　Buret S, Nabzar L, Jada A. Water quality and well injectivity: do residual oil-in-water emulsions matter? SPE J 2010; 15(2): 557–68. doi: 10.2118/122060-pa.

[127]　Müller H, Herzog N, Behler A, Hartmann J. Borehole treating substance containing ether carboxylic acids. US Patent 7741248, assigned to Emery Oleochemicals GmbH (Dusseldorf, DE); 2010. URL: http://www.freepatentsonline.com/7741248.html.

[128]　Klug P, Kupfer R, Wimmer I, Winter R. Process for the preparation of ether carboxylic acids with low residual alcohol content. US Patent 6326514, assigned to Clariant GmbH (Frankfurt, DE); 2001. URL: http://www.freepatentsonline.com/6326514.html.

[129]　Thaemlitz CJ. Synthetic filtration control polymers for wellbore fluids. US Patent 7098171, assigned to Halliburton Energy Services, Inc. (Duncan, OK); 2006. URL: http://www.freepatentsonline.com/7098171.html.

[130]　Halliday WS, Clapper DK, Smalling MR. Glycols as gas hydrate inhibitors in drilling, drill-in, and completion fluids. US Patent 6080704; 2000. URL: http://www.freepatentsonline.com/6080704.html.

[131]　Lugo R, Dalmazzone C, Audibert A. Method and thermodynamic inhibitors of gas hydrates in water based fluids. US Patent 7709419, assigned to Institut Francais du Petrole (Rueil Malmaison Cedex, FR); 2010. URL: http://www.freepatentsonline.com/7709419.html.

[132]　EPA Toxicity Test. Mysid acute toxicity test. Toxicity Test EPA 712-C-96-136; US Environmental

Protection Agency; Washington, DC; 1996. URL: http://www.epa.gov/ocspp/pubs/frs/publications/OPPTS_Harmonized/850_Ecological_Effects_Test_Guidelines/Drafts/850-1035.pdf.

[133] Kotkoskie TS, Al-Ubaidi B, Wildeman TR, Sloan ED. Inhibition of gas hydrates in water based drilling muds. SPE Drilling Engineering 1992; 7(2). doi: 10.2118/20437-PA.

[134] Knox D, Jiang P. Drilling further with water based fluids-selecting the right lubricant. In: Proceedings Volume. 92002-MS; International Sympo-sium on Oilfield Chemistry; The Woodlands, Texas: Society of Petroleum Engineers, Inc.; 2005.

[135] Halliday WS, Schwertner D. Olefin isomers as lubricants, rate of penetration enhancers, and spotting fluid additives for water based drilling fluids. US Patent 5605879, assigned to Baker Hughes Incorporated (Houston, TX); 1997. URL: http://www.freepatentsonline.com/5605879.html.

[136] Westfechtel A, Maker D, Muller H. Oligoglyercol fatty acid ester additives for water based drilling fluids. US Patent 8148305, assigned to Emery Oleochemicals GmbH (Dusseldorf, DE); 2012. URL: http://www.freepatentsonline.com/8148305.html.

[137] Chapman J, Ward I. Lubricant for drilling mud. EP Patent 0770661 assigned to B W Mud Limited; 1997. URL: https://www.google.at/patents/EP0770661A1?cl=en.

[138] Müller H, Herold CP, Bongardt F, Herzog N, von Tapavicza S. Lubricants for drilling fluids. US Patent 6806235, assigned to Cognis Deutschland GmbH & Co. KG (Düsseldorf, DE); 2004. URL: http://www.freepatentsonline.com/6806235.html.

[139] Breeden DL, Meyer RL. Ester-containing downhole drilling lubricating composi-tion and processes therefor and therewith. US Patent 6884762, assigned to Newpark Drilling Fluids, L.L.C. (Houston, TX); 2005. URL: http://www.freepatentsonline.com/6884762.html.

[140] Durr Albert MJ, Huycke J, Jackson HL, Hardy BJ, Smith KW. An ester base oil for lubricant compounds and process of making an ester base oil from an organic reaction by-product. EP Patent 0606553 assigned to Conoco Inc.; 1994. URL: https://www.google.at/patents/EP0606553A2?cl=en.

[141] Genuyt B, Janssen M, Reguerre R, Cassiers J, Breye F. Biodegradable lubricating composition and uses thereof, in particular in a bore fluid [composition lubrifiante biodegradable et ses utilisations, notamment dans un fluide de forage]. WO Patent 0183640, assigned to Total Raffinage Dist SA; 2001.

[142] Senaratne KPA, Lilje KC. Preparation of branched chain carboxylic esters. US Patent 5322633, assigned to Albemarle Corporation (Richmond, VA); 1994. URL: http://www.freepatentsonline.com/5322633.html.

[143] Runov VA, Mojsa YN, Subbotina TV, Pak KS, Krezub AP, Pavlychev VN, et al. Lubricating additive for clayey drilling solution-is obtained by esterification of tall oil or tall pitch with hydroxyl group containing agent, e.g. low mol. wt. glycol or ethyl cellulose. SU Patent 1700044, assigned to Volgo Don Br. Sintez Pav and Burenie Sci Prod. Assoc.; 1991.

[144] Andreson BA, Abdrakhmanov RG, Bochkarev GP, Umutbaev VN, Fryazinov VV, Kudinov VN, et al. Lubricating additive for water based drilling solutions - contains products of condensation of monoethanolamine and tall oils, kerosene, monoethanolamine and flotation reagent. SU Patent 1749226, assigned to Bashkir Oil Ind. Res. Inst. and Bashkir Oil Proc. Inst.; 1992.

[145] Argillier JF, Demoulin A, Audibert-Hayet A, Janssen M. Borehole fluid containing a lubricating composition-method for verifying the lubrification of a borehole fluid-application with respect to fluids with a high ph (fluide de puits comportant une composition lubrifiante-procede pour controler la lubrification d'un fluide de puits-application aux fluides a haut ph). WO Patent 9966006, assigned to Inst. Francais Du Petrole and Fina Research SA; 1999.

[146] Kashkarov NG, Verkhovskaya NN, Ryabokon AA, Gnoevykh AN, Konovalov EA, Vyakhirev VI. Lubricating reagent for drilling fluids-consists of spent sunflower oil modified with additive in form of aqueous solutions of sodium alkylsiliconate(s). RU Patent 2076132, assigned to Tyumen Nat Gases Res. Inst.; 1997.

[147] Kashkarov NG, Konovalov EA, Vjakhirev VI, Gnoevykh AN, Rjabokon AA, Verkhovskaja NN. Lubricant reagent for drilling muds-contains spent sunflower oil, and light tall oil and spent coolant-lubricant as modifiers. RU Patent 2105783, assigned to Tyumen Nat Gases Res. Inst.; 1998.

[148] Konovalov EA, Ivanov YA, Shumilina TN, Pichugin VF, Komarova NN. Lubri-cating reagent for drilling solutions-contains agent based on spent sunflower oil, water, vat residue from production of oleic acid, and additionally water glass. SU Patent 1808861, assigned to Moscow Gubkin Oil Gas Inst.; 1993.

[149] Konovalov EA, Rozov AL, Zakharov AP, Ivanov YA, Pichugin VF, Komarova NN. Lubricating reagent for drilling solutions-contains spent sunflower oil as active component, water, boric acid as emulsifier, and additionally water glass. SU Patent 1808862, assigned to Moscow Gubkin Oil Gas Inst.; 1993.

[150] Bel SLA, Demin VV, Kashkarov NG, Konovalov EA, Sidorov VM, Bezsolitsen VP, et al. Lubricating composition-for treatment of clayey drilling solutions, contains additive in form of sulphonated fish fat. RU Patent 2106381, assigned to Shchelkovsk Agro Ent St C and Fakel Res. Prod. Assoc.; 1998.

[151] Müller H, Herold CP, Bongardt F, Herzog N, von Tapavicza S. Lubricants for drilling fluids (Schmiermittel für Bohrspülungen). WO Patent 0029502, assigned to Cognis Deutschland GmbH; 2000.

[152] Wall K, Martin DW, Zard PW, Barclay-Miller DJ. Temperature stable synthetic oil. WO Patent 9532265, assigned to Burwood Corp. Ltd.; 1995.

[153] Argillier JF, Audibert A, Marchand P, Demoulin Ae, Janssen M. Lubricating compo-sition including an ester-use of the composition and well fluid including the composi-tion. US Patent 5618780, assigned to Institut Francais Du Petrole (Rueil-Malmaison, FR); 1997. URL: http://www.freepatentsonline.com/5618780.html.

[154] Müller H, Herold CP, von Tapavicza S. Use of selected fatty alcohols and their mix-tures with carboxylic acid esters as lubricant components in water based drilling fluid systems for soil exploration. US Patent 6716799, assigned to Cognis Deutschland GmbH & Co. KG (Düsseldorf, DE); 2004. URL: http://www.freepatentsonline.com/6716799.html.

[155] Malchow Jr GA. Water based drilling fluids containing phosphites as lubricating aids. US Patent 5807811, assigned to The Lubrizol Corporation (Wickliffe, OH); 1998. URL: http://www.freepatentsonline.com/5807811.html.

[156] Dixon J. Drilling fluids. US Patent 7614462, assigned to Croda International PLC (Goole, East Yorkshire, GB); 2009. URL: http://www.freepatentsonline.com/7614462.html.

[157] Dixon J. Drilling fluids. US Patent 7343986, assigned to Croda International PLC (Goole, East Yorkshire, GB); 2008. URL: http://www.freepatentsonline.com/7343986.html.

[158] Malchow Jr GA. Friction modifier for water based well drilling fluids and methods of using the same. US Patent 5593954, assigned to The Lubrizol Corporation (Wickliffe, OH); 1997. URL: http://www.freepatentsonline.com/5593954.html.

[159] Wu A, Yan X. Silicate drilling fluid composition containing lubricating agents and uses thereof. US Patent 7842651, assigned to Chengdu Cationic Chemistry Company, Inc. (Sichuan, CN); 2010. URL: http://www.freepatentsonline.com/7842651.html.

[160] Vail JG, Baker LC. Compositions for and process of making suspensions. US Patent 2133759, assigned to Philadelphia Quartz Company; 1938. URL: http://www.freepatentsonline.com/2133759.html.

[161] Dearing Jr HL. Silicate drilling fluid and method of drilling a well therewith. US Patent 7137459, assigned to Newpark Drilling Fluids (Houston, TX); 2006. URL：http://www.freepatentsonline.com/7137459.html.

[162] Bailey L. Water based drilling fluid. US Patent 7833946, assigned to M-I, L.L.C. (Houston, TX); 2010. URL：http://www.freepatentsonline.com/7833946.html.

[163] Huber J, Plank J, Heidlas J, Keilhofer G, Lange P. Additive for drilling fluids. US Patent 7576039, assigned to BASF Construction Polymers GmbH (Trostberg, DE); 2009. URL：http://www.freepatentsonline.com/7576039.html.

[164] Rayborn Sr JJ. Water based drilling fluid additive containing graphite and carrier. US Patent 7067461, assigned to Alpine Mud Products Corp. (Belle Chasse, LA); 2006. URL：http://www.freepatentsonline.com/7067461.html.

[165] Halliday WS, Clapper DK. Purified paraffins as lubricants, rate of penetration enhancers, and spotting fluid additives for water based drilling fluids. US Patent 5837655; 1998. URL：http://www.freepatentsonline.com/5837655.html.

[166] Buyanovskii IA. Tribological test methods and apparatus. Chem Technol Fuels Oils 1994; 30(3): 133-47.

[167] ASTM D 3233(93). Standard test methods for measurement of extreme pressure properties of fluid lubricants (falex pin and vee block methods). ASTM Standard, Book of Standards, Vol. 5.01 ASTM D 3233(93); ASTM International; West Conshohocken, PA; 2009.

[168] ASTM D 2782-02. Standard test method for measurement of extreme-pressure properties of lubricating fluids (timken method). ASTM Standard, Book of Stan-dards, Vol. 5.01 ASTM D 2782-02; ASTM International; West Conshohocken, PA; 2008.

[169] Totten GE, Westbrook SR, Shah RJ, editors. Fuels and lubricants handbook: technology, properties, performance, and testing; ASTM Manual Series vol. 37. West Conshohocken, PA: American Society for Testing & Materials (ASTM); 2003.

[170] Argillier JF, Demoulin A, Audibert-Hayet A, Janssen M. Borehole fluid containing a lubricating composition-method for verifying the lubrification of a borehole fluid-application with respect to fluids with a high ph. US Patent 6750180, assigned to Institut Francais du Petrole (Rueil-Malmaison Cedex, FR) Oleon NV (Ertvelde, BE); 2004. URL：http://www.freepatentsonline.com/6750180.html.

[171] Alonso-DeBolt MA, Bland RG, Chai BJ, Eichelberger PB, Elphingstone EA. Glycol and glycol ether lubricants and spotting fluids. US Patent 5945386, assigned to Baker Hughes Incorporated (Houston, TX); 1999. URL：http://www.freepatentsonline.com/5945386.html.

[172] Penkov AI, Vakhrushev LP, Belenko EV. Characteristics of the behavior and use of polyalkylene glycols for chemical treatment of drilling muds. Stroit Neft Gaz Skvazhin Sushe More 1999; (1-2): 21-4.

[173] Sano M. Polypropylene glycol (PPG) used as drilling fluids additive. Sekiyu Gakkaishi 1997; 40(6): 534-8.

[174] Audebert R, Janca J, Maroy P, Hendriks H. New, chemically crosslinked polyvinyl alcohol (pva), process for synthesizing same and its applications as a fluid loss control agent in oil fluids. CA Patent 2118070 assigned to Roland Audebert, Joseph Janca, Pierre Maroy, Hugo Hendriks, Schlumberger Canada Limited; 2008. URL：https://www.google.at/patents/CA2118070C?cl=en.

[175] Audebert R, Hendriks H, Janca J, Maroy P. Chemically crosslinked polyvinyl alcohol (pva), and its applications as a fluid loss control agent in oil fluids. EP Patent 0705850 assigned to Sofitech N.V.; 1998. URL：https://www.google.at/patents/EP0705850B1?cl=en.

[176] Forsberg JW, Jahnke RW. Methods of drilling well boreholes and compositions used therein. US Patent 5260268, assigned to The Lubrizol Corporation (Wickliffe, OH); 1993. URL：http://www.freepatentsonline.com/5260268.html.

[177] Forsberg JW, Jahnke RW. Methods of drilling well boreholes and compositions used therein. WO Patent 1993002151 assigned to Lubrizol Corp. ; 1993. URL: https: // www. google. at/patents/WO1993002151A1? cl=en.

[178] Naraghi AR, Rozell RS. Method for reducing torque in downhole drilling. US Patent 5535834, assigned to Champion Technologies, Inc. (Fresno, TX); 1996. URL: http: // www. freepatentsonline. com/5535834. html.

[179] Clark DE, Dye WM. Environmentally safe lubricated well fluid method of mak-ing a well fluid and method of drilling. US Patent 5658860, assigned to Baker Hughes Incorporated (Houston, TX); 1997. URL: http: // www. freepatentsonline. com/5658860. html.

[180] Dye W, Clark DE, Bland RG. Well fluid additive. EP Patent 0652271 assigned to Baker – Hughes Incorporated; 1995. URL: https: //www. google. at/patents/ EP0652271A1? cl=en.

[181] Herold CP, Müller H, Von Tapavicza S. Use of selected fatty alcohols and their mixtures with carboxylic acid esters as lubricant components in water based drilling fluid systems for soil exploration. EP Patent 0948576 assigned to Cognis Deutschland GmbH; 2001. URL: https: // www. google. at/patents/ EP0948576B1? cl=en.

[182] Xiang T, Amin RAM. Water based mud lubricant using fatty acid polyamine salts and fatty acid esters. US Patent 8413745, assigned to Baker Hughes Incorporated (Houston, TX); 2013. URL: http: // www. freepatentsonline. com/8413745. html.

[183] Müller H. , Herold C. P. . Powder – form lubricant additives for water based drilling fluids. US Patent 4802998, assigned to Henkel Kommanditgesellschaft auf Aktien (Düsseldorf, DE); 1989. URL: http: // www. freepatentsonline. com/4802998. html.

[184] Reichert H. Lubricant Measuring Machine. DE Patent 1749247 assigned to Her-mann Reichert; 1957. URL: https: //www. google. at/patents/DE1749247U? cl=en.

[185] Illi W. Bestimmung des Druckaufnahmevermögens mit der Reibverschleiβwaage nach Reichert. Arbeitsblatt 6; Verbraucherkreis – Industrieschmierstoffe; Daimler AG, Stuttgart (DE); 2005. URL: http: // www. vkis. org/051201/VKIS%20Arbeitsblatt%206. pdf .

[186] Herold CP, Müller H, Foerster T, Von Tapavicza S, Claas M. Multiphase lubricant concentrates for use in water based systems in the field of exploratory soil drilling. US Patent 6211119, assigned to Henkel Kommanditgesellschaft auf Aktien (Düsseldorf, DE); 2001. URL: http: // www. freepatentsonline. com/ 6211119. html.

[187] Adams EK. Downhole well lubricant. US Patent 5700767, assigned to CJD Invest-ments, Inc. (Corpus Christi, TX); 1997. URL: http://www. freepatentsonline. com/ 5700767. html.

[188] Kalb R, Hofstätter H. Method of treating a borehole and drilling fluid. US Patent Application 20120103614, assigned to Montanuniversitat Leoben, Leoben (AT); 2012. URL: http: // www. freepatentsonline. com/ 20120103614. html.

[189] Wasserscheid P. Ionic Liquids in Synthesis. Weinheim: Wiley-VCH; 2008. ISBN 9783527312399.

[190] Maghrabi S, Kulkarni D, Teke K, Kulkarni SD, Jamison D. Modeling of shale-erosion behavior in aqueous drilling fluids. In: Technical Session 8: Well Construction 3. SPE/EAGE European Unconventional Resources Confer – ence and Exhibition; EAGE; 2014, URL: http: // www. earthdoc. org/publication/ publicationdetails/? publication=75108.

[191] Carbajal DL, Shumway W, Ezell RG. Inhibitive water based drilling fluid system and method for drilling sands and other water-sensitive formations. US Patent 7825072, assigned to Halliburton Energy Services Inc. (Duncan, OK); 2010. URL: http:// www. freepatentsonline. com/7825072. html.

[192] Su J, Chu Q, Ren M. Properties of high temperature resistance and salt tolerance drilling fluids incorporating acrylamide/2 – acrylamido – 2 – methyl – 1 – propane sulfonic acid/N – vinylpyrrolidone/dimethyl diallyl ammonium chloride quadripolymer as fluid loss additives. J Polymer Eng 2014; 34(2): 153 – 9. doi: 10.1515/polyeng–2013–0270.

[193] Patel AD, Stamatakis E, Young S. High performance water based drilling mud and method of use. US Patent 7497262, assigned to M – I L. L. C. (Houston, TX); 2009. URL: http://www.freepatentsonline.com/7497262.html.

[194] Patel AD, Stamatakis E, Young S. High performance water based drilling mud and method of use. US Patent 7514389, assigned to M – I L. L. C. (Houston, TX); 2009. URL: http://www.freepatentsonline.com/7514389.html.

[195] Zhong HY, Qiu ZS, Huang WA, Qiao J, Li HB, Cao J. The development and application of a novel polyamine water – based drilling fluid. Petroleum Sci Tech 2014; 32(4): 497 – 504. doi: 10.1080/10916466.2011.592897.

[196] Patel AD, Stamatakis E. Low conductivity water based wellbore fluid. US Patent 8598095, assigned to M–I L. L. C. (Houston, TX); 2013. URL: http://www.freepatentsonline.com/8598095.html.

[197] Patel AD. Low toxicity shale hydration inhibition agent and method of use. US Patent 8298996, assigned to M–I L. L. C. (Houston, TX); 2012. URL: http://www.freepatentsonline.com/8298996.html.

[198] Zhong HY, Qiu ZS, Huang WA, Cao J, Wang FW, Xie BQ. Inhibition comparison between polyether diamine and quaternary ammonium salt as shale inhibitor in water based drilling fluid. Energy Sources, Part A: Recovery, Utilization, and Environ – mental Effects 2013; 35(3): 218 – 25. URL: http://www.tandfonline.com/doi/abs/10.1080/15567036.2011.606871. doi: 10.1080/15567036.2011.606871.

[199] Miller RF. Shale hydration inhibition agent(s) and method of use. US Patent 8026198, assigned to Shrieve Chemical Products, Inc.; 2011. URL: http://www.freepatentsonline.com/8026198.html.

[200] Smith CK, Balson TG. Shale – stabilizing additives. US Patent 6706667; 2004. URL: http://www.freepatentsonline.com/6706667.html.

[201] Kubena Jr E, Whitebay LE, Wingrave JA. Method for stabilizing boreholes. US Patent 5211250, assigned to Conoco Inc. (Ponca City, OK); 1993. URL: http://www.freepatentsonline.com/5211250.html.

[202] Dérand H, Wesslén B, Wittgren B, Wahlund KG. Poly(ethylene glycol) graft copoly–mers containing carboxylic acid groups: Aggregation and viscometric properties in aqueous solution. Macromolecules 1996; 29(27): 8770–75.

[203] Carminati S, Brignoli M. Water based drilling fluid containing anions with a high hydrodynamic radius. US Patent 6500785, assigned to ENI S. p. A. (Rome, IT) Enitecnologie S. p. A. (San Donato Milanese, IT); 2002. URL: http://www.freepatentsonline.com/6500785.html.

[204] Carminati S, Guarneri A, Brignoli M. Drilling fluids comprising oil emulsions in water. US Patent 6632777, assigned to ENI S. p. A. (Rome, IT) Enitecnologie S. p. A (San Donato, IT); 2003. URL: http://www.freepatentsonline.com/6632777.html.

[205] Korzilius J, Minks P. Alkali – metal – carboxylate – containing drilling fluid having improved corrosion properties. US Patent 6239081, assigned to Clariant GmbH (Frankfurt, DE); 2001. URL: http://www.freepatentsonline.com/6239081.html.

[206] Miksic BA, Furman A, Kharshan M, Braaten J, Leth–Olsen H. Corrosion resis–tant system for performance drilling fluids utilizing formate brine. US Patent 6695897, assigned to Cortec Corporation (St. Paul, MN); 2004. URL: http://www.freepatentsonline.com/6695897.html.

[207] Wu Y. Corrosion inhibitor for wellbore applications. US Patent 5654260, assigned to Phillips Petroleum Company (Bartlesville, OK); 1997. URL: http://www.freepatentsonline.com/5654260.html.

[208] Enright D, Dye W, Smith M. An environmentally safe water based alternative to oil muds. SPE Drilling Eng 1992; 7(1). doi: 10.2118/21937–PA.

[209] Zijsling DH, Illerhaus R. Eggbeater PDC drillbit design eliminates balling in water based drilling fluids. SPE Drill Complet 1993; 8(4). doi: 10.2118/21933-PA.

[210] Bailey L, Grover B. Anti-accretion additives for drilling fluids. US Patent 6803346, assigned to Schlumberger Technology Corporation (Sugar Land, TX); 2004. URL: http://www.freepatentsonline.com/6803346.html.

[211] Patel AD. Aqueous based drilling fluid additive and composition. US Patent 5639715, assigned to M-I Drilling Fluids LLC; 1997. URL: http://www.freepatentsonline.com/5639715.html.

[212] Lynn JD, Nasr-El-Din HA. Formation Damage Associated with water based Drilling Fluids and Emulsified Acid Study. Society of Petroleum Engineers. ISBN 9781555633615; 1999, doi: 10.2118/54718-MS.

[213] Bishop S. The Experimental Investigation of Formation Damage Due to the Induced Flocculation of Clays Within a Sandstone Pore Structure by a High Salinity Brine. Society of Petroleum Engineers. ISBN 9781555634056; 1997, doi: 10.2118/38156-MS.

[214] Al-Yami A, Nasr-El-Din H, Al-Shafei M, Bataweel M. Impact of water based drilling-in fluids on solids invasion and damage characteristics. SPE Product Operat 2010; 25(1). doi: 10.2118/117162-PA.

[215] Bailey L, Boek E, Jacques S, Boassen T, Selle O, Argillier JF, et al. Particulate Invasion From Drilling Fluids. Society of Petroleum Engineers. ISBN 9781555633615; 1999, doi: 10.2118/54762-MS.

[216] Zain Z, Sharma M. Mechanisms of mudcake removal during flowback. SPE Drill Complet 2001; 16(4). doi: 10.2118/74972-PA.

[217] Moajil AMA, Nasr-El-Din HA, Al-Yami AS, Al-Aamri AD, Al-Agil AK. Removal of filter cake formed by manganese tetraoxide-based drilling fluids. In: SPE Inter-national Symposium and Exhibition on Formation Damage Control. Lafayette, Louisiana, USA: Society of Petroleum Engineers; 2008.

[218] Al-Yami ASHAB. Non-damaging manganese tetroxide water based drilling fluids. US Patent 7618924, assigned to Saudi Arabian Oil Company (Dhahran, SA); 2009. URL: http://www.freepatentsonline.com/7618924.html.

[219] Al-Yami ASHAB. Non-damaging manganese tetroxide water based drilling fluids. US Patent 7732379, assigned to Saudi Arabian Oil Company (Dhahran, SA); 2010. URL: http://www.freepatentsonline.com/7732379.html.

[220] Quintero L. Surfactant-polymer composition for substantially solid-free water based drilling, drill-in, and completion fluids. US Patent 7148183, assigned to Baker Hughes Incorporated (Houston, TX); 2006. URL: http://www.freepatentsonline.com/7148183.html.

[221] Neel KR. Gilsonite. In: Kirk-Othmer Encyclopedia of Chemical Technology; vol.11; 3 ed. New York: J. Wiley & Sons; 1980, p. 802-6.

[222] Christensen KC, Davis Neal I, Nuzzolo M. Water-wettable drilling mud additives containing uintaite. US Patent RE35163 assigned to American Gilsonite Comp.; 1996. URL: http://www.freepatentsonline.com/RE35163.html.

[223] Christensen KC, Davis IN, Nuzzolo M. Water-wettable drilling mud additives containing uintaite. EP Patent 0460067 assigned to American Gilsonite Company; 1996. URL: https://www.google.at/patents/EP0460067B1?cl=en.

[224] Christensen KC, Davis IN, Nuzzolo M. Water-wettable drilling mud additives containing uintaite. WO Patent 1990010043 assigned to Chevron Res. & Tech.; 1990. URL: https://www.google.at/patents/WO1990010043A1?cl=en.

[225] Christensen KC, Davis II N, Nuzzolo M. Water-wettable drilling mud additives con-taining uintaite. US Patent 5030365, assigned to Chevron Research Company (San Francisco, CA); 1991. URL: http://www.freepatentsonline.com/5030365.html.

[226] Rayborn Sr JJ, Dickerson JP. Method of making drilling fluid containing asphaltite in a dispersed state. US Patent 5114598, assigned to Sun Drilling Products Corporation (Belle Chasse, LA); 1992. URL: http://www.freepatentsonline.com/5114598.html.

[227] Patel BB. Liquid additive comprising a sulfonated asphalt and processes therefor and therewith. US Patent 5502030, assigned to Phillips Petroleum Company (Bartlesville, OK); 1996. URL: http://www.freepatentsonline.com/5502030.html.

[228] Anderson RL, Ratcliffe I, Greenwell HC, Williams PA, Cliffe S, Coveney PV. Clay swelling-A challenge in the oilfield. Earth-Sci Rev 2010; 98(3-4): 201-16.

[229] Mooney RW, Keenan AG, Wood LA. Adsorption of water vapor by montmoril-lonite. II. Effect of exchangeable ions and lattice swelling as measured by X-ray diffraction. J Am Chem Soc 1952; 74(6): 1371-4.

[230] Norrish K. The swelling of montmorillonite. Discuss Faraday Soc 1954; 18: 120-34.

[231] Patel AD, Stamatakis E, Davis E. Shale hydration inhibition agent and method of use. US Patent 6247543, assigned to M-I LLC (Houston, TX); 2001. URL: http://www.freepatentsonline.com/6247543.html.

[232] Klein HP, Godinich CE. Drilling fluids. US Patent 7012043, assigned to Hunts-man Petrochemical Corporation (The Woodlands, TX); 2006. URL: http://www.freepatentsonline.com/7012043.html.

[233] Tshibangu JP, Sarda JP, Audibert-Hayet A. A study of the mechanical and physico-chemical interactions between the clay materials and the drilling fluids: Application to the boom clay (Belgium) (etude des interactions mecaniques et physicochimiques entre les argiles et les fluides de forage: Application a l'argile de boom (Belgique)). Rev Inst Franc Pet 1996; 51(4): 497-526.

[234] Suratman I. A study of the laws of variation (kinetics) and the stabilization of swelling of clay (contribution a l'etude de la cinetique et de la stabilisation du gonflement des argiles). Ph. D. thesis; Malaysia; 1985.

[235] Chen M, Chen Z, Huang R. Hydration stress on wellbore stability. In: Proceedings Volume. 35th US Rock Mech Symp. (Reno, NV, 6/5-7/95). ISBN 90-5410-552-6; 1995, p. 885-888.

[236] Tan CP, Richards BG, Rahman SS, Andika R. Effects of swelling and hydrational stress in shales on wellbore stability. In: Proceedings Volume. SPE Asia Pacific Oil & Gas Conf. (Kuala Lumpur, Malaysia, 4/14-16/97); 1997, p. 345-9.

[237] Clapper DK, Watson SK. Shale stabilising drilling fluid employing saccharide derivatives. EP Patent 0702073 assigned to Baker Hughes Incorporated; 1996. URL: https://www.google.at/patents/EP0702073A1?cl=en.

[238] Reid PI, Craster B, Crawshaw JP, Balson TG. Drilling fluid. US Patent 6544933, assigned to Schlumberger Technology Corporation (Sugar Land, TX); 2003. URL: http://www.freepatentsonline.com/6544933.html.

[239] McKenzie N, Ewanek J. Method and composition for cleaning and inhibiting solid, bitumin tar, and viscous fluid accretion in and on well equipment. US Patent 6564869, assigned to M-I, L.L.C. (Houston, TX); 2003. URL: http://www.freepatentsonline.com/6564869.html.

[240] Duncan Jr WM. Drilling fluid and drilling fluid additive. US Patent 5587354, assigned to Integrity Industries, Inc. (Kingville, TX); 1996. URL: http://www.freepatentsonline.com/5587354.html.

[241] Duncan Jr WM. Low toxicity terpene drilling fluid and drilling fluid additive. US Patent 5547925, assigned to Integrity Industries, Inc. (Kingville, TX); 1996. URL: http://www.freepatentsonline.com/5547925.html.

[242] Chatterji J, Dealy ST, Crook RJ. Methods of removing water based drilling fluids and compositions. US Patent 6762155, assigned to Halliburton Energy Services, Inc. (Duncan, OK); 2004. URL: http://www.freepatentsonline.com/6762155.html.

[243] Deville J, Fritz B, Jarrett M. Development of water based drilling fluids customized for shale reservoirs. SPE Drill Complet 2011; 26(4). doi: 10.2118/140868-PA.

[244] Shenoy S, Gilmore T, Twynam A, Patel A, Mason S, Kubala G, et al. Guidelines for shale inhibition during openhole gravel packing with water based fluids. SPE Drill Complet 2008; 23(2). doi: 10.2118/103156-PA.

[245] Lee LJJ, Patel AD. Water based drilling fluids for reduction of water adsorption and hydration of argillaceous rocks. US Patent 5635458, assigned to M-I Drilling Fluids, L. L. C. (Houston, TX); 1997. URL: http://www.freepatentsonline.com/5635458.html.

[246] Ballard T, Beare S, Lawless T. Mechanisms of shale inhibition with water based muds. In: Proceedings Volume. IBC Tech. Serv. Ltd Prev. Oil Discharge from Drilling Oper. -The Options Conf. (Aberdeen, Scot, 6/23-24/93); 1993.

[247] Audibert A, Lecourtier J, Bailey L, Maitland G. Method for inhibiting reac-tive argillaceous formations and use thereof in a drilling fluid. WO Patent 1993015164 assigned to Inst Francais Du Petrole, Schlumberger Services Petrol, Schlumberger Technology Corp; 1993. URL: https://www.google.at/patents/WO1993015164A1? cl=en.

[248] Audibert A, Lecourtier J, Bailey L, Maitland G. Use of polymers having hydrophilic and hydrophobic segments for inhibiting the swelling of reactive argillaceous forma-tions. EP Patent 0578806 assigned to Services Petroliers Schlumberger, Institut Fran-cais Du Petrole; 1996. URL: https://www.google.at/patents/EP0578806B1? cl=en.

[249] Audibert A, Lecourtier J, Bailey L, Maitland G. Method for inhibiting reactive argillaceous formations and use thereof in a drilling fluid. US Patent 5677266, assigned to Inst. Francais Du Petrole; 1997.

[250] Jamaluddin AKM, Nazarko TW. Process for increasing near-wellbore permeability of porous formations. US Patent 5361845, assigned to Noranda, Inc. (Toronto, CA); 1994. URL: http://www.freepatentsonline.com/5361845.html.

[251] Reed MG. Permeability of fines-containing earthen formations by removing liquid water. CA Patent 2046792 assigned to Chevron Research And Technology Company, Marion G. Reed; 1993. URL: https://www.google.at/patents/CA2046792A1? cl=en.

[252] Kippie DP, Gatlin LW. Shale inhibition additive for oil/gas down hole fluids and methods for making and using same. US Patent 7566686, assigned to Clearwater International, LLC (Houston, TX); 2009. URL: http://www.freepatentsonline.com/7566686.html.

[253] Zeisel SH, da Costa KA. Choline: An essential nutrient for public health. Nutr Rev 2009; 67(11): 615-23. doi: 10.1111/j.1753-4887.2009.00246.x.

[254] Eoff LS, Reddy BR, Wilson JM. Compositions for and methods of stabilizing sub-terranean formations containing clays. US Patent 7091159, assigned to Halliburton Energy Services, Inc. (Duncan, OK); 2006. URL: http://www.freepatentsonline.com/7091159.html.

[255] Elkatatny S, Mahmoud M, Nasr-El-Din H. Characterization of filter cake generated by water based drilling fluids using CT scan. SPE Drill Complet 2012; 27(2). doi: 10.2118/144098-PA.

[256] Davies SN, Meeten GH, Way PW. Water based drilling fluid additive and methods of using fluids containing additives. US Patent 5652200, assigned to Schlumberger Technology Corporation (Houston, TX); 1997. URL: http://www.freepatentsonline.com/5652200.html.

[257] Melear S, Guidroz Jr JA, Schlegel G, Micho W. Non-poluting anti-stick water-base drilling fluid modifier and method of use. US Patent 5120708, assigned to Baker Hughes Incorporated (Houston, TX); 1992. URL: http://www.freepatentsonline.com/5120708.html.

[258] Lummus JL, Scott Jr PP. Drilling mud system. US Patent 3223622, assigned to Pan American Petroleum Corp. ; 1962. URL: http://www.freepatentsonline.com/3223622.html.

[259] Walker CO. Method for releasing stuck drill pipe. US Patent 4466486, assigned to Texaco Inc. (White Plains, NY); 1984. URL: http://www.freepatentsonline.com/4466486.html.

# 3 压 裂 液

在直井和水平井中均可通过压裂改造实现增产目的。在以下几种情况下可以进行水平井压裂[1]：

(1) 储层岩石垂直渗透率低、页岩储层或储层伤害引起的储层减产；
(2) 由于地层渗透率低引起的低产；
(3) 天然裂缝方向和诱导裂缝方向不一致，因此诱导裂缝截断天然裂缝的可能性更大；
(4) 储层和周围层的地应力存在明显的差异。

以上四种情况中，由于垂直井中裂缝会在高度和长度上生长，大型压裂施工不是一个合适的选择。水平井横向或纵向压裂是最佳选择，因为通过一个或多个裂缝可能引起储层产能的快速释放[1]。

## 3.1 增产技术对比

除了水力压裂，还存在酸化压裂或基质酸化等其他一些增产技术。水力压裂不仅适用于石油和天然气储层的增产，还适用于煤层气的增产。

压裂液通常分为水基压裂液、油基压裂液、醇基压裂液、乳化压裂液、泡沫压裂液等。一些文献综述中给出了关于水力压裂的基本原理和特定工况下特定压裂液体系的选择指南[2-4]。

聚合物水化、交联和降解是影响压裂液应用的关键因素。多年来压裂液在流变性、热稳定性和降低残渣含量等方面取得了长足进步。

## 3.2 特殊类型压裂液

### 3.2.1 黏弹性压裂液体系

黏弹性表面活性剂(VES)压裂液和传统的聚合物压裂液相比有如下优点[5]：
(1) 在储层具有高渗透率；
(2) 地层或储层伤害低；
(3) 压裂后增黏剂回收率高；
(4) 不需要酶或氧化剂降黏；
(5) 更易水化，达到最佳黏度更快。

黏弹性表面活性剂(VES)压裂液的缺点是表面活性剂成本高、耐盐性不高以及热稳定性差，限制了其在深井中的应用。但最近研究的黏弹性表面活性剂(VES)压裂液在一定程度上克服了这些缺点。

黏弹性表面活性剂(VES)压裂液由两性离子表面活性剂、芥酸酰胺丙基甜菜碱、阴离子聚合物、N-芥酸-N,N-二(2-羟乙基)-N-甲基氯化铵、聚萘磺酸盐、阳离子表面活性剂、甲基聚氧乙烯十八烷基氯化铵、聚氧乙烯椰油烷基胺组成[5,6]。该压裂液体系表现出良好的黏弹性。

典型的黏弹性表面活性剂(VESs)有 N-芥酸-N,N-二(2-羟乙基)-N-甲基氯化铵和油酸钾,当其与对应的水杨酸钠和氯化钾等活化剂混合时,溶液将形成凝胶[7]。

阳离子表面活性剂应可溶于有机和无机溶剂。通常,多个长链烷基官能团吸附在活性表面活性剂单元上能提高阳离子表面活性剂在碳氢化合物溶剂中的溶解性[7]。比如十六烷基三丁基膦离子和三辛基甲基铵离子。相反,适用于黏弹性溶液的阳离子表面活性剂需要将单直链长烃基团吸附在表面活性剂官能团上。因此,在提高溶液黏弹性和提高阳离子表面活性剂的溶解度方面存在矛盾。

为了兼顾阳离子表面活性提高溶液黏弹性能力和溶解能力,设计了既可溶于有机溶液又可溶于水的表面活性剂,这种表面活性剂能够满足可逆增稠水基井筒液对表面活性剂化合物的性能要求。

牛油酰氨基丙胺氧化物是一种非离子表面活性剂类交联剂[8]。与阳离子类表面活性剂相比,非离子表面活性剂本身对生态的破坏性更小,同时它比阴离子交联剂也更有效。

支链油脂的合成方法如下:2-甲基油酸甲酯(也叫2-甲基油酸酯)可以在嘧啶基催化剂条件下由油酸甲酯和甲基碘制备。然后将甲基酯水解,得到2-甲基油酸。

有文章报道,压裂液与 VES 交联剂接触后,黏度马上会降低。但是,研究发现,矿物油可以用作 VES 凝胶体系的破胶剂,从内部破坏 VES 凝胶体系的交联状态[9]。

在一定温度下,降黏速率受溶液中金属离子类型和浓度影响。另外,必须在水溶中加入 VES 组分后再加入低分子量矿物油,可以充分发挥低分子量矿物油的破胶效果。

通过使用打散凝胶内部结构的破胶剂混合物,可以配制 VES 流体的初始破胶剂和最终破胶剂。除了矿物油,脂肪酸化合物和细菌也可使用。

## 3.2.2 胶束聚合物

丙烯酸-2-乙基己酯和丙烯酸的共聚物中的酯官能团疏水,酸官能团亲水,但共聚物本身既不溶于水也不溶于碳氢化合物。粒径小于 $10\mu m$ 的含水悬浮液可用来制备水基压裂液[11]。丙烯酸-2-乙基己酯如图 3-1 所示。

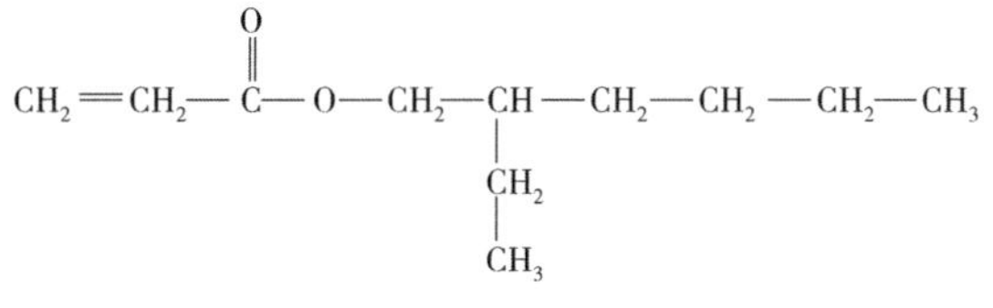

$$CH_2=CH_2-\overset{O}{\overset{\|}{C}}-O-CH_2-\underset{\underset{CH_3}{|}}{\overset{|}{C}H_2}-CH_2-CH_2-CH_2-CH_3$$

图 3-1 丙烯酸-2-乙基己酯

含 N-乙烯基内酰胺单体或含乙烯基磺酸盐单体的水溶性聚合物具有降低高温条件下滤失量和提高井筒流体其他性能的特点。褐煤、单宁和沥青材料可作为分散剂[12],用于改性的乙烯基单体如图 3-2 所示。

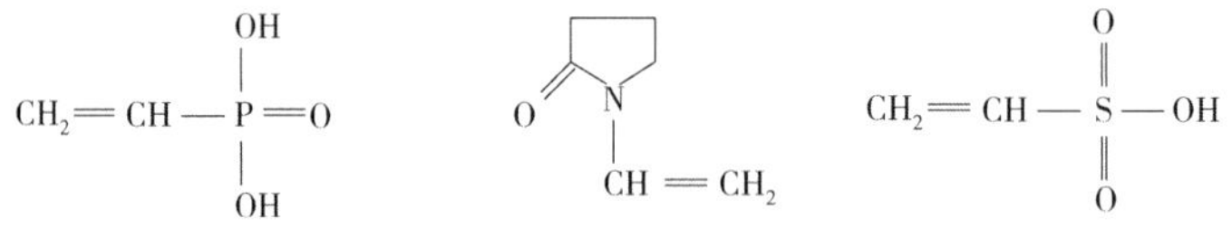

图 3-2 用于合成增稠剂的单体

#### 3.2.2.1 可降解聚合物

可降解热塑性丙交酯聚合物用于压裂液。丙交酯聚合物降解的主要机理是水解[13]。

#### 3.2.2.2 可生物降解配方

给出了生物可降解流体配方。在这些配方中多糖浓度不足以使可能污染储层的细菌繁殖。可降解井筒工作液中通常使用高黏度羧甲基纤维素(CMC)，这种可降解生物聚合物对多糖降解过程中产生的一种细菌酶非常敏感[14]。

另一方面，井筒工作液添加剂的可生物降解性也是一个问题[15]。通过一种简单的生化需氧量测试方法，即确定水中溶解氧的含量，研究了7种井筒工作液添加剂的生物降解性。淀粉的生物可降解性高，但含烯丙基单体的聚合物和含芳族官能团的添加剂的生物可降解性较低。

### 3.2.3 浓缩液

通过使用传统的批混技术可以实施压裂增产。施工过程中，首先将化学处理剂加入到配浆罐中，然后不断搅拌化学处理剂直到获得所需的凝胶流变性。如果施工比预计时间短，这种方法即会耗费时间又会加重油公司处理压裂液的经济成本。

如果流体可以根据需要交联，可以避免溢出或者排放时对环境造成污染。针对这一问题，研发了一种由水、甲醇和油组成的按需交联新型压裂液体系技术[16]。该工艺可以避免分批混合，并最大限度地减少化学品和基液的处理。客户仅对所使用的产品收费，并且几乎消除了废弃物处理时的环境问题。计算机化学添加和监测结合现场施工程序，确保整个施工过程中的质量控制。在施工过程中通过改变聚合物用量，可精确地改变流体的流变性。

在干粉类型批混工艺的基础上，形成了一套含有羟丙基瓜胶的柴油基浓缩液配方[17]。该浓缩液的应用降低了压裂工艺的复杂性。通过简化压裂作业后的废弃物处理，油田公司可以从该项技术中受益。

表 3-1 压裂液浆料浓缩液的组分

| 组分 | 实例 | 组分 | 实例 |
| --- | --- | --- | --- |
| 基础疏水溶剂 | 柴油 | 表面活性剂 | 乙氧基化壬基酚 |
| 悬浮剂 | 亲有机质黏土 | 水溶性聚合物 | 羟丙基瓜尔胶 |

表 3-1 给出了压裂液浆料浓缩液的组分[18]。当聚合物浆料浓缩液在合适的 pH 值下与水混合时，它会迅速地分散和水化，从而产生高黏度的含水压裂液。特别适用于现场条件下，配制大量的高黏度施工流体。浆料浓缩液中的表面活性剂如图 3-3 所示。

通过将聚合物加到含有黄原胶作为稳定剂的浓缩甲酸钠溶液中可制备含 15% 或者更高

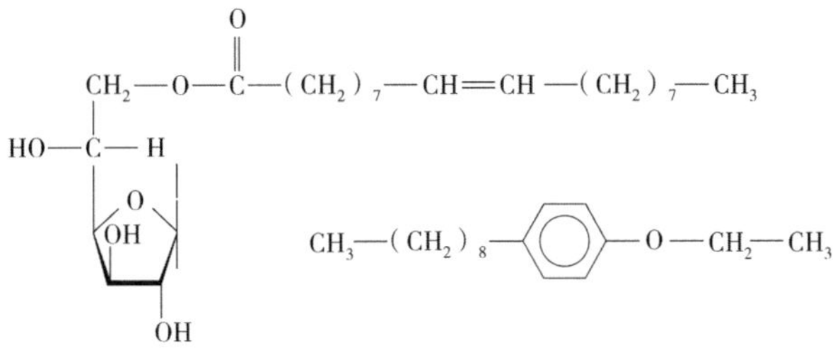

脱水山梨糖醇单油酸酯　　　　　乙氧基化壬基酚

图3-3　浆料浓缩液中的表面活性剂

的羟乙基纤维素（HEC）、疏水改性的纤维素醚，疏水改性的HEC，甲基纤维素，羟丙基甲基纤维素和聚环氧乙烷等的流化水悬浮液[19]。

黄原胶在加入甲酸钠之前是不溶于水的，因此将聚合物加入溶液中形成聚合物悬浮液。聚合物悬浮液可用作含水浓缩液以供进一步使用。

### 3.2.4　泡沫压裂液

通过对储层进行压裂作业，可以增加地层的导流能力。通常，在压裂过程中，以足够的压力和速率将流体注入地层，将地层压裂。压裂液需要具有足够的黏度，在高压、高剪切速率和一定的温度下将支撑剂输送到储层中，使储层产生压裂裂缝。支撑剂由诸如石英砂、玻璃珠、烧结铝土矿和陶粒等材料组成。支撑剂进入新形成的裂缝中，有助于压裂液返排后，仍然使裂缝保持开启状态，为碳氢化合物提供渗透率更大的流通，从而增加产量。常用的压裂液基液为凝胶或乳液。研究证明，泡沫流体也是一种良好的压裂液用基液[20]。泡沫由氮气、二氧化碳和水与合适的表面活性剂组成。由钻井液、凝胶和乳液组成的泡沫化合物将支撑剂泵入到地层中，使储层产生裂缝。与传统的压裂液体系不同，由于当压力降低时泡沫很容易从井中移除，降低了压裂液滞留体积，提高了压裂作业的清洁性。

在制作泡沫时，首先通过水或盐水、聚合物等交联剂和合适的表面活性剂制成压裂胶。其中，水或盐水中可以加入约20%的甲醇，压裂胶可以使用交联剂进行交联形成凝胶。凝胶形成后，加入发泡剂，向含有发泡剂的凝胶中充入二氧化碳、氮气、二氧化碳和氮气混合气体等，即可产生泡沫凝胶。

当压裂液基液为高黏聚合物基体系时，可以加入交联剂对其进行进一步交联。该体系具有以下优点：当含水流体被泵入地层时，该体系可以通过加入聚合物交联剂溶液为使压裂液基液交联形成凝胶。如果停止压裂，只需停止加聚合物交联剂即可停止压裂液水基流体成胶进程。因此，可以避免处理过量的凝胶所耗费的时间和成本。

然而，在某些情况下，高黏聚合物体系与使用烷基甜菜碱作为发泡剂的压裂凝胶不配伍[21]。而高黏聚合物为高分子量可溶解多糖时则可避免聚合物与发泡剂不配伍性的问题。推荐的多糖为羧甲基羟丙基钠瓜胶。

文献中描述了环境安全的泡沫压裂液[22,23]。该压裂液的主要成分包括水、交联剂、可产生足够泡沫的气体以及用于发泡和稳定的由水解角蛋白组成的水溶性凝胶添加剂组成。其中优选的交联剂为HEC，羧甲基羟乙基纤维素或接枝有乙烯基膦酸的HEC的纤维素衍生物。

优选的发泡剂为水解角蛋白。水解角蛋白可以通过水解蹄和角蛋白制造。在高压釜中用石灰加热蹄和角粉可以得到水解蛋白质。目前市场上在售的水解角蛋白产品为自由流动的粉末状物品，蛋白质含量为85%左右。

### 3.2.5 低摩阻压裂液

文献[24]中合成了一种有机硼锆交联剂并形成了一种低摩阻型压裂液。对该压裂液性能进行了室内评价具有良好的抗温性。在180℃高温、170$s^{-1}$剪切速率的条件下维持90min后，压裂液黏度达90mPa·s以上。

该压裂液具有延迟交联性能，完成交联反应需要120s，因此，可以较大程度的降低压裂液与管柱之间的摩擦阻力，减阻率在35%~70%的范围内。流体对地层岩心样品仅造成轻微损伤，岩心的平均渗透率伤害率为19.6%[24]。

### 3.2.6 滑溜水压裂液

在致密砂岩气藏压裂中使用滑溜水压裂液的一大难点是压裂返排液的回收处理[25]。超过60%的注入流体滞留在近井地带，对气体的相对渗透率和产能产生显著的负面影响。被圈闭的压裂液可能是由于裂缝地层附近的毛细管力造成的。对于致密气藏的岩石表现为强水湿，在毛细管力作用下会自发吸入压裂液，将岩石孔隙封堵。

通常在滑溜水中添加合适的表面活性剂来降低工作液和气体之间的表面张力。表面活性剂一旦与储层岩石接触就会吸附在岩石表面上，使压裂液的表面张力降低。压裂液表面张力降低能够有效地降低低渗透性储层中岩石的毛细管力，从而降低浸入地层的压裂液从低渗透性岩心驱出的压差，进而有利于破坏水和凝析油造成的液相圈闭，减少液体在储层中的滞留量，增加天然气的相对渗透率。

在使用微乳液提高压裂液返排效果方面取得了一定的研究成果。与其他表面活性剂相比，由阴离子表面活性剂、非离子表面活性剂、短链醇和水配制而成的环境友好型微乳液在降低油水界面张力方面展现了非常好的效果。

该微乳液在高盐和低盐度流体中均具有优异的性能[25]。

### 3.2.7 环境友好型压裂液

研发了一种无毒、环保、绿色的压裂液助排剂，加入压裂液后可以降低压裂过程中对储层裂缝造成的液锁伤害。这种环境友好的化合物可以通过再生资源加工制备，主要包括[26]：

（1）低分子量醇和低分子量有机酸的水溶性酯；
（2）低分子量醇和高分子量脂肪酸的油溶性酯；
（3）源于动植物水溶性或分散性非离子表面活性剂；
（4）源于动植物的阴离子或两性表面活性剂；
（5）水。

常用酯和表面活性剂见表3-2。

表 3-2 酯和表面活性剂[26]

| 水溶性酯 | 有机溶解性酯 | 非离子表面活性剂 | 水溶性酯 | 有机溶解性酯 | 非离子表面活性剂 |
|---|---|---|---|---|---|
| 乙酸乙酯 | 乳酸甲酯 | 环氧乙烷 | | 甘氨酸乙酯 | |
| 醋酸丙酯 | 醋酸丁酯 | 甲基环氧乙烷 | | 丙酸琥珀酸丙酯 | |
| 乳酸丙酯 | 琥珀酸甲酯 | 月桂醇 | | 大豆酸甲酯 | |
| 乳酸乙酯 | 琥珀酸乙酯 | 肉豆蔻醇 | | 大豆酸乙酯 | |
| | 月桂酸乙酯 | 棕榈醇 | | 丙基大豆油 | |
| | 月桂酸甲酯 | 油醇 | | 甲基椰油酸酯 | |
| | 丙酸月桂酯 | 芥子醇 | | 椰油酸乙酯 | |
| | 油酸甲酯 | 聚葡糖苷 | | 丙基椰油酸酯 | |
| | 油酸乙酯 | | | 芥酸甲酯 | |
| | 油酸丙酯 | | | 芥酸乙酯 | |
| | 甲基胆嘧啶 | | | 芥酸丙酯 | |

## 3.3 压裂液添加剂

文献[27]详细介绍了市售压裂液添加剂。表 3-3 列出了压裂液处理剂的主要成分和功能。

特别地,表 3-3 尤其还反映了压裂液配方的复杂性。一些添加剂不能同时使用,例如在水基体系中的添加亲油凝胶,90% 以上的井筒工作液都是亲水性的。多年研究和应用证明,水基工作液体系经济性强,各项性能维护简单,配套的处理剂也非常完善。压裂液添加剂有两个目的[28]:

(1) 提高造缝能力和支撑剂承压能力;
(2) 尽量减少储层伤害。

有助于提高压裂液造缝能力的添加剂,包括增黏剂(例如聚合物,交联剂)、温度稳定剂、pH 值控制剂和降滤失材料。使用诸如破胶剂、杀菌剂、表面活性剂、黏土稳定剂和气体之类的添加剂可以降低储层伤害。表 3-4 总结了水力压裂中使用的各种类型的压裂液。

表 3-3 压裂液成分

| 成分/类别 | 功能/备注 |
|---|---|
| 水基聚合物 | 用于输送支撑剂的增稠剂,可减少储层漏失 |
| 减阻剂 | 减少流动阻力 |
| 降滤失剂 | 形成滤饼,如果稠度不够时可减少地层漏失 |
| 降黏液 | 完工后降低稠度或使交联剂失效(各种不同的化学机理) |
| 乳化剂 | 用于柴油预混凝胶 |
| 黏土稳定剂 | 用于含黏土地层 |
| 表面活性剂(不含乳化剂) | 防止水润湿地层 |
| pH 值控制剂 | 增加流体稳定性(比如,高温稳定性) |

续表

| 成分/类别 | 功能/备注 |
|---|---|
| 交联剂 | 增加稠化剂黏度 |
| 起泡剂 | 用于泡沫基压裂液 |
| 凝胶稳定剂 | 长时间保持凝胶活性 |
| 消泡剂 | |
| 油胶剂 | 类似于油基压裂液交联剂 |
| 杀菌剂 | 防止微生物降解 |
| 水基凝胶体系 | 普通 |
| 交联凝胶体系 | 增加黏度 |
| 醇水体系 | |
| 油基体系 | 用于水敏感地层 |
| 聚合物封堵 | 也用于其他工况 |
| 凝胶浓缩液 | 在柴油基中预混凝胶 |
| 树脂涂层支撑剂 | 支撑剂材料 |
| 陶粒 | 支撑剂材料 |

表3-4 不同类型的水力压裂液

| 类型 | 备注 | 类型 | 备注 |
|---|---|---|---|
| 水基压裂液 | 占主要类型 | 非复合凝胶水基压裂液 | 技术简单 |
| 油基压裂液 | 水敏,增加火灾危险 | 氮气—泡沫基压裂液 | 快速清洁 |
| 醇基压裂液 | 很少使用 | 复合凝胶水基压裂液 | 通常为最优解决方案 |
| 乳化压裂液 | 高压,低温 | 预混合凝胶浓缩液 | 提高后勤工作量 |
| 泡沫基压裂液 | 低压,低温 | 原位沉淀技术 | 减少结构成分[29,30] |

## 3.3.1 稠化剂和交联剂

交联剂也称为增黏剂。交联剂能够将压裂液形成凝胶,从而增加其黏度[31]。

常用的交联剂包括瓜尔胶、黄原胶、韦兰胶、刺槐豆胶、印度胶、刺梧桐树胶、罗望子胶和黄蓍胶。解聚的瓜尔胶是一种合适的解聚胶。瓜尔胶可以经过官能团改性,得到羟乙基瓜尔胶、羟丙基瓜尔胶和羧甲基瓜尔胶。水溶性纤维素醚包括甲基纤维素、CMC、HEC和羟乙基羧甲基纤维素[31]。

人工聚合物为丙烯酰胺(AAm)、甲基丙烯酰胺(MAm)、丙烯酸(AA)、马来酸酐(MA)的共聚物。其他类型的共聚物可以是2-丙烯酰胺基-2-甲基丙磺酸(AMPS)衍生物和N-乙烯基吡咯烷酮[31]。

天然多糖及其衍生物是形成水溶性增黏剂的主要官能团,通常用作增稠剂以提高工作液黏度[32]。其他合成聚合物和生物聚合物在应用中能够起到辅助增黏作用。低浓度聚合物即可增加压裂液的黏度,从而提高支撑剂的携带和降低压裂液滤失[37]。表3-5给出了适用于压裂液的聚合物。

表 3-5 适用于压裂液的稠化剂

| 稠化剂 | 参考文献 | 稠化剂 | 参考文献 |
| --- | --- | --- | --- |
| 羟丙基瓜尔胶① | | n-乙烯基己内酰胺单体，乙烯磺酸盐聚合物③ | [12] |
| 半乳甘露聚糖② | [33] | 网状细菌纤维素④ | [35] |
| HEC-改性的乙烯基膦酸 | [34] | 细菌黄原胶⑤ | [36] |
| 羧甲基纤维素 | | | |

①与淀粉相比，增黏能力高达 8 倍。
②与硼基交联剂一起使用时可以提高高温稳定性。
③抗温能力强。
④流变性能优良。
⑤增黏能力强。

瓜尔胶分子结构如图 3-4 所示。在羟丙基瓜尔胶中，一些羟基被环氧官能团醚化。油基压裂液用凝胶的配方与水基凝胶不同。油基压裂液凝胶的配方包括交联剂、磷酸酯、交联剂、多价金属离子、催化剂和季铵化脂肪胺。

#### 3.3.1.1 瓜尔胶

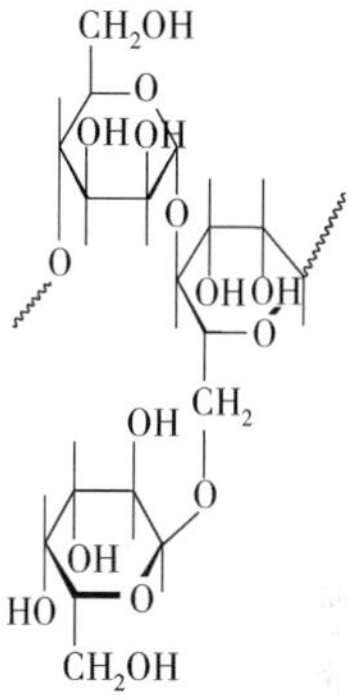

传统压裂液通常用瓜尔胶和瓜尔胶衍生物进行增黏。瓜尔胶系列增黏剂大多为粉末状产品，溶于水后能够有效提高流体黏度。使用瓜尔胶或其衍生物的两种产品以及合适的交联剂，能够使工作液的黏度控制在合适的范围。常用的交联剂包括非离子型、阴离子型或阳离子型[38]。

事实上，瓜尔胶是一种从瓜尔胶类植物瓜尔豆中提取支链多糖，最初来自印度，现在在美国南部也有发现，分子量约为 220 kDa。它由主链中的甘露糖和侧链中的半乳糖组成，甘露糖与半乳糖的比例为 2∶1。

具有甘露糖主链和侧链的多糖与甘露糖不同，根据多糖的命名法，称为异马尼亚胺，也叫半乳糖甘露多糖。因此，瓜尔胶的衍生物有时被称为半乳糖甘露多糖。

图 3-4 瓜尔胶结构单元

羟丙基瓜尔胶是一种能够进一步发生交联反应的聚合物，由于具有理想的流变性、经济性和水溶性，被广泛地应用于压裂液增黏剂。非乙酰化黄原胶是黄原胶的改性产品，能够与瓜尔胶发生协同作用，使其在较低聚合物浓度下表现出优异的黏度，提高压裂液对支撑剂的携带能力。

静态滤失试验表明，分别由硼酸盐交联和锆酸盐交联的羟丙基瓜尔胶流体滤失量大体相当[39]。应力敏感性研究表明，锆酸盐滤饼具有黏弹性，但硼酸盐滤饼仅具有弹性。非交联流体在不同渗透率岩心上都不能形成滤饼，主要通过流体在孔隙中的黏弹性降低压裂液的滤失量。

在瓜尔胶化合物胶凝的水溶液中加入乙二醇（EG）等二元醇，可以增加流体的特性黏度并提高流体的抗盐能力。特别地，凝胶化的水溶液在高温下［如在 27~177℃（80~350 ℉）的范围内］更稳定。

这一发现使得瓜尔胶可以在高温下使用。为了尽可能的降低水力压裂后的储层伤害程度，可以在使用少量的瓜尔胶聚合物下，通过添加乙二醇来获得相同的黏度[40]。

交联剂通常为硼酸盐、钛酸盐或锆酸盐类化合物。通过添加过硫酸钠可以改善凝胶的稳定性[40]。如图3-5所示，研究了加入2.4kg/m³瓜尔胶和5%KCl的盐水体系在93℃(200°F)下黏度随乙二醇加量的变化规律。

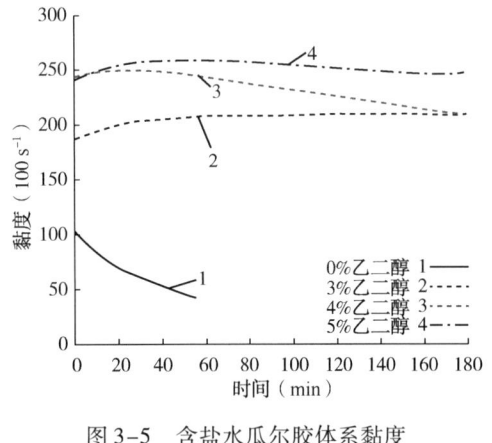

图3-5 含盐水瓜尔胶体系黏度随乙二醇加量的关系

有文献证明，瓜尔胶衍生物阴离子半乳甘露聚糖是一种有效的增黏剂，其羟基被AMPS和1-烯丙氧基-2-羟丙基磺酸产生的磺酸盐基团部分酯化[41]。单独使用阴离子半乳甘露聚糖或与阳离子聚合物复配使用时，具有良好的溶解分散性能，可以有效的提高基液的黏度。多羟基化合物可以通过各种反应进行改性。尽管聚合物骨架的仲羟基也可以进行改性，但$C_6$上的伯羟基活性更强，更易改性[38]。

图3-6为以葡萄糖作为初始化合物的醚化反应，其中如图3-7所示的乙烯基化合物特别适用于瓜尔胶的改性。

在高度浓缩的瓜尔胶混合物中加入酯油后稳定性显著增加。一方面是由于酯基与瓜尔胶基固体颗粒的高亲水性外表面之间产生相互作用；另一方面是酯油使瓜尔胶基固体颗粒更密集[38]。

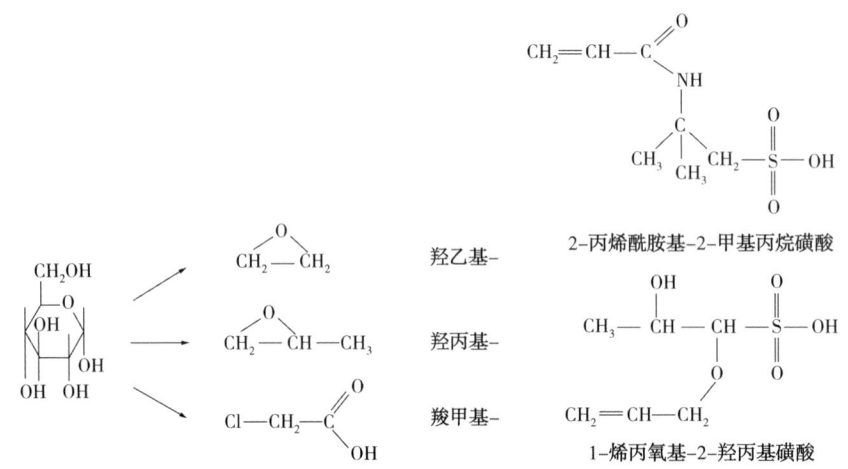

图3-6 多羟基化合物的改性　　图3-7 瓜尔胶的乙烯基改性

硼酸盐交联的半乳甘露多糖压裂液具有更好的抗温能力。在含有半乳甘露多糖聚合物压裂液中加入溶解速率慢的微溶硼酸盐可以提高压裂液的高温稳定性。高温条件下，通过硼酸盐溶解提供硼源，从而增强半乳甘露多糖聚合物的交联性。聚合物还可降低压裂液的漏失量。

#### 3.3.1.2 羟乙基纤维素

在过氧化氢和亚铁盐的条件下，HEC可以与乙烯基膦酸形成接枝共聚物，实现对HEC进行乙烯基膦酸化学改性。

直链淀粉和纤维素分子结构如图3-8所示。直链淀粉由水溶性线性葡萄糖聚合物以及不溶于水的支链组成。直链淀粉和纤维素之间的差异在于葡萄糖单元的连接方式。在直链淀粉中，存在α-连接，而在纤维素中，存在β-连接。由于这种差异，导致直链淀粉可溶于水而纤维素不溶于水。化学改性可以使纤维素变得易溶于水。

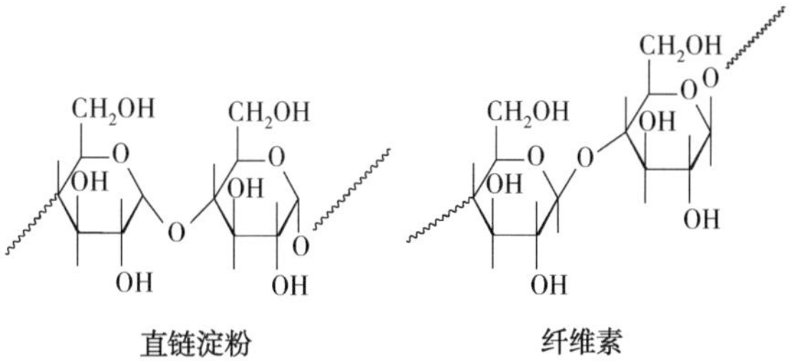

图 3-8 直链淀粉和纤维素分子结构

改性 HEC 可以作为水力压裂液的增稠剂[34]。多价金属阳离子可用于交联聚合物分子以进一步增加水溶液的黏度。

#### 3.3.1.3 生物技术产品

（1）葛兰胶和韦兰胶。

葛兰胶是由假单胞菌（Pseudomonas elodea）属的细菌产生的细胞外多糖的总称。葛兰胶是一种线性阴离子多糖，分子量为 500kDa。它由 1,3-β-d-葡萄糖，1,4-β-d-葡糖醛酸，1,4-β-d-葡萄糖和 1,4-α-α-鼠李糖组成，其分子结构如图 3-9 所示。

通过有氧发酵可以制得到温伦胶。温伦胶的骨架与结冷胶相同，但它还具有由左旋甘露糖或左旋鼠李糖组成的侧链[35]。温伦胶可用于降滤失剂，且在碱性溶液中与钙离子具有非常好的配伍性。

（2）网状细菌纤维素。

由细菌产生的具有交织网状结构的纤维素具有与其他常规纤维素不同的性质和功能。当添加到含水体系中时，网状细菌纤维素可在各种条件下改善流体流变性和颗粒悬浮性[35]。试验结果表明，与其他增黏剂相比，使用网状细菌纤维素改善压裂液各项性能方面具有较大的经济优势。

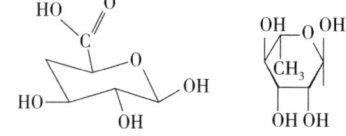

图 3-9 葛兰胶单体分子结构

（3）黄原胶。

黄原胶是一种由假黄单胞菌属发酵产生的单孢多糖。1964 年开始进行商业生产。如表 3-6 和图 3-10 所示，黄原胶是一种水溶性多糖聚合物，具有重复单元[42]。

表 3-6 黄原胶变种

| 黄原胶名称 | 重复单元 | 比例 |
|---|---|---|
| 五聚体 | D-葡萄糖：D-甘露糖：D-葡糖醛酸 | 2:2:1 |
| 四聚体 | D-葡萄糖：D-甘露糖：D-葡糖醛酸 | 2:1:1 |

D-葡萄糖分子各重复单元间以 β-(1,4) 构型连接。D-甘露糖分子各重复单元间以 α-(1,3) 构型连接，通常以交替的葡萄糖的形式连接。D-葡糖醛酸分子重复单元以 β-(1,2) 构型与甘露糖的重复单元连接。其他类型的甘露糖以 β-(1,4) 构型与葡糖醛酸连接。

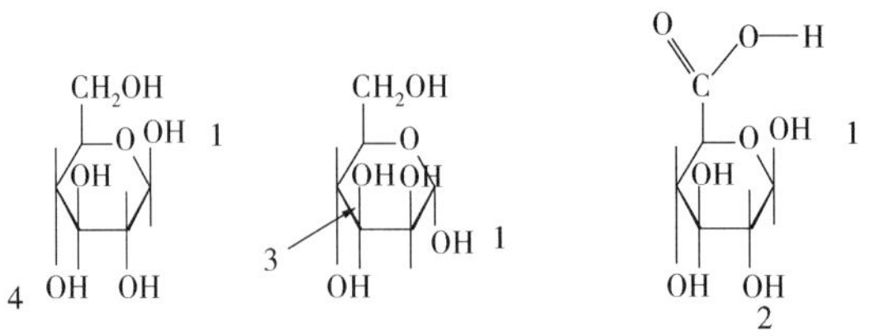

β-D-(+)葡萄糖　　α-D-(+)甘露糖　　β-D-(+)葡萄糖醛酸

图 3-10　碳水化合物和衍生物

油田使用的黄原胶大多是含有 8%~15% 聚合物的发酵液。与其他黄原胶相比，其黏度对温度的依赖性较小。

### 3.3.2　减阻剂

通过延迟交联的压裂液可以有效的降低泵送过程中的摩擦阻力，此外还可以通过添加特定处理剂来减少阻力。在油井压裂中，瓜尔胶作为减阻剂，进行了第一次现场应用。目前瓜尔胶压裂作业中应用非常普遍[43]。水力压裂液中添加少量细菌纤维素(0.60~1.8 g/L)可提高其流变性，降低泵送阻力，同时提高压裂液对支撑剂的悬浮性能。

### 3.3.3　降滤失剂

降滤失剂是一种在钻井液和压裂液中广泛使用的处理剂。当压裂区域渗透率高时，压裂液沿着裂缝滤失，压裂液以及压裂液中的降滤失剂会造成储层基质渗透率下降。

对于储层厚度较小，非均质性强的高渗透性地层，多种压裂工艺改造地层后，表皮系数仍然为正，说明压裂液伤害了裂缝断面[44]。如果压裂液的漏失量较小，那么压裂液伤害储层则只是储层伤害的一个次要因素。

因此，如果压裂液滤失量较低，即使表皮系数为正数，压裂液造成的渗透率伤害也是可以接受的。压裂设计的首要目标是压裂产生裂缝后，使裂缝的导流能力最大化。在高渗透率地层压裂中，推荐使用含有交联剂和破胶剂的高浓度交联聚合物压裂液。

降滤失剂可能降低支撑剂充填层的导流能力[51]。在高渗透性地层中，裂缝尖端处的剪切速率较高，不利于在储层岩石表面形成滤饼，从而增加压裂液喷射过程中的滤失量。因此，在压裂施工过程中，要求压裂液添加剂具有储层保护性能，例如使用可酶降解的降滤失剂等。表 3-7 给出了一些适用于水力压裂液的降滤失剂。

表 3-7　水力压裂液降滤失剂

| 名称 | 参考文献 | 名称 | 参考文献 |
| --- | --- | --- | --- |
| 碳酸钙和木质磺酸盐① | [45, 46] | 羟丙基淀粉② | [47—49] |
| 天然淀粉 | [47—49] | 瓜尔胶交联的 HEC③ | [50] |
| 羧甲基淀粉 | [47—49] | 淀粉颗粒和云母片 | [50] |

①加入韦兰胶或黄原胶聚合物来悬浮碳酸钙和木质素磺酸盐。
②协同效应，见下文。
③渗透率为 500mD。

含有微凝胶的降滤失剂：聚合物微凝主要为具有水溶性和水溶胀性网络结构的交联聚合

物凝胶化颗粒。

钻井液中添加架桥颗粒有利于形成致密滤饼。在没有架桥颗粒的情况下，聚合物微凝胶可以形成有效的滤饼，但是滤饼难以清除。

聚合物微凝胶是一种由合适的单体和交联剂合成的聚合物产品。连续介质中的分散聚合是合成微凝胶主要方法。

聚合物微凝胶颗粒可以由丙烯酰胺和二乙二醇二甲基丙烯酸酯在乙醇中的共聚合制备（聚乙烯基吡咯烷酮作分散剂）。使用N，N-乙烯-双-丙烯酰胺代替二乙二醇二甲基丙烯酸酯作交联剂。2,2-偶氮二异丁腈为引发剂。文献[51]中给出了详细的几种制备微凝胶的方法。

制备的交联聚合物微凝胶颗粒，通常在连续介质中不溶或溶胀。交联剂作为引发剂，使聚合物与其他大体发生支链反应，形成聚合物微凝胶[51]。

文献[52]报道了含双亲分散剂的水基降滤失剂。该降滤失剂是一种遇水膨胀性AMPS无规共聚物，枯烯磺酸钠助溶剂为分散剂。

助溶剂因具有增加某些化合物的水溶性的能力而被称为助溶剂。助溶剂含有亲水和疏水官能团。分子的疏水部分是苯取代的非极性链。例如，N-丁基苯、十二烷基苯、二甲苯和枯烯。亲水性极性链是阴离子磺酸盐基团，同时带有相反电荷，如铵、钙、钾或钠离子。

将芳烃溶剂磺化可以制备助溶剂。例如，甲苯、二甲苯或枯烯。使用适当的碱（例如氢氧化钠）中和所得的芳族磺酸可以得到磺酸盐[52]。

通常，水溶性助溶剂的疏水集团较小，不会出现的自身聚集行为。自聚集作用类似于表面活性剂胶束的形成。但也有一些助溶剂可以产生自聚集作用。助溶剂的自聚集通常以逐步的方式形成，这一过程中聚集体尺寸逐渐增加。

与表面活性剂临界胶束浓度不同的是，助溶剂通常不具有发生自聚集的临界浓度。相反，助溶剂自聚集的能力与助溶剂的化学结构相关性更强[52]。

#### 3.3.3.1 可降解降滤失剂

天然淀粉（玉米淀粉）和化学改性淀粉（羧甲基和羟丙基衍生物）加酶的混合物常用作压裂液的降滤失剂[53,54]。酶可降解淀粉的$\alpha$-键，但当用作增稠剂时，它不会降解瓜尔胶和改性瓜尔胶的$\beta$-键。

#### 3.3.3.2 渗透型压裂液添加剂

文献[55]中描述了一种压裂材料，由黏性可固化载体材料和嵌入载体材料中的纤维组成。嵌入可固化载体材料中的纤维可提高固体支撑基质的渗透性。

纤维可以是合成纤维或天然纤维。聚四氟乙烯、尼龙、聚酯、丙烯酸和聚烯烃制成的纤维是合成纤维。合成纤维是人造的，而天然纤维是天然存在的纤维。聚四氟乙烯纤维当与可固化的载体材料如水泥混合时效果良好，因为聚四氟乙烯纤维可以形成渗透性强的网络通道。

合成纤维可以通过挤注制备。例如可以以一定的压力将具有流动状态的合成材料挤入孔隙中，形成线状的纤维。天然纤维则来自植物或动物，如纤维素纤维[55]。

#### 3.3.3.3 颗粒状淀粉和云母

文献[50]中描述了一种由颗粒状淀粉化合物和细颗粒云母组成的降滤失剂。含该处理剂的压裂液取得了应用。要想穿透近井地带并压破地层，一方面需要以足够大的速率和压力将压裂液注入井眼,使井底压力大于地层的破裂压力;另一方面压裂液中需要添加一定量降滤失剂。

#### 3.3.3.4 解聚淀粉

与没有部分解聚的同类淀粉衍生物相比,部分解聚的淀粉在更低黏度下降滤失效果更好[56]。

#### 3.3.3.5 可控降解降滤失剂

用于压裂液的降滤失剂包括天然和改性淀粉以及酶的混合物[54]。酶可降解淀粉的α-键,但在用作增稠剂时不会降解瓜尔胶和改性瓜尔胶的β-键。

天然或改性淀粉的优选比例为3:7至7:3,最佳比例为1:1,混合物以干燥形式在地面混合,加入压裂液中配制压裂液。推荐使用羧甲基和羟丙基衍生物改性淀粉。天然淀粉可以是玉米、马铃薯、小麦和大豆淀粉,推荐使用玉米淀粉。

混合物包括两种或多种改性淀粉混合物,以及天然和改性淀粉混合物。可以使用表面活性剂对淀粉进行表面处理以促进分散到压裂液中。表面活性剂有脱水山梨糖醇单油酸酯、乙氧基化丁醇或乙氧基化壬基酚等。改性淀粉或具有宽粒度分布的改性淀粉和天然淀粉的混合物比天然淀粉的降滤失效果更强,能够提高压裂液的造缝能力[57]。淀粉可以通过氧化或细菌降解。

文献中描述了一种降滤失剂,其通过快速形成具有低渗透性的滤饼,降低压裂液的喷射漏失量和漏失速率来帮助获得所需的几何形状裂缝[57]。在压裂施工完成后,降滤失剂容易降解。该添加剂具有宽的颗粒尺寸分布,在压裂液中分散性好,能够有效封堵多种渗透率范围的地层。

降滤失剂由改性淀粉混合物、一种或多种改性淀粉和一种或多种天然淀粉的混合物组成。通过氧化反应或天然存在于地层中的细菌,该处理剂可以降解为水溶性物质。通过添加过硫酸盐和过氧化物等氧化剂可以加速氧化。

### 3.3.4 pH值调节剂

缓冲液是调节和维持pH值所必需的。缓冲液可以是弱酸和弱碱的盐,如碳酸盐、碳酸氢盐和磷酸氢盐[58]。推荐使用弱酸如甲酸、富马酸和氨基磺酸。表3-8和图3-11和图3-12给出了常用的水基缓冲液成分。

表3-8 常用缓冲液

| 缓冲剂 | $pK_a$ | 缓冲剂 | $pK_a$ |
| --- | --- | --- | --- |
| 氨基磺酸/氨基磺酸盐 | 1.0 | 氨铵盐 | 9.3 |
| 甲酸/甲酸盐 | 3.8 | 碳酸氢盐/碳酸盐 | 10.4 |
| 乙酸/乙酸盐 | 4.7 | 富马酸/富马酸氢盐 | 3.0 |
| 磷酸二氢盐/磷酸氢盐 | 7.1 | 苯甲酸/苯甲酸盐 | 4.2 |

例如,通过向压裂液中加入碳酸氢钠可将压裂液的pH值升高至9.2~10.4,从而实现提高瓜尔胶的耐温性。

### 3.3.5 黏土稳定剂

随着对含黏土地层的研究不断深入,维持黏土稳定机理和处理剂研究方面取得了长足进

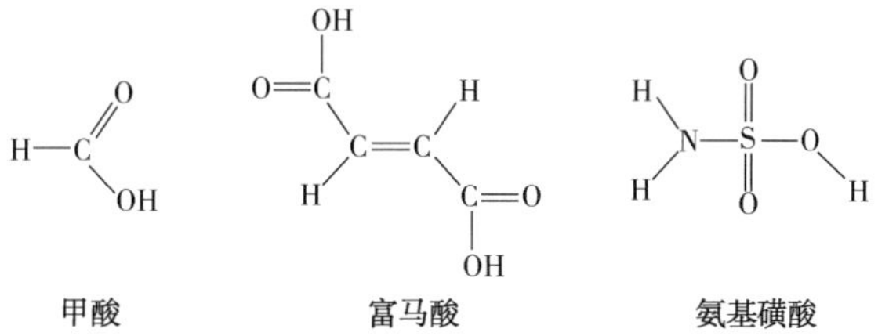

图 3-11 弱有机酸分子结构

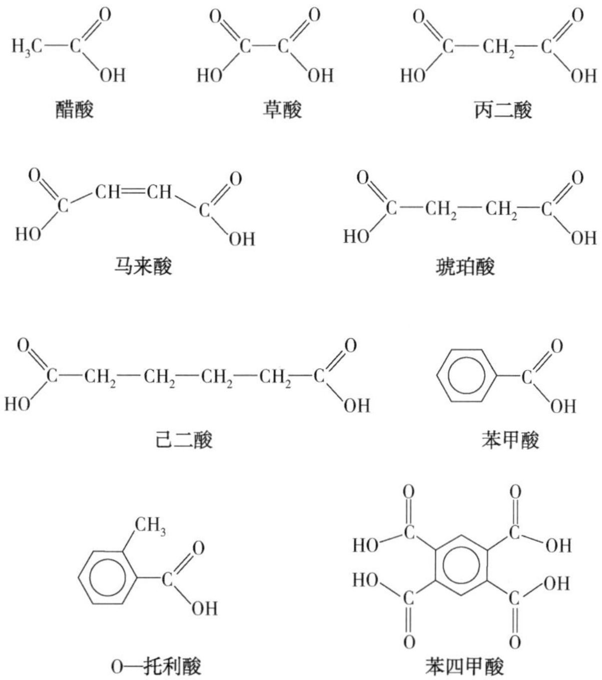

图 3-12 羧酸和二元羧酸分子结构

步。大多数黏土稳定剂是高分子量阳离子有机聚合物。但研究表明这些黏土稳定剂在低渗透性地层中效果不明显[59]。

#### 3.3.5.1 盐

在钻井、完井和修井过程中，无机盐作为临时/短时黏土稳定剂已使用多年，如氯化钾和氯化钠。由于无机盐可能造成环境破坏，许多运营商已经寻找替代它们的处理剂。

最近的研究揭示了阳离子的物理性质(例如，$K^+$、$Na^+$)与临时/短时黏土稳定效率之间的关系[67,68]。可以利用这些性质来合成一种比盐更高效有机阳离子黏土稳定剂(表3-9)并应用于石油行业。

酸化和压裂施工中使用黏土稳定剂可以提高酸化压裂效果。通过添加更低浓度的盐可以达到相同的黏土稳定效果。其中液体黏土稳定剂产品更易于处理和运输。同时液体黏土稳定剂可生物降解，具有环保性能。

表 3-9 黏土稳定剂

| 化合物名称 | 参考文献 | 化合物名称 | 参考文献 |
|---|---|---|---|
| 氯化铵 | | N,N-二烷基吗啉鎓卤化物③ | [62, 63] |
| 氯化钾① | [60] | MA 的均聚物与烷基二胺的反应产物④ | [64] |
| 二甲基二烯丙基铵盐② | [61] | 四甲基氯化铵和氯甲烷 | [65] |
| N-烷基吡啶鎓卤化物 | | 乙烯-氨缩聚物的季铵盐④ | |
| N,N,N-三烷基苯基卤化铵 | | 季铵化物⑤ | [66] |
| N,N,N-三烷基苄基铵卤化物 | | | |

①加入到含有柴油基质的凝胶浓缩液中。
②最低 0.05% 以防止黏土膨胀。
③烷基为甲基、乙基、丙基和丁基。
④通过协同地阻止黏土层吸收水。
⑤羟基取代的烷基放射状物。

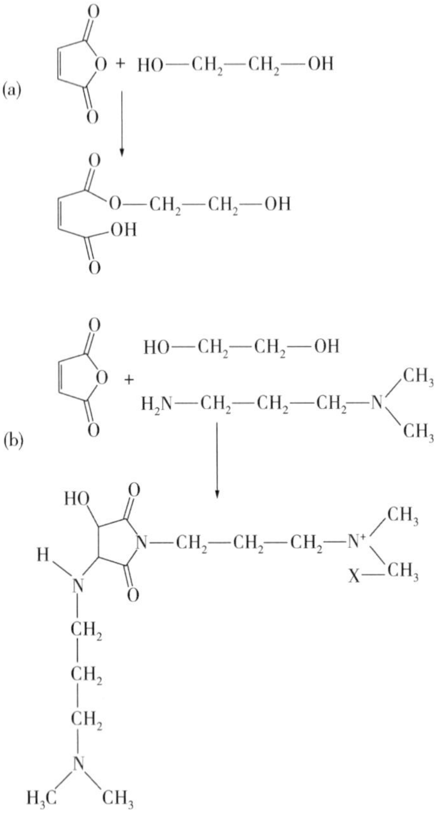

### 3.3.5.2 马来酰亚胺盐酸盐

含马来酸酐聚合物的酰亚胺盐化合物可作为黏土稳定剂。马来酸酐与二胺(如,二甲基氨基丙胺二胺)在乙二醇溶液中反应可以合成马来酸酐聚合物的酰亚胺盐[69]。反应过程中,二甲基胺基丙胺的伯胺形成酰亚胺键。此外,该官能团还可能会与马来酸酐的双键发生加成反应。此外,乙二醇既可以和双键发生加成反应,也可以与酸酐本身缩合。当这些反应重复进行时,可以形成寡聚物。其反应机理如图 3-13 所示。

最后,用乙酸或甲磺酸将产物 pH 值中和至 4,使用班德拉砂岩进行测试性能。用甲磺酸中和的物质比用乙酸略少。该化合物非常适合水基水力压裂液。

### 3.3.6 杀菌剂

在含瓜尔胶或其他天然聚合物的水力压裂液加入杂环硫化物可防止细菌繁殖。该方法可防止压裂液出现任何不需要的降解,例如高温下流变性降低(这是进行水力压裂操作所必须的)。表 3-10 和图 3-14 给出了适用于压裂液的杀菌剂。

图 3-13 马来酸酐与乙二醇缩合(a)和酰亚胺盐的形成(b)[69]

### 3.3.7 表面活性剂

大多数水基工作液中需要加入表面活性剂提高水基工作液与含油地层的配伍性。在压裂或其他增产措施施工完后,为了提高地层中碳氢化合物在岩石中的渗透率,常规做法使地层岩石表面变为水湿。

烷基氨基膦酸和氟化烷基氨基膦酸以非常薄的层吸附在固体表面上,特别是吸附在地下

表 3-10 杀菌剂

| 化合物名称 | 参考文献 | 化合物名称 | 参考文献 |
|---|---|---|---|
| 巯基苯并咪唑① | [70] | 2-巯基噻唑啉 | |
| 2,5-二巯基-1,3,4-噻二唑①② | [71, 73] | 2-硫代咪唑啉酮 | |
| 2-巯基苯并噻唑 | | 2-硫代咪唑啉 | |
| 2-巯基噻唑啉 | | 4-开杀磷氮杂环戊烷-2-硫醇 | |
| 2-巯基苯并噻唑 | | N-氧化吡啶-2-硫醇 | |

①用于瓜尔胶。
②用于黄原胶。

含烃地层中的碳酸盐材料表面上。该吸附层仅为一个分子厚度,比在水湿岩石表面的单层水或水—表面活性剂混合物更薄[74-76]。

这些化合物吸附在储层岩石表面后,可以改变或较大程度的降低水—油界面的润湿强度,并提高水—油界面张力。碳氢化合物排驱侵入储层的水基工作液时,由于地层中的毛细管力,使束缚水饱和度降低,渗流通道中碳氢化合物流量的增加。

表面活性剂,特别是在水中具有黏弹性的表面活性剂,在压裂液[77, 78]、选择性堵水液[79, 80]、钻井液和除垢液等多种井筒工作液中应用效果都很好[81]。

多篇文献介绍了具有多种离子头基的 VES 溶液,包括季胺[82]、酰胺、羧酸酯[83]以及酰胺磺酸盐[84],还阐述了二聚和低聚表面活性剂[85]。

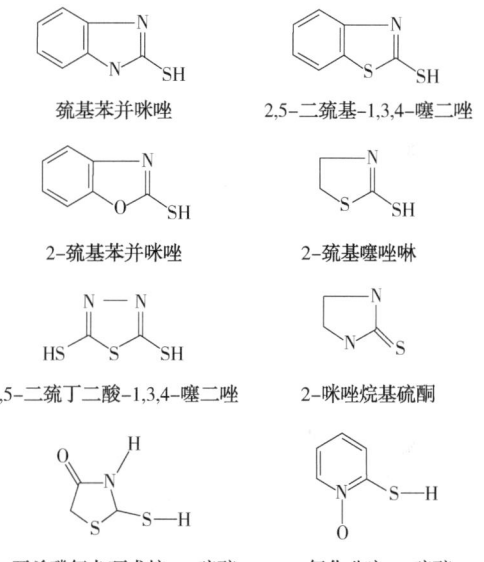

图 3-14 水力压裂液用杀菌剂

当其水溶液与碳氢化合物混合时,后者将产生更少的乳液。此外,以干粉形式生产的 VES 更方便运输[86]。

1923 年首次报道了乙醇胺和脂肪酸之间的反应[87]。在各种工业和医学上乙醇胺硬脂酸盐已经取得应用[88-93]。

文献[94, 95]中介绍了基于非离子酰氨基胺氧化物的 VES 溶液在井筒工作液中取得了应用。

另一方面,相对不溶的羧酸盐,例如,碘值小于 40 的无支链长链脂肪酸、硬脂酸和部分氢化的牛脂酸,室温下通过乙醇胺充分溶解,最终产生黏弹性溶液[96]。所产生的这些表面活性剂溶液在室温为混浊、黏稠的液体,但加热后溶液会变得澄清且进一步增稠。当温度高于室温时,它们的黏度达到最大。表 3-11 给出了适合的酸和胺化合物。烷基胺分子结构如图 3-15 所示。

表 3-11 脂肪酸烷基胺盐化合物[96]

| 酸 | 胺 | 酸 | 胺 |
| --- | --- | --- | --- |
| 正二十二烷酸 | 乙醇胺 | 硬脂酸 | 二乙醇胺 |
| 正二十二烷酸 | 三乙醇胺 | 硬脂酸 | 乙醇胺 |
| 油酸 | 乙醇胺 | 牛酯酸 | 乙醇胺 |

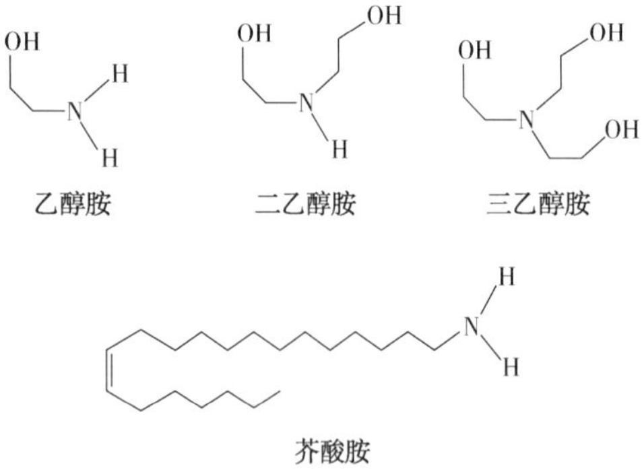

图 3-15 烷基胺分子结构

甲基季铵化的芥酸胺含黏弹性表面活性剂水基压裂液可用于高温条件下的高渗地层压裂[97]。

## 3.3.8 交联剂

### 3.3.8.1 交联动力学

与钛离子的交联反应导致羟丙基瓜尔胶的流变性变得非常复杂。为了更好地理解羟丙基瓜尔胶与钛螯合物的反应流变性以及流变性与停留时间、剪切速率和化学成分的关系,开展了大量的研究[98]。

可以通过流变学试验来研究羟丙基瓜尔胶的交联动力学。连续流和动态数据表明,对于交联剂浓度和羟丙基瓜尔胶浓度,交联反应级数分别约为 4/3 和 2/3。动态测试表明,剪切时间对于确定最终凝胶特性方面也很重要。

持续的稳态剪切和动态测试表明,高剪切不可逆地破坏凝胶结构,并且交联反应的程度随着剪切的增加而降低。研究表明,剪切速率低于 $100s^{-1}$ 时,聚合物中剪切诱导结构变化会影响反应的化学性质和产物的分子性质。

### 3.3.8.2 交联剂的稳定性

通过将含有多价阳离子的硬水、水溶性聚合物和用于交联水溶性聚合物的交联剂混合在一起配制成基础压裂液可以提高水基压裂液稳定性。将水软化剂加入到基础压裂液中,可阻止硬水中的多价阳离子与水溶性聚合物竞争硼酸盐基交联剂,从而使配制的压裂液更加稳定。

硼酸盐和过渡金属—氧化络合物是工业中使用的传统络合剂,如锆酸盐和钛酸盐。虽然这种交联剂或络合剂在淡水中相对稳定,但当海水、盐水或硬水作为水溶液时会出现稳定性降低的问题。

早期人们尝试在多价阳离子水溶液中加入金属碳酸盐,将多价离子沉淀来解决上述问题。该方法虽然增加了流体的稳定性,但是效果不太理想,因为沉淀的碳酸盐容易引起地层伤害,另外,还需要重新酸化来增产。

需要一种不受海水等高矿化度水影响,且能够使用常规试剂络合或交联水基压裂液的方法来实现储层增产。同时还需要提供一种稳定的压裂液,该压裂液既具有合适的支撑剂输送能力,还具有合适的黏度来确保在一定温度范围内提供合适的裂缝形态[99]。

### 3.3.8.3 延迟交联

为了更容易地泵送流体,需要延迟交联。延迟是指延迟交联反应速率。可以通过以下部分中说明的方法来实现延迟交联。

### 3.3.8.4 硼砂体系

硼酸可与羟基化合物形成络合物。硼酸与甘油形成络合物的机理如图 3-16 所示。三个羟基单元形成酯,一个单元形成络合键,通过释放质子以降低 pH 值。该体系也适用于多羟基化合物。在这种情况下,两个聚合物链通过络合硼酸这种连接在一起。

要想控制延迟时间需要控制 pH 值或硼酸根离子的有效性。在淡水体系中控制 pH 值是有效的。但在淡水和海上中控制硼酸根离子均有效[100]。通过使用微溶硼酸盐或将硼酸盐与各种有机物质络合来实现对硼酸根离子的控制。

硼酸交联压裂液在压裂施工成功地取得了应用。在流体温度高达 105℃ 下,该压裂液具有优良的流变性,降滤失性以及提高裂缝导流能力的性质。硼酸盐交联机理为在低剪切条件下可以达到一个平衡状态,该状态下可以产生非常高的流体黏度[101]。可通过如下方法制备含硼酸盐的压裂液[102]:

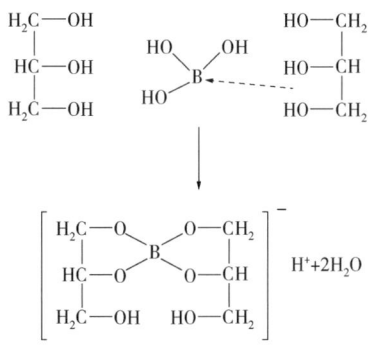

图 3-16 硼酸和甘油的络合物

(1)在淡水(海水)中引入多糖聚合物以产生凝胶。
(2)向凝胶中加入碱性试剂,使 pH 值至少达到 9.5。
(3)向凝胶中加入硼酸盐交联剂使聚合物交联,干颗粒化合物可以下列方式制备[103]:
①在水中溶解 0.2% 至 1.0% 的水溶性多糖;
②将硼酸盐与步骤(1)中形成的含水凝胶混合;
③干燥步骤(2)中形成的硼酸盐交联的多糖;
④将步骤(3)的产物造粒。

硼酸盐交联剂可以是硼酸、硼砂、碱土金属硼酸盐或碱金属碱土金属硼酸盐。按氧化硼计的硼酸盐源加量须在 5%~30% 之间。

压裂液用硼酸化淀粉化合物可用来控制含水介质中水合聚合物的交联速率。通过在含水介质中使淀粉和硼酸盐源反应形成硼酸化淀粉复合物可制备硼酸化淀粉化合物。该化合物可提供硼酸根离子源,硼酸根离子引起含水介质中水合聚合物的交联[104]。在低温下也可进行延迟交联。

用于降低流体中聚合物加量的高效交联剂令人非常感兴趣,因为可以降低聚合物残余物形成的储层伤害和支撑剂填充物伤害。文献[105]中详细描述了聚(氨基硼酸酯)的合成。通过使用现成的多胺作为基础骨架,然后在硼酸和乙二醇之间的缩合反应期间引入硼酸来改进该方法。以这种方式,消除了挥发性和高度易燃的三甲基硼酸盐[106]。合成机理如图 3-17 所示。

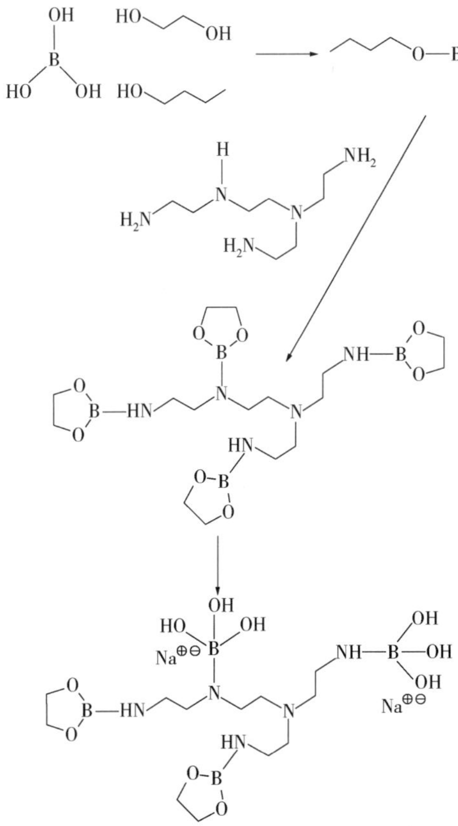

图 3-17 硼酸交联剂的合成[106]

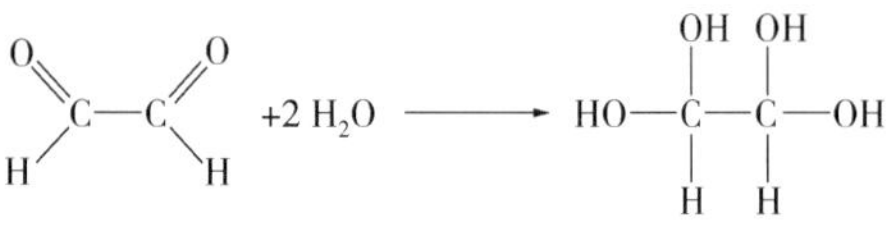

图 3-18 乙二醛水合物的形成机理

乙二醛在特定的 pH 值范围内可作为延迟交联剂[107, 108]。乙二醛水合物如图 3-18 所示。它与硼酸和硼酸根离子发生化学键合，来限制溶液中可用来交联半乳甘露聚糖等水合多糖的硼酸根离子的数量。

通过调节溶液的 pH 值可以控制多糖的交联速率。延迟交联的机理如图 3-19 所示。如果两个低分子量的羟基化合物与高分子量化合物交换，则属于不同分子的羟基单元形成交联。

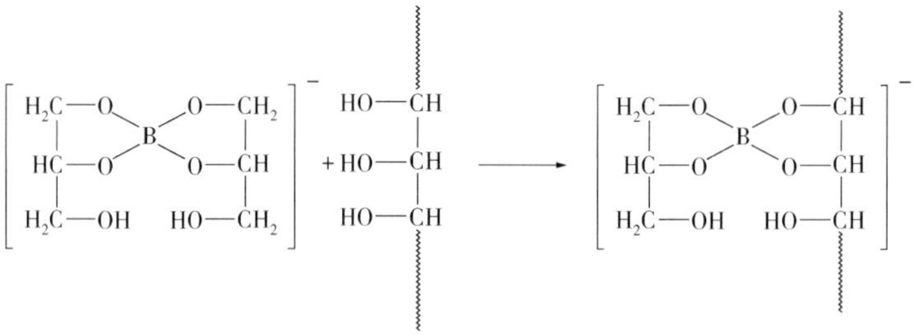

图 3-19 延迟交联机理

其他二元醛、酮醛、羟基醛、正取代芳香二醛和邻位取代的芳香族羟基醛也具有类似的性质[109]。按此配制的硼酸盐交联瓜尔胶压裂液，既适用于淡水和海水，也可在高温下使用。

为了使用镁氧化—延迟硼酸盐交联半乳甘露聚糖胶压裂液来延长临界温度范围，通常在该压裂液中加入氟离子形成不溶于水的氟化镁[110]。

或者，可以添加镁离子的螯合剂。随着氟化镁的沉淀或镁离子的螯合，在高温下不会形成不溶性氢氧化镁。如果形成氢氧化镁则会降低 pH 值，使硼酸盐交联反应发生逆转。该方式可将压裂液的抗温能力提高至 135~150℃。

多元醇，如二醇或甘油，可以延迟硼酸盐在基于半乳甘露多糖胶的水力压裂液中的交联[111]。它适用于高达 150℃ 的高温地层应用。刚开始会形成的低分子量硼酸盐络合物，但接着会与瓜尔胶的羟基官能团缓慢交换。

### 3.3.8.5 钛化合物

有机钛化合物可用作交联剂[112]。含水钛化合物通常由钛化合物的混合物组成。

### 3.3.8.6 锆化合物

多种锆化合物可用作交联剂，见表 3-12。最初形成的低分子络合的化合物与分子间多糖络合物发生交换，导致延迟交联。

表 3-12 适合做延迟交联剂的锆化合物

| 锆交联剂/螯合物 | 参考文献 | 锆交联剂/螯合物 | 参考文献 |
| --- | --- | --- | --- |
| 羟乙基-三-(羟丙基)乙二胺① | [113] | 硼锆螯合物② | [115-118] |
| 卤化锆螯合物 | [114] | | |

①高温稳定性好。
②高温条件下可提高稳定性。

二胺基化合物分子结构如图 3-20 所示。

羟基酸分子结构如图 3-21 所示。适用于与锆化合物形成络合物的多羟基化合物分子结构如图 3-22 所示。

硼锆酸盐络合物可由四正丙基锆酸盐与三乙醇胺和硼酸的反应制备[119]。硼锆酸盐络合物可在 pH 值 8~11 下使用。

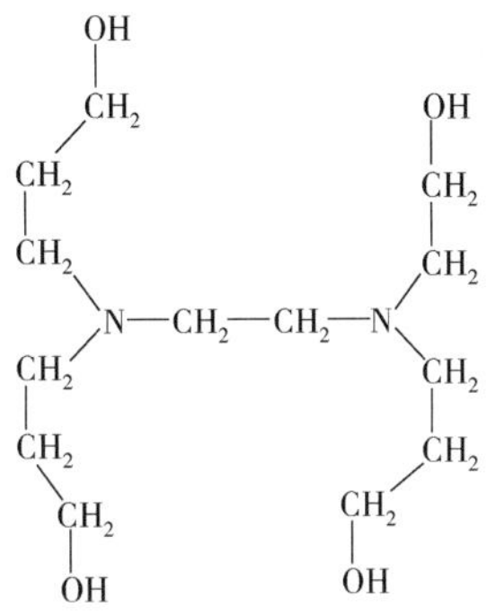

图 3-20 羟乙基-三-(羟丙基)乙二胺分子结构

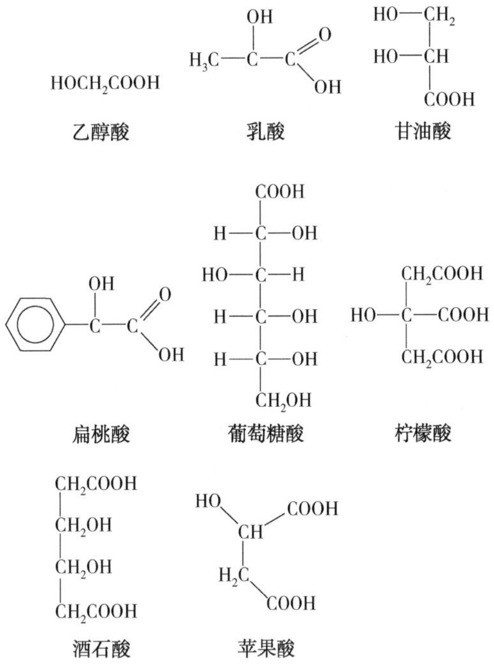

图 3-21 羟基酸分子结构

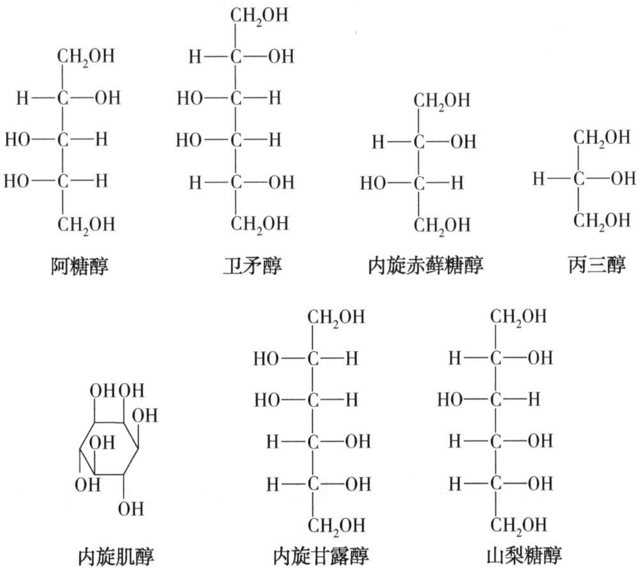

图 3-22 用于络合的多元醇分子结构

### 3.3.9 水基压裂液的破胶

通常,配制含有破胶剂的压裂液有两种方法[120]:
(1) 在将压裂液送到井下之前将破胶剂和压裂液混合。
(2) 将压裂液送到井下,随后注入破胶剂。

第一种方法因为工艺简单而受到青睐。在地面将压裂液与破胶剂混合好后再送入井下更容易。这种混合方法的缺点是在完成压裂之前破胶剂可能会降低压裂液的黏度。

第二种方法,首先将压裂液注入井下,随后注入破胶剂。虽然将破胶剂在压裂液之后送到井下不方便,但这种方法不会导致破胶剂过早降低压裂液的黏度[120]。

压裂施工完后,应恢复储层性能。只有当处理后的溶液黏度和交联剂分子量明显降低时才能实现产能最大化,即压裂液破胶降解。

#### 3.3.9.1 基础研究

通过将酶、氧化和催化氧化破胶剂与羟丙基瓜尔胶压裂液混合,然后测量黏度随时间的变化,对羟丙基瓜尔胶压裂液的降解动力学进行了综合研究[121-123]。

研究表明,酶破胶剂仅在温度低于60℃的酸性介质中有效。在碱性介质中,当温度低于50℃时,催化氧化破胶剂是最有效的破胶剂。在50℃或更高的温度下,羟丙基瓜尔压裂液可以在氧化破坏剂不催化的条件下破胶。

#### 3.3.9.2 氧化破胶剂

文献中研究了碱、次氯酸盐、无机和有机过氧化物等氧化破胶剂。这些材料的破胶机理是氧化降解聚合物链。室内研究了系列氧化性破胶剂对CMC、瓜尔胶或部分水解聚丙烯酰胺(PHPAs)破胶性[124]。表3-13给出了水溶性聚合物破胶剂。

表3-13 水溶性聚合物破胶剂[125]

| 化合物名称 | 化合物名称 |
| --- | --- |
| 过硫酸铵 | 过氧化镁 |
| 过硫酸钠 | 过氧化钾 |
| 过硫酸钾 | 过硼酸钠 |
| 过氧化钠 | 过硼酸钾 |
| 过氧化钡 | 高锰酸钾 |
| 过氧化氢 | 高锰酸钠 |

(1) 次氯酸盐。

次氯酸盐是强氧化剂,因此可以降解聚合物链,它们通常与叔胺结合使用。与单独使用次氯酸盐相比,盐和叔胺的结合提高了降解速率[126]。叔胺基半乳甘露糖可用作胺源[127]。

破胶前,次氯酸盐也用作增稠剂[128]。次氯酸盐也可以有效的破坏液体稳定性。硫代硫酸钠可作为高温稳定剂。

(2) 过氧化物破胶剂。

碱金属过氧化物可作为含羟丙基瓜尔胶的碱性水基压裂液中的延迟破胶剂[129]。通过提高流体温度可以激活过氧化物的破胶能力。

过磷酸酯或酰胺可用作氧化凝胶破胶剂[130]。过磷酸离子的盐会干扰交联剂的反应,而过磷酸酯和酰胺则不会干扰交联剂的反应。

使用金属离子(如钛、锆)交联,同时使用此类破胶剂配制的压裂液可用于压裂温度达90~120℃的较深井。文献[131]中还研究了基于过硫酸盐的破胶剂体系。

此外,有机过氧化物也是一类有效的破胶剂[132]。过氧化物不需要完全溶于水。通过调节破胶剂的量,可将破胶时间控制在 4~24h 内。

#### 3.3.9.3 氧化还原破胶剂

根据氧化还原反应对凝胶破胶。二价铜离子和胺可降解各种多糖[133]。

#### 3.3.9.4 酸的延迟释放

对 HEC 聚合物进行高渗透岩心的渗透率恢复试验研究表明,过硫酸盐类氧化破胶剂和酶破胶剂不能充分降解聚合物。发现过硫酸钠破胶剂受热分解,且地层矿物可加速它的分解。

酶破胶剂虽然会吸附在地层上但仍可起到部分破胶作用。在低 pH 值下,对硼酸盐交联凝胶进行动滤失测试,结果表明,在压裂液中加入缓释酸会使压裂液的滤失量增大。流变性测试表明,可溶性缓释酸可用于将硼酸盐交联凝胶转化为线性凝胶[134]。

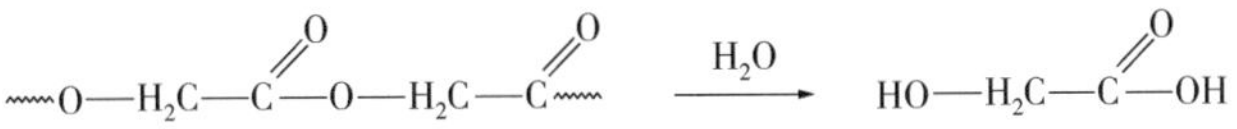

$$\sim\!\!\!\sim\!\!O\!-\!H_2C\!-\!\!\overset{O}{\underset{\parallel}{C}}\!-\!O\!-\!H_2C\!-\!\!\overset{O}{\underset{\parallel}{C}}\!\!\sim\!\!\!\sim \xrightarrow{H_2O} HO\!-\!H_2C\!-\!\!\overset{O}{\underset{\parallel}{C}}\!-\!OH$$

图 3-23 聚乙醇酸的水解

羟基乙酸的浓缩液和可水解水凝胶均可用作压裂液降滤失材料。羟基乙酸浓缩液在地层条件下降解产生游离羟基乙酸,破坏水凝胶[135-138]。该机理可用于延迟破胶,如图 3-23 所示。在该方法中,无需单独添加破胶剂就可恢复岩石的渗透性,并且缩合物还可起到降低处理剂加量的作用。

#### 3.3.9.5 酶破胶剂

特异性酶可穿过增稠剂和降滤失剂的骨架结构。由于其固有的特异性和无限的聚合物降解活性,与其他破胶剂相比具有一定的优势。最初,受 pH 值和温度的限制,酶的应用仅限于低温压裂井。直到最近,才研发出极端温度下仍能保持稳定的聚合物特异性酶[139]。

(1) 基础研究。

对酶的性能进行了基础研究。分析了降解产物、降解动力学和应用局限性,如温度和 pH 值[140,141]。因为酶降解化学键具有高度选择性,所以不存在通用酶。对于特定的增稠剂,必须使用特定的酶才能保证破胶成功。适用于酶破胶的体系见表3-14。

表3-14 适合酶破胶的聚合物体系

| 聚合物 | 参考文献 | 聚合物 | 参考文献 |
|---|---|---|---|
| 黄原胶① | [142] | 含甘露糖的半纤维素② | [143] |

①高温高盐。
②高温高碱。

酶适合直接破坏增稠剂的链。酶将聚合物降解成有机酸分子,这些有机酸分子才真正起到了降解增稠剂的作用[144]。

（2）相互作用。

尽管它们优于传统的氧化破胶剂，但由于酶会干扰压裂液成胶，且和其他处理剂存在一定的不配伍性，导致酶破胶剂的应用具有局限性。文献[145]中报道了酶破胶剂和压裂液处理剂之间的相互作用，如生杀菌剂、黏土稳定剂和某些类型的树脂涂层支撑剂。

#### 3.3.9.6 胶囊破胶剂

胶囊破胶剂是将破胶剂使用不渗透或对破胶剂有轻微渗透的囊壳中。因此，破胶剂刚开始不会与待降解的聚合物接触。一段时间后破胶剂从胶囊中扩散出来，或者胶囊被破坏，使破胶剂发生破胶作用。

胶囊破胶剂在延迟凝胶破胶方面具有广泛的应用。利用防水材料包裹破胶剂来制备胶囊破胶剂。由于囊壳可屏蔽破胶剂，使得在压裂液中可加入高浓度的胶囊破胶剂也不会引起流体黏度、降低滤失量等性质的过早失效。

包裹材料的设计、释放机制和化学品活性是胶囊破胶剂的关键技术。如，可水降解的聚合物薄膜[146]。

文献报道了将氧化破胶剂和酶破胶剂结合胶囊技术延迟破胶的方法。胶囊凝胶破胶剂配方见表3-15。胶囊囊壳材料见表3-16。

表3-15 使用胶囊延迟破胶

| 破胶体系 | 参考文献 | 破胶体系 | 参考文献 |
| --- | --- | --- | --- |
| 过硫酸铵① | [147-150] | 络合剂③ | [152] |
| 酶破胶剂② | [151] | | |

①瓜尔胶或纤维素衍生物。
②打开包覆材料。
③钛和锆，胶囊化木质树脂。

表3-16 胶囊化破胶剂包覆材料

| 包覆材料 | 参考文献 |
| --- | --- |
| PA① | [153，153] |
| 交联合成橡胶 | [154] |
| 氮丙啶预聚物或碳二亚胺基交联的部分水解的丙烯酸② | [155-157] |
| 7%沥青和93%中和磺化离子聚和物 | [158] |

①过氧化物粒度为 50~420μm。
②纤维素衍生物包被的酶。

#### 3.3.9.7 瓜尔胶破胶剂

压裂后只有溶液黏度和交联剂的分子量明显降低时，才能实现井产能的最大化。然而，传统方法通过评价压裂液黏度的降低表征压裂液的降解性，这种方法不足以说明交联剂是否完全降解。

通过在可控条件下测试溶液黏度和羟丙基瓜尔胶重均分子量的变化可用来研究羟丙基瓜尔胶和氧化剂（过硫酸铵）在氯化钾水溶液中的反应[159]。

溴化物与氨基磺酸钠复配后，是一种稳定的破胶剂[120]。该种破胶剂中的氨基磺酸盐可长期有效地维持溴化物的活性，特别是在pH值为13的条件下。例如，如果不受到阳光照射，WELLGUARD™7137破胶剂可保存1年以上。破胶剂的卤素源是卤素互化物、溴化氯或溴和氯的混合物。

与次溴酸盐（OBr⁻）不同，该类破胶剂不会被氧化或受到常用的有机膦酸盐类腐蚀剂和阻垢剂破坏。此外由于该类破胶剂具有低氧化还原电位，破胶剂对金属，特别是对铁合金，具有低腐蚀性[120,160]。破胶剂对瓜尔胶的影响如图3-24所示。在50℃（120℉）下研究和制备了该化合物。

硼酸盐交联的瓜尔胶聚合物凝胶可以用EDTA化合物破胶[161]。EDTA与其他氨基羧酸化合物也可对压裂液交联。表3-17和图3-25给出了实例。

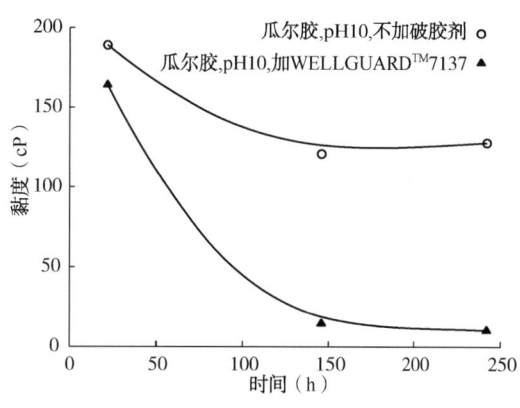

图3-24 卤素基破胶剂对瓜尔胶的影响[120]

表3-17 相关EDTA破胶剂[161]

| 复合化合物 | 复合化合物 |
| --- | --- |
| 四氢萘二胺四乙酸 | 三羟基乙二胺四乙酸三钠 |
| 三羟基乙二胺四乙酸三钠 | 二钠钙水合乙二胺二乙酸 |
| 三羟基乙二胺四乙酸三钠 | 四乙铵乙二胺四乙酸 |
| 三羟基乙二胺四乙酸三钠 | |

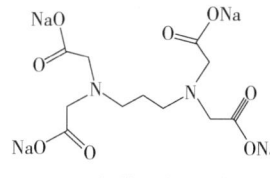

图3-25 相关EDTA凝胶破胶剂

这些破胶剂直接作用于聚合物本身，而不作用于其他可能存在的任何交联剂。多羟基化合物也可以对瓜尔胶破胶，并且还可以通过多糖形成凝胶。这些多羟基化合物包括甘露醇和山梨糖醇。多元醇也可以与酶破胶剂复合使用[162]。

#### 3.3.9.8 黏弹性表面活性剂凝胶流体的破胶剂

脂肪酸盐可以控制由VES增黏的流体黏度。例如，对于氧化胺表面活性剂胶凝的盐水工作液，可以用含有菜籽油或玉米油的天然脂肪酸盐化合物破胶降黏[163]。

在压裂液配制以及将压裂液泵送至井下的过程中脂肪酸会变质或被皂化。该方法也可用于压裂结束后，大部分脂肪酸的皂化过程发生在储层内。或者，可以预先配制或以外部破胶剂溶液的形式清除已经泵入到井下的VES凝胶压裂液。

在菜籽油被Ca(OH)$_2$皂化时，起初可以看到VES液的黏度会略微增加，然后会发生破胶反应黏度再降低[163]。因为皂化脂肪酸起初具有辅助表面活性剂的作用，导致VES压裂液黏度增加。

#### 3.3.9.9 颗粒

颗粒也可用于延迟破胶。文献[164]中报道了由40%～90%的过硫酸钠或过硫酸铵破胶剂与10%～60%的黏土等无机粉末黏合的颗粒[164]，是一种缓释破胶剂。

作为延迟凝胶破胶剂的其他化学品也被称为可控溶解性化合物或盐缓释清洁剂，如多磷酸盐[165]。

在压裂施工中，可用分散在蜡质中的破胶剂颗粒对烷基磷酸酯盐凝胶的烃溶液进行破胶。蜡颗粒在地面温度下是固体，在地层温度下会熔融或分散在烃液体中，从而释放破胶剂与交联剂发生反应[166]。

### 3.3.10 阻垢剂

盐水形成的碳酸钙（$CaCO_3$）、硫酸钙（$CaSO_4$）和硫酸钡（$BaSO_4$）垢会降低储层渗透率。因此需要在压裂中产生的裂缝中加入阻垢剂以防止水垢的形成。文献[167]中给出了含有一种含阻垢剂的水力压裂液配方。

#### 3.3.10.1 螯合阻垢

压裂液用金属螯合物处理剂会削弱硫酸钡垢阻垢剂的阻垢性能。低浓度（0.1mg/L）的乙二胺四乙酸、柠檬酸和葡萄糖酸会导致一些阻垢剂（如膦酸盐、多羧酸盐和磷酸酯）完全失效。一般情况下，在开展压裂改造措施之后的数月内，阻垢剂的浓度就会降低至失效的浓度，并且还会对后续的阻垢剂注入产生不利的影响。

该结论源于 pH 值为 4 和 6 条件下北海结垢系统试验模型。研究采用的阻垢剂浓度为 50 和 100mg/L。在 pH 值为 4 和 6 下发现有机螯合剂会严重降低阻垢剂的阻垢效果。研究发现唯一不受干扰阻垢剂是聚乙烯基磺酸盐[168]。

#### 3.3.10.2 胶囊化阻垢剂

文献[169-171]中对压裂用固体阻垢剂（钙-镁多磷酸盐）胶囊进行了广泛的性能测试。由于胶囊化，该阻垢剂与硼酸盐交联和锆交联压裂液以及泡沫流体配伍性良好。

囊壳对释放速率曲线会有短期的影响。该固体衍生物的组成对释放速率影响最大。

#### 3.3.10.3 热降解

文献[172]中报道了阻垢剂受热降解的热力学和动力学特征。

研发了基于阻垢动力学的阻垢剂有效性测试方法，并且在测试含有各种通用化学物质的热水阻垢剂样品中活性阻垢剂分子数。基于一级反应积分速率方程和阿伦尼乌斯方程模拟了热降解动力学。使用核磁共振（NMR）光谱分析了阻垢剂的热降解。

## 3.4 水基压裂液的一些特殊问题

### 3.4.1 水驱采油过程中的水混合问题

已有学者研究了注水过程中注入水与地层水之间的相互混合问题[173]。结果表明，混合过程受地层初始含水饱和度影响较大。学者们还阐明了在水驱提高采收率过程中水波及区与未波及区的区别。

有学者使用强水润湿性的灰岩岩心，室内评价了注水过程中不同初始含水饱和度条件下地层水与注入水的混合作用。

在注水过程中采用了核示踪成像技术，以区分油相、地层水和注入水。

在油相存在的注水试验中，地层水和注入水的混合导致注入水将地层水完全驱替出来。在驱替过程中，在注入水的前方形成一个地层水带，该水带把注入水与流动的油相隔离开来。

地层水的隔离效果受初始含水饱和度影响。地层水突破与注入水突破的时间差与初始含水饱和度呈线性相关[173]。

### 3.4.2 原位地层水驱

在室内饱和油白垩系岩心水驱试验中，研究了北海油藏地层水运移规律受地层水初始含水饱和度的影响[174]。试验过程中使用放射性同位素钠跟踪地层水的流动过程。

使用γ射线监控技术，发现地层水在注入水的前端发生堆积，在混合水中地层水的比例越来越高，直至地层水占混合水体积的100%。在这个区域的后面，地层混合水中注入水的含量逐渐增加，直至注入水的含量为100%。

### 3.4.3 黏滞力和初始含水饱和度的影响

文献[175]中，作者利用堪萨斯州露头白垩样品研究了润湿性和初始含水饱和度对注入水和岩心自吸的影响。在中性润湿的白垩岩样中，初始含水饱和度对注水的影响非常显著。相比之下，这种效果在强亲水岩样中要小得多。此外，黏滞力对中性润湿的白垩系岩样的注水性能有很大影响。现场试验和室内试验结果表明，岩心自然渗吸与储层特征无相关性。

### 3.4.4 水平井注水性能

决定水平井注水效果的因素主要有储层非均质性、水平井长度、井位和井眼轨迹[176]。

根据底水水平井的生产资料，采用数值模拟方法对底水油藏水平井注水开发历史进行了拟合，同时将底水油藏水平井注水开发模式分为三类[176]：

（1）水驱注水注满整个水平段；
（2）点状注水注满了整个水平段；
（3）点状注水注入局部水平段。

根据这些结果，对水平井的堵水、水力压裂、酸化等施工方案进行了定性设计[176]。

### 3.4.5 循环水：压裂液设计的案例研究

一般情况下，水力压裂过程中的增产井返排水中含有化学物质和/或相应副产物[177]。

与储层的烃类不同，地层采出水中可能含有大量的溶解盐、分散烃类等天然地层盐水。采出水是石油和天然气生产过程的副产品，目前无害化处理非常困难。如果生产水和采出水可以循环利用，那么在储层改造及开发过程中必须用到的淡水量就会下降。已经研发处理使用循环水配制的井筒工作液并在现场成功应用[177]。

### 3.4.6 注入水与天然地层水的相互影响

研究表明，基于物质平衡原理建立的分析方法可以有效区分侏罗系砂岩储层中注入水和天然地层水的相互影响[178]。

根据注入水和天然地层水在储层中的作用，将注入水和天然地层水再细分为两部分：一部分维持储层能量;另一部分为有效的驱动流体。另一方面,形成采出水的原因有两个:一是注入水和天然地层水的驱动;二是由于储层能量的消耗。

利用实际生产历史,计算了注入水和天然地层水对储层压力系统的贡献。这些结果可为今后生产的调整和优化提供参考[178]。

### 3.4.7 注入水锥进

使用水驱上覆盖层的衰竭性底水油藏时,水锥进现象是影响提高采收率的严重问题之一[179]。高含水率和低含油率可能导致油井在没有充分采出烷烃的情况下提前进入高产水阶段。

井下渗水技术是一种较新的控制水锥进的有效方法[179]。理论研究和现场实践表明,井下渗水技术可以提高油井的产油率,降低含水率,提高油井的产油指数。由于这种技术需要从含水层排水并产生大量采出水,导致生产成本不断增加。

因此,开发了另外一种水锥进控制方法——井下水环形管系。与井下渗水技术需要将水提至地面相比该方法具有较大的经济优势。采用简单分析模型研究了井下水环形管系技术的可行性[179]。该模型与实际生产数据吻合良好。

### 3.4.8 碳酸盐岩地层压裂

对于碳酸盐岩地层,反应流体(如酸)通过油管泵入,非反应性流体通过环形空间泵入。在碳酸盐岩地层条件下,水基流体为非反应性流体。这两种流体在井下进行混合,有助于裂缝的形成和压裂强度的增强[1]。

在某些情况下,压裂过程可能会提前结束。此时形成的裂缝中存在大量的非反应流体。如果非反应流体继续留在裂缝中并沿裂缝端面侵入储层,会造成严重的储层伤害。因此,需要最大程度的将裂缝中的非反应流体返排,提高储层改造效果。

在压裂处理过程中,如果压裂液大量漏失进入地层,会使裂缝不能按照预期的方式扩展。通过在压裂液中加入增稠剂或交联剂可以有效的解决压裂液漏失量大的问题。此外,还可以添加相对渗透率调节剂,以减少压裂液漏失。相对渗透率调节剂是指能够降低地下地层对水性流体的渗透率而不显著改变其对碳氢化合物渗透率的化合物[180]。这是一种具有疏水改性的水溶性聚合物。而且重要的是,疏水改性聚合物是含有疏水基团的亲水聚合物结构,它依旧保持良好的水溶性[1]。

亲水基聚合物有聚丙烯酰胺、聚乙烯胺以及乙烯胺和乙烯醇的共聚物。这些亲水基聚合物可以与疏水化合物如卤代烷、磺酸盐、硫酸盐、有机酸和有机酸衍生物反应,见表3-18和图3-26。

表3-18 疏水化合物[1]

| 与亲水性聚合物反应的化合物 | 与亲水性单体共聚的单体 |
| --- | --- |
| 辛烯基琥珀酸 | 甲基丙烯酸十八烷基二甲基溴化铵 |
| 十二烯基琥珀酸 | 甲基丙烯酸十六烷基二甲基溴化铵 |
| 辛烯基琥珀酸酯 | 甲基丙烯酰丙基十六烷基二甲基溴化铵 |
| 十二烯基琥珀酸酯 | 甲基丙烯酸2-乙基己酯 |
| 辛烯基琥珀酸酰胺 | 十六烷基甲基丙烯酰胺 |
| 十二烯基琥珀酸酰胺 | |

文献[181]中举例说明了这种改性聚合物的制备方法。聚合反应可采用多种方式进行。优选的水溶性单体聚合的方法如下：

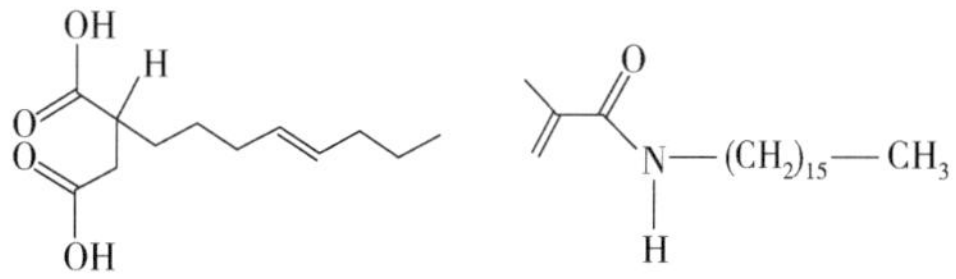

制备方法 1：向 250mL 3 口圆底烧瓶中加入以下物质：47.7g 蒸馏水，1.1g 丙烯酰胺和 0.38g 甲基丙烯酸二甲基铵甲基丙烯酸烷基酯。形成的溶液用氮气保护约 30min，然后加入

辛烯基琥珀酸　　　十六烷基甲基丙烯酰胺

图 3-26　疏水单体

0.0127g 2,2-偶氮双(2-脒基丙烷)二盐酸盐。然后将所得溶液在搅拌下加热至 45℃并保持 18h 以形成高黏度聚合物溶液。

当疏水改性的亲水性单体不溶于水时，例如，甲基丙烯酸十八烷基酯，可以使用以下方法：

制备方法 2：向 250mL 3 口圆底烧瓶中加入以下物质：41.2g 蒸馏水和 1.26g 丙烯酰胺。将形成的溶液用氮气保护约 30min，然后加入 0.06g 甲基丙烯酸十八烷基酯和 0.45g 椰油酰胺丙基甜菜碱表面活性剂。搅拌混合物直至获得均匀透明的溶液，然后加入 0.0055g 2,2-偶氮二(2-氨基丙烷)二盐酸盐。然后将所得溶液在搅拌下加热至 45℃并保持 18h 以形成高黏度聚合物溶液。

乳酸已经在油田中用于酸化压裂和滤饼清除。此外，也可以用作酸化期间的铁抑制剂。在基质酸化和酸化压裂中反应速率和酸扩散能力的程度是处理成功的关键因素[182]。有文献已经报道了使用旋转圆盘装置配制乳酸/方解石系统的传质和反应动力学。

在 27℃，低圆盘转速条件下，控制乳酸与方解石的传质反应。当圆盘转速较高时乳酸与方解石的表面反应受到限制。在 55~120℃的高温下，传质和表面反应会影响方解石的溶解[182]。

出现在参考文献中的乳酸商品名见表 3-19。

表 3-19　参考文献中的乳酸商品名称

| 乳酸商品名称 | 供应商 |
| --- | --- |
| 二甲基苄基烷基氯化铵 | 罗地亚加拿大公司 |
| 二棕榈酰乙基羟乙基硫酸二甲酯铵 | 斯捷潘公司 |
| 季氨酯 | 阿克苏诺贝尔公司 |
| 单硬脂酸甘油酯 | 威特科公司 |
| 地面大理石 | 哈里伯顿能源服务公司 |
| B 白油 | 索恩本精致产品公司 |
| 乙氧基化脂肪醇 | 表面活性剂公司 |
| 桥接剂 | 哈里伯顿能源服务公司 |
| 5 号白油 | 索恩本精致产品公司 |
| 催化剂 | 斯伦贝谢科技集团 |
| 类型断路器 | 贝克休斯公司 |
| 类型系统 | 贝克休斯公司 |
| 低聚物油酸 | 汉高公司 |

续表

| 乳酸商品名称 | 供应商 |
|---|---|
| 矿物油 | 克朗普顿公司 |
| 石油馏出物 | 埃克森美孚公司 |
| 黄原胶，威兰胶 | 哈里伯顿能源服务公司 |
| 有机土 | 哈里伯顿能源服务公司 |
| 高黏度矿物油 | 索恩本成品油公司 |
| 降滤失剂 | 哈里伯顿能源服务公司 |
| 赤铁矿-矿石添加剂 | 哈里伯顿能源服务公司 |
| 白油 | 索恩本公司 |
| 异链烷烃溶剂 | 埃克森美孚公司 |
| 椰油酰基羟乙基磺酸钠表面活性剂 | 巴斯夫公司 |
| 椰油酰基异硫氰酸铵表面活性剂 | 巴斯夫公司 |
| 矿物油 | 威特科公司 |
| 烷基聚乙二醇醚（非离子表面活性剂） | 巴斯夫公司 |
| 低黏度油用于反相乳化钻井液 | 地质钻井液公司 |
| 加重剂 | 哈里伯顿能源服务公司 |
| 多孔固体基质 | 先进聚合物系统公司 |
| 增黏剂 | 哈里伯顿能源服务公司 |
| 聚合物封装涂层 | 斯科特公司 |
| 磷酸酯 | 罗地亚公司集团公司 |
| 矿物油 | 克朗普顿公司 |
| 高表面积非晶硅 | 哈里伯顿能源服务公司 |
| 脱水山梨醇单月桂酸酯 | 利凯玛公司 |
| 脱水山梨糖醇单棕榈酸酯 | 利凯玛公司 |
| 脱水山梨糖醇单硬脂酸酯 | 利凯玛公司 |
| 脱水山梨糖醇三硬脂酸酯 | 利凯玛公司 |
| 脱水山梨糖醇单油酸酯 | 利凯玛公司 |
| 脱水山梨糖醇三油酸酯 | 利凯玛公司 |
| 牛油酰氨基丙胺氧化物 | 贝克休斯公司 |
| 全氟-2,2-二甲基-1,3-二氧杂环戊烯与四氟乙烯的无定形共聚物 | 杜邦公司 |
| 四氟聚合物 | 杜邦公司 |
| 乙氧基化脂肪酸酯表面活性剂 | 利凯玛公司 |
| 脱水山梨醇单月桂酸酯 | 利凯玛公司 |
| 脱水山梨醇单月桂酸酯 | 利凯玛公司 |
| 脱水山梨糖醇单棕榈酸酯 | 利凯玛公司 |
| 脱水山梨糖醇单硬脂酸酯 | 利凯玛公司 |
| 脱水山梨糖醇单硬脂酸酯 | 利凯玛公司 |

续表

| 乳酸商品名称 | 供应商 |
| --- | --- |
| 脱水山梨糖醇三硬脂酸酯 | 利凯玛公司 |
| 脱水山梨糖醇单油酸酯 | 利凯玛公司 |
| 脱水山梨糖醇单油酸酯 | 利凯玛公司 |
| 凝胶稳定剂 | 贝克休斯公司 |
| 用于改善水泥的纤维 | 哈里伯顿能源服务公司 |
| 卤间化合物破胶剂 | 雅宝公司 |
| 黏弹性表面活性剂 | 阿克苏诺贝尔 |
| 乳化剂 | 哈里伯顿能源服务公司 |

## 参 考 文 献

[1] Sierra L, Eoff LS. Method useful for controlling fluid loss in subterranean formations. US Patent 8181703, assigned to Halliburton Energy Services, Inc. (Duncan, OK); 2012. URL: http://www.freepatentsonline.com/8181703.html.

[2] Ebinger CD, Hunt E. Keys to good fracturing: Pt. 6: new fluids help increase effectiveness of hydraulic fracturing. Oil Gas J 1989; 87(23): 52-5.

[3] Ely JW. Fracturing fluids and additives. In: Doherty HL, editor. Recent advances in hydraulic fracturing (SPE monogr ser), vol. 12. Richardson (TX): SPE; 1989. ISBN 1-55563-020-0.

[4] Lemanczyk ZR. The use of polymers in well stimulation: performance, availability and economics. In: Proceedings volume. Plast rubber inst use of polymers in drilling & oilfield fluids conf. (London, England, 12/9/91); 1991.

[5] Li F, Dahanayake M, Colaco A. Multicomponent viscoelastic surfactant fluid and method of using as a fracturing fluid. US Patent 7772164, assigned to Rhodia, Inc. (Cranbury, NJ); 2010. URL: http://www.freepatentsonline.com/7772164.html.

[6] Couillet I, Hughes T. Aqueous fracturing fluid. US Patent 7427583, assigned to Schlumberger Technology Corporation (Ridgefield, CT); 2008. URL: http://www.freepatentsonline.com/7427583.html.

[7] Jones TGJ, Tustin GJ. Process of hydraulic fracturing using a viscoelastic wellbore fluid. US Patent 7655604, assigned to Schlumberger Technology Corporation (Ridgefield, CT); 2010. URL: http://www.freepatentsonline.com/7655604.html.

[8] McElfresh PM, Williams CF. Hydraulic fracturing using non-ionic surfactant gelling agent. US Patent 7216709, assigned to Akzo Nobel N.V. (Arnhem, NL); 2007. URL: http://www.freepatentsonline.com/7216709.html.

[9] Crews JB, Huang T, Gabrysch AD, Treadway JH, Willingham JR, Kelly PA, et al. Methods and compositions for fracturing subterranean formations. US Patent 7723272, assigned to Baker Hughes Incorporated (Houston, TX); 2010. URL: http://www.freepatentsonline.com/7723272.html.

[10] Crews JB. Bacteria-based and enzyme-based mechanisms and products for viscosity reduction breaking of viscoelastic fluids. US Patent 7052901, assigned to Baker Hughes Incorporated (Houston, TX); 2006. URL: http://www.freepatentsonline.com/7052901.html.

[11] Harms WM, Norman LR. Concentrated hydrophilic polymer suspensions. US Patent 4772646, assigned to Halliburton Company (Duncan, OK); 1988. URL: http://www.freepatentsonline.com/4772646.html.

[12] Bharat P. Well treating fluids and additives therefor. EP Patent 0372469 assigned to Phillips Petroleum Company; 1990. URL: https://www.google.at/patents/EP0372469A2?cl=en.

[13] Cooke Jr CE. Method and materials for hydraulic fracturing of wells using a liquid degradable thermoplastic polymer. US Patent 7569523; 2009. URL: http://www.freepatentsonline.com/7569523.html.

[14] Pelissier JJM, Biasini S. Biodegradable drilling mud (boue de forage biodegradable). FR Patent 2649988; 1991.

[15] Guo DR, Gao JP, Lu KH, Sun MB, Wang W. Study on the biodegradability of mud additives. Drill Fluid Completion Fluid 1996; 13(1): 10–12.

[16] Gregory G, Shuell D, Thompson Sr JE. Overview of contemporary LFC (liquid frac concentrate) fracture treatment systems and techniques. In: Proceedings vol–ume. 91–01; 4th Cade/caodc spring drilling conf. (Calgary, Can, 4/10–12/91); 1991.

[17] Harms WM, Watts M, Venditto J, Chisholm P. Diesel–based HPG (hydroxypropyl guar) concentrate is product of evolution. Pet Eng Int 1988; 60(4): 51–4.

[18] Brannon HD. Fracturing fluid slurry concentrate and method of use. EP Patent 0280341 assigned to Pumptech N.V., Compagnie Des Services Dowell Schlum–berger; 1988. URL: https://www.google.at/patents/EP0280341A1?cl=en.

[19] Burdick CL, Pullig JN. Sodium formate fluidized polymer suspensions process. US Patent 5228908, assigned to Aqualon Company (Wilmington, DE); 1993. URL: http://www.freepatentsonline.com/5228908.html.

[20] Blauer RE, Durborow CJ. Formation fracturing with stable foam. US Patent 3937283, assigned to The Dow Chemical Company (Midland, MI) Minerals Management, Inc. (Denver, CO); 1976. URL: http://www.freepatentsonline.com/3937283.html.

[21] Pakulski M, Hlidek BT. Slurried polymer foam system and method for the use thereof. US Patent 5360558, assigned to The Western Company of North America (Houston, TX); 1994. URL: http://www.freepatentsonline.com/5360558.html.

[22] Chatterji J, Crook R, King KL. Foamed fracturing fluids, additives and methods of fracturing subterranean zones. US Patent 6454008, assigned to Halliburton Energy Services, Inc. (Duncan, OK); 2002. URL: http://www.freepatentsonline.com/6454008.html.

[23] Chatterji J, Crook R, King KL. Foamed fracturing fluids, additives and methods of fracturing subterranean zones. US Patent 6734146, assigned to Halliburton Energy Services, Inc. (Duncan, OK); 2004. URL: http://www.freepatentsonline.com/6734146.html.

[24] Xiao B, Zhang S, Zhang J, Hou T, Guo T, Kaiyu L. Experimental investigation of a novel high temperature resistant and low friction fracturing fluid. Physicochem Probl Miner Process 2014; 51(1): 37–47. URL: http://www.minproc.pwr.wroc.pl/journal/pdf/ppmp51-1.37-47.pdf.

[25] Rostami A, Nguyen DT, Nasr–El–Din HA. Improving gas relative permeability in tight gas formations by using microemulsions. IPTC–17675–MS; International Petroleum Technology Conference, 19–22 January, Doha, Qatar; Richardson, TX: International Petroleum Technology Conference; 2014, URL: https://www.onepetro.org/conference-paper/IPTC-17675-MS. doi: http://dx.doi.org/10.2523/17675-MS.

[26] Berger PD, Berger CH. Environmental friendly fracturing and stimulation compo–sition and method of using the same. US Patent 7998911, assigned to Oil Chem. Technologies (Sugar Land, TX); 2011. URL: http://www.freepatentsonline.com/7998911.html.

[27] Anonymous. Fracturing products and additives. World Oil 1999; 220(8): 135, 137, 139–45.

[28] Harris P. Fracturing–fluid additives. J Pet Technol 1988; 40(10). doi: 10.2118/17112–PA.

[29] Hrachovy MJ. Hydraulic fracturing technique employing in situ precipitation. WO Patent 9406998, assigned to

Union Oil Co. California; 1994.

[30] Hrachovy MJ. Hydraulic fracturing technique employing in situ precipitation. US Patent 5322121, assigned to Union Oil Company of California (Los Angeles, CA); 1994. URL: http://www.freepatentsonline.com/5322121.html.

[31] Welton TD, Todd BL, McMechan D. Methods for effecting controlled break in pH dependent foamed fracturing fluid. US Patent 7662756, assigned to Halliburton Energy Services, Inc. (Duncan, OK); 2010. URL: http://www.freepatentsonline.com/7662756.html.

[32] Lemanczyk ZR. The use of polymers in well stimulation: an overview of application, performance and economics. Oil Gas Europe Mag 1992; 18(3): 20-6.

[33] Mondshine TC. Crosslinked fracturing fluids. WO Patent 8700236, assigned to Texas United Chemical Corp.; 1987.

[34] Holtmyer MD, Hunt CV. Crosslinkable cellulose derivatives. EP Patent 0479606 assigned to Halliburton Company; 1995. URL: https://www.google.at/patents/EP0479606B1?cl=en.

[35] Westland JA, Lenk DA, Penny GS. Rheological characteristics of reticulated bacterial cellulose as a performance additive to fracturing and drilling fluids. In: Proceedings volume. SPE oilfield chem. int. symp. (New Orleans, 3/2-5/93); 1993, p. 501-14.

[36] Hodge RM. Particle transport fluids thickened with acetylate free xanthan het-eropolysaccharide biopolymer plus guar gum. US Patent 5591699, assigned to E. I. du Pont de Nemours and Company (Wilmington, DE); 1997. URL: http://www.freepatentsonline.com/5591699.html.

[37] Lawrence S, Warrender N. Crosslinking composition for fracturing fluids. US Patent 7749946, assigned to Sanjel Corporation (Calgary, Alberta, CA); 2010. URL: http://www.freepatentsonline.com/7749946.html.

[38] Müller H, Herold CP, von Tapavicza S. Aqueous swellable compositions of guar gum and guar gum derivatives in oleophilic liquids and their use. US Patent 6180572, assigned to Henkel Kommanditgesellschaft auf Aktien (Düsseldorf, DE); 2001. URL: http://www.freepatentsonline.com/6180572.html.

[39] Zeilinger SC, Mayerhofer MJ, Economides MJ. A comparison of the fluid-loss properties of borate-zirconate-crosslinked and noncrosslinked fracturing fluids. In: Proceedings volume. SPE east reg conf. (Lexington, KY, 10/23-25/91); 1991, p. 201-9.

[40] Kelly PA, Gabrysch AD, Horner DN. Stabilizing crosslinked polymer guars and modified guar derivatives. US Patent 7195065, assigned to Baker Hughes Incor-porated (Houston, TX); 2007. URL: http://www.freepatentsonline.com/7195065.html.

[41] Yeh MH. Anionic sulfonated thickening compositions. EP Patent 0632057 assigned to Rhone-Poulenc Specialty Chemicals Co.; 1995. URL: https://www.google.at/patents/EP0632057A1?cl=en.

[42] Doherty DH, Ferber DM, Marrelli JD, Vanderslice RW, Hassler RA. Genetic control of acetylation and pyruvylation of xanthan based polysaccharide polymers. WO Patent 9219753, assigned to Getty Scientific Dev Co.; 1992.

[43] Penny GS, Stephens RS, Winslow AR. Method of supporting fractures in geologic formations and hydraulic fluid composition for same. US Patent 5009797, assigned to Weyerhaeuser Company (Tacoma, WA); 1991. URL: http://www.freepatentsonline.com/5009797.html.

[44] Aggour TM, Economides MJ. Impact of fluid selection on high-permeability fracturing. In: Proceedings volume; vol. 2. SPE Europe petrol. conf. (Milan, Italy, 10/22-24/96); 1996, p. 281-7.

[45] Johnson M. Fluid systems for controlling fluid losses during hydrocarbon recovery operations. EP Patent 0691454 assigned to Baker Hughes Incorporated; 1999. URL: https://www.google.at/patents/EP0691454B1?cl=en.

[46] Johnson MH, Smejkal KD. Fluid system for controlling fluid losses during hydro-carbon recovery

[47] Elbel JL, Navarrete RC, Poe Jr BD. Production effects of fluid loss in fracturing high-permeability formations. In: Proceedings volume. SPE Europe formation damage contr. conf. (The Hague, The Netherlands, 5/15–16/95); 1995, p. 201–11.

[48] Navarrete RC, Brown JE, Marcinew RP. Application of new bridging technology and particulate chemistry for fluid-loss control during fracturing highly permeable formations. In: Proceedings volume; vol. 2. SPE Europe petrol. conf. (Milan, Italy, 10/22–24/96); 1996, p. 321–5.

[49] Navarrete RC, Mitchell JP. Fluid-loss control for high-permeability rocks in hydraulic fracturing under realistic shear conditions. In: Proceedings volume. SPE prod. oper. symp. (Oklahoma City, 4/2–4/95); 1995, p. 579–91.

[50] Cawiezel KE, Navarrete RC, Constien VG. Fluid loss control. US Patent 5948733, assigned to Dowell Schlumberger Incorporated (Sugar Land, TX); 1999. URL: http://www.freepatentsonline.com/5948733.html.

[51] Ezell RG, Wu JJ. Methods of using fluid loss additives comprising micro gels. US Patent 8697609, assigned to Halliburton Energy Services, Inc. (Houston, TX); 2014. URL: http://www.freepatentsonline.com/8697609.html.

[52] Tarafdar A, Ak R, Patil RC, Wagle V. Water based fluid loss additive containing an amphiphilic dispersant for use in a well. US Patent 8741817, assigned to Halliburton Energy Services, Inc. (Houston, TX); 2014. URL: http://www.freepatentsonline.com/8741817.html.

[53] Williamson CD, Allenson SJ. A new nondamaging particulate fluid-loss additive. In: Proceedings volume. SPE oilfield chem. int. symp. (Houston, 2/8–10/89); 1989, p. 147–58.

[54] Williamson CD, Allenson SJ, Gabel RK, Huddleston DA. Enzymatically degradable fluid loss additive. US Patent 5032297, assigned to Nalco Chemical Company (Naperville, IL); 1991. URL: http://www.freepatentsonline.com/5032297.html.

[55] Hofstaetter H. Permeable fracturing material. US Patent Application 20130206407, assigned to Montanuniversitaet Leoben, Leoben (AT); 2013. URL: http://www.freepatentsonline.com/20130206407.html.

[56] Dobson JW, Mondshine KB. Method of reducing fluid loss of well drilling and servicing fluids. EP Patent 0758011 assigned to Texas United Chemical Company, LLC.; 2001. URL: https://www.google.at/patents/EP0758011B1?cl=en.

[57] Williamson CD, Allenson SJ, Gabel RK. Additive and method for tem-porarily reducing permeability of subterranean formations. US Patent 4997581, assigned to Nalco Chemical Company (Naperville, IL); 1991. URL: http://www.freepatentsonline.com/4997581.html.

[58] Nimerick KH. Metal ion crosslinked fracturing fluid and method. US Patent 6177385, assigned to Schlumberger Technology Corporation (Sugar Land, TX); 2001. URL: http://www.freepatentsonline.com/6177385.html.

[59] Himes RE, Vinson EF, Simon DE. Clay stabilization in low-permeability forma-tions. In: Proceedings volume. SPE prod. oper. symp. (Oklahoma City, 3/12–14/89); 1989, p. 507–16.

[60] Yeager RR, Bailey DE. Diesel-based gel concentrate improves rocky mountain region fracture treatments. In: Proceedings volume. SPE Rocky Mountain reg mtg. (Casper, Wyo, 5/11–13/88); 1988, p. 493–7.

[61] Thomas TR, Smith KW. Method of maintaining subterranean formation permeability and inhibiting clay swelling. US Patent 5211239, assigned to Clearwater, Inc. (Pittsburgh, PA); 1993. URL: http://www.freepatentsonline.com/5211239.html.

［62］ Himes RE. Method for clay stabilization with quaternary amines. US Patent 5097904, assigned to Halliburton Company (Duncan, OK); 1992. URL: http:// www. freepatentsonline. com/5097904. html.

［63］ Himes RE, Vinson EF. Fluid additive and method for treatment of subterranean formations. US Patent 4842073, assigned to Halliburton Services (Duncan, OK); 1989. URL: http://www. freepatentsonline. com/4842073. html.

［64］ Schield JA, Naiman MI, Scherubel GA. Polyimide quaternary salts as clay stabiliza-tion agents. US Patent 5160642, assigned to Petrolite Corporation (St. Louis, MO); 1992. URL: http:// www. freepatentsonline. com/5160642. html.

［65］ Aften CW, Gabel RK. Clay stabilizing method for oil and gas well treatment. US Patent 5099923, assigned to Nalco Chemical Company (Naperville, IL); 1992. URL: http://www. freepatentsonline. com/5099923. html.

［66］ Hall BE, Szememyei CA. Fluid additive and method for treatment of subterranean formations. US Patent 5089151, assigned to The Western Company of North America (Houston, TX); 1992. URL: http:// www. freepatentsonline. com/5089151. html.

［67］ Himes RE, Parker MA, Schmelzl EG. Environmentally safe temporary clay stabilizer for use in well service fluids. In: Proceedings volume; vol. 3. Cim. petrol. soc/SPE int. tech. mtg. (Calgary, Can, 6/10 – 13/90); 1990.

［68］ Himes RE, Vinson EF. Environmentally safe salt replacement for fracturing fluids. In: Proceedings volume. SPE east reg conf. (Lexington, KY, 10/23–25/91); 1991, p. 237–48.

［69］ Poelker DJ, McMahon J, Schield JA. Polyamine salts as clay stabilizing agents. US Patent 7601675, assigned to Baker Hughes Incorporated (Houston, TX); 2009. URL: http:// www. freepatentsonline. com/7601675. html.

［70］ Kanda S, Yanagita M, Sekimoto Y. Stabilized fracturing fluid and method of stabilizing fracturing fluid. US Patent 4681690, assigned to Nitto Chemical Industry Co. , Ltd. (Tokyo, JP); 1987. URL: http:// www. freepatentsonline. com/4681690. html.

［71］ Kanda S, Kawamura Z. Stabilization of xanthan gum in aqueous solution. GB Patent 2192402, assigned to Nitto Chemical Industry Co. Ltd. ; 1988.

［72］ Kanda S, Kawamura Z. Stabilization of xanthan gum in aqueous solution. US Patent 4810786, assigned to Nitto Chemical Industry Co. , Ltd. (Tokyo, JP); 1989. URL: http:// www. freepatentsonline. com/4810786. html.

［73］ Kanda S, Yanagita M, Sekimoto Y. Stabilized fracturing fluid and method of stabilizing fracturing fluid. US Patent 4721577, assigned to Nitto Chemical Industry Co. , Ltd. (Tokyo, JP); 1988. URL: http:// www. freepatentsonline. com/4721577. html.

［74］ Penny GS. Method of increasing hydrocarbon production from subterranean forma-tions. US Patent 4702849, assigned to Halliburton Company (Duncan, OK); 1987. URL: http:// www. freepatentsonline. com/4702849. html.

［75］ Penny GS. Method of increasing hydrocarbon productions from subterranean for-mations. EP Patent 0234910 assigned to Halliburton Company; 1987. URL: https:// www. google. at/patents/EP0234910A2? cl=en.

［76］ Penny GS, Briscoe JE. Method of increasing hydrocarbon production by reme-dial well treatment. CA Patent 1216416 assigned to Glenn S. Penny, Hallibur-ton Company, James E. Briscoe; 1987. URL: https:// www. google. at/patents/CA1216416A1? cl=en.

［77］ Norman WD, Jasinski RJ, Nelson EB. Hydraulic fracturing process and composi-tions. US Patent 5551516, assigned to Dowell, a division of Schlumberger Technol-ogy Corporation; 1996. URL: http:// www. freepatentsonline. com/5551516. html.

［78］ Hughes TL, Jones TGJ, Tustin GJ. Viscoelastic surfactant based gelling composition for wellbore service fluids. US Patent 6232274, assigned to Schlumberger Tech - nology Corporation (Sugar Land, TX); 2001. URL: http://www.freepatentsonline.com/6232274.html.

[79] Jones TGJ, Tustin GJ. Gelling composition for wellbore service fluids. US Patent 6194356, assigned to Schlumberger Technology Corporation (Sugar Land, TX); 2001. URL: http://www.freepatentsonline.com/6194356.html.

[80] Davies SN, Jones TGJ, Olthoff S, Tustin GJ. Method for water control. US Patent 6920928, assigned to Schlumberger Technology Corporation (Sugar Land, TX); 2005. URL: http://www.freepatentsonline.com/6920928.html.

[81] Jones TGJ, Tustin GJ, Fletcher P, Lee JCW. Scale dissolver fluid. US Patent 7156177, assigned to Schlumberger Technology Corporation (Ridgefield, CT); 2007. URL: http://www.freepatentsonline.com/7156177.html.

[82] Brown JE, Card RJ, Nelson EB. Methods and compositions for testing subterranean formations. US Patent 5964295, assigned to Schlumberger Technology Corporation, Dowell division (Sugar Land, TX); 1999. URL: http://www.freepatentsonline.com/5964295.html.

[83] Zhou J, Hughes T. Aqueous viscoelastic fluid. US Patent 7036585, assigned to Schlumberger Technology Corporation (Ridgefield, CT); 2006. URL: http://www.freepatentsonline.com/7036585.html.

[84] Hartshorne RS, Hughes TL, Jones TGJ, Tustin GJ. Anionic viscoelastic surfac-tant. US Patent Application 20050124525, assigned to Schlumberger Technology Corporation (Ridgefield, CT); 2005. URL: http://www.freepatentsonline.com/20050124525.html.

[85] Jones TGJ, Tustin GJ, Fletcher P, Lee JCW. Scale dissolver fluid. US Patent 7343978, assigned to Schlumberger Technology Corporation (Ridgefield, CT); 2008. URL: http://www.freepatentsonline.com/7343978.html.

[86] Jones TGJ, Tustin GJ. Powder composition. US Patent 7858562, assigned to Schlumberger Technology Corporation (Ridgefield, CT); 2010. URL: http://www.freepatentsonline.com/7858562.html.

[87] Koganei R. On fatty acids obtained from cephalin. Compounds of β-aminoethyl alcohol with saturated and unsaturated fatty acids. J Biochem 1923; 3(1): 15-26.

[88] Sinha KR, Caldwell BE. Glass coating composition and method. US Patent 4517243, assigned to Wheaton Industries (Millville, NJ); 1985. URL: http://www.freepatentsonline.com/4517243.html.

[89] Knaus DA. Stability control agent composition for polyolefin foam. US Patent 5874024; 1999. URL: http://www.freepatentsonline.com/5874024.html.

[90] Tsuji K, Yamamoto M, Kawamoto K, Tachibana H. Method for treating an allergic or inflammatory disease. US Patent 6491943, assigned to National Agricultural Research Organization (Tsukuba, JP); 2002. URL: http://www.freepatentsonline.com/6491943.html.

[91] Tsuji K, Yamamoto M, Kawamoto K, Tachibana H. Cosmetics, foods and bev-erages supplemented with purified strictinin. US Patent 6638524, assigned to National Agricultural Research Organization (Tsukuba, JP) Bio-Oriented Tech-nology Research Advancement Institution (Omiya, JP); 2003. URL: http://www.freepatentsonline.com/6638524.html.

[92] Takahata K, Matsui Y. Antialopecia agent. US Patent 6713093, assigned to Sun-tory Limited (Osaka, JP); 2004. URL: http://www.freepatentsonline.com/6713093.html.

[93] Tsuji K, Yamamoto M, Kawamoto K, Tachibana H. Method for treating an allergic or inflammatory disease. US Patent 6899893, assigned to National Agri-culture Research Organization (Tsukuba, JP), Bio-Oriented Technology Research Advancement Institution (Omiya, JP); 2005. URL: http://www.freepatentsonline.com/6899893.html.

[94] Farmer RF, Doyle AK, Vale GDC, Gadberry JF, Hoey MD, Dobson RE. Method for controlling the rheology of an aqueous fluid and gelling agent therefor. US Patent 6239183, assigned to Akzo Nobel N.V. (Arnhem, NL); 2001. URL: http://www.freepatentsonline.com/6239183.html.

[95] Hoey MD, Franklin R, Lucas DM, Dery M, Dobson RE, Engel M, et al. Viscoelastic surfactants and compositions containing same. US Patent 6506710, assigned to Akzo Nobel N.V. (Arnhem, NL); 2003. URL: http://www.freepatentsonline.com/6506710.html.

[96] Hartshorne RS, Hughes TL, Jones TGJ, Tustin GJ, Westwood JF. Wellbore treatment fluid. US Patent 8252730, assigned to Schlumberger Technology Corporation (Sugar Land, TX); 2012. URL: http://www.freepatentsonline.com/8252730.html.

[97] Gadberry JF, Hoey MD, Franklin R, del Carmen Vale G, Mozayeni F. Surfactants for hydraulic fracturing compositions. US Patent 5979555, assigned to Akzo Nobel N.V. (Arnhem, NL); 1999. URL: http://www.freepatentsonline.com/5979555.html.

[98] Barkat O. Rheology of flowing, reacting systems: the crosslinking reaction of hydroxypropyl guar with titanium chelates [Ph.D. thesis]. Tulsa Univ; 1987.

[99] Le HV, Wood WR. Method for increasing the stability of water based fracturing fluids. US Patent 5226481, assigned to BJ Services Company (Houston, TX); 1993. URL: http://www.freepatentsonline.com/5226481.html.

[100] Ainley BR, Nimerick KH, Card RJ. High-temperature, borate-crosslinked fractur-ing fluids: a comparison of delay methodology. In: Proceedings volume. SPE prod. oper. symp. (Oklahoma City, 3/21-23/93); 1993, p. 517-20.

[101] Cawiezel KE, Elbel JL. A new system for controlling the crosslinking rate of borate fracturing fluids. In: Proceedings volume. 60th Annu. SPE Calif reg mtg. (Ventura, Calif, 4/4-6/90); 1990, p. 547-52.

[102] Harris PC, Norman LR, Hollenbeak KH. Borate crosslinked fracturing fluids. EP Patent 0594363 assigned to Halliburton Company; 1994. URL: https://www.google.at/patents/EP0594363A1? cl=en.

[103] Harris PC, Heath SJ. Delayed release borate crosslinking agent. US Patent 5372732, assigned to Halliburton Company (Duncan, OK); 1994. URL: http://www.freepatentsonline.com/5372732.html.

[104] Sanner T, Kightlinger AP, Davis JR. Borate-starch compositions for use in oil field and other industrial applications. US Patent 5559082, assigned to Grain Process-ing Corporation (Muscatine, IA); 1996. URL: http://www.freepatentsonline.com/5559082.html.

[105] Sun H, Qu Q. High-efficiency boron crosslinkers for low-polymer fracturing fluids. SPE Int Symp Oilfield Chem 2011. doi: 10.2118/140817-ms.

[106] Legemah M, Sun H, Guerin M, Qu Q. Novel high-efficiency boron crosslinkers for low-polymer-loading fracturing fluids. SPE J 2014; 19(4): 737-43. doi: 10.2118/164118-pa.

[107] Dawson JC. Method and composition for delaying the gellation of borated galac-tomannans. US Patent 5082579, assigned to BJ Services Company (Houston, TX); 1992. URL: http://www.freepatentsonline.com/5082579.html.

[108] Dawson JC. Method for delaying the gellation of borated galactomannans with a delay additive such as glyoxal. US Patent 5160643, assigned to BJ Services Company (Houston, TX); 1992. URL: http://www.freepatentsonline.com/5160643.html.

[109] Dawson JC. Method and composition for delaying the gellation of borated gallac-tomannans. CA Patent 2037974 assigned to Jeffrey C. Dawson, Bj Services Company; 2001. URL: https://www.google.at/patents/CA2037974C? cl=en.

[110] Nimerick KH, Crown CW, McConnell SB, Ainley B. Method of using borate crosslinked fracturing fluid

having increased temperature range. US Patent 5259455; 1993. URL: http://www.freepatentsonline.com/5259455.html.

[111] Ainley BR, McConnell SB. Method of fracturing a subterranean formation. EP Patent 0528461 assigned to Compagnie Des Services Dowell Schlumberger S. A., Pumptech N. V.; 2002. URL: https://www.google.at/patents/EP0528461B2?cl=en.

[112] Putzig DE, Smeltz KC. Organic titanium compositions useful as cross-linkers. EP Patent 195531; 1986.

[113] Putzig DE. Zirconium chelates and their use for cross-linking. EP Patent 0278684 assigned to E. I. du Pont de Nemours and Company; 1992. URL: https://www.google.at/patents/EP0278684B1?cl=en.

[114] Ridland J, Brown DA. Organo-metallic compounds. CA Patent 2002792 assigned to John Ridland, David Alexander Brown, Tioxide Group Plc, Tioxide Group Lim-ited, Tioxide Group, Acma Limited; 1997. URL: https://www.google.at/patents/CA2002792C?cl=en.

[115] Dawson JC, Le HV. Gelation additive for hydraulic fracturing fluids. US Patent 5798320, assigned to BJ Services Company (Houston, TX); 1998. URL: http://www.freepatentsonline.com/5798320.html.

[116] Dawson JC, Le HV. Gelation additive for hydraulic fracturing fluids. US Patent 5773638, assigned to BJ Services Company (Houston, TX); 1998. URL: http://www.freepatentsonline.com/5773638.html.

[117] Sharif S. Process for preparation and composition of stable aqueous solutions of boron zirconium chelates for high temperature frac fluids. US Patent 5217632, assigned to Zirconium Technology Corporation (Midland, TX); 1993. URL: http://www.freepatentsonline.com/5217632.html.

[118] Sharif S. Process for preparation of stable aqueous solutions of zirconium chelates. US Patent 5466846, assigned to Benchmark Research and Technology, Inc. (San Antonio, TX); 1995. URL: http://www.freepatentsonline.com/5466846.html.

[119] Putzig DE. Process to prepare borozirconate solution and use as cross-linker in hydraulic fracturing fluids. US Patent 7683011; 2010. URL: http://www.freepatentsonline.com/7683011.html.

[120] Carpenter JF. Bromine-based sulfamate stabilized breaker composition and process. US Patent 7576041, assigned to Albemarle Corporation (Baton Rouge, LA); 2009. URL: http://www.freepatentsonline.com/7576041.html.

[121] Craig D, Holditch SA. The degradation of hydroxypropyl guar fracturing fluids by enzyme, oxidative, and catalyzed oxidative breakers: Pt. 2: crosslinked hydrox-ypropyl guar gels: topical report (January 1992-April 1992). Gas Res Inst Rep GRI-93/04192; Gas Res Inst; 1993.

[122] Craig D, Holditch SA. The degradation of hydroxypropyl guar fracturing fluids by enzyme, oxidative, and catalyzed oxidative breakers: Pt. 1: linear hydroxypropyl guar solutions: topical report (February 1991-December 1991). Gas Res Inst Rep GRI-93/04191; Gas Res Inst; 1993.

[123] Craig DP. The degradation of hydroxypropyl guar fracturing fluids by enzyme, oxidative, and catalyzed oxidative breakers [Ph. D. thesis]. Texas A & M Univ; 1991.

[124] Bielewicz VD, Kraj L. Laboratory data on the effectivity of chemical breakers in mud and filtercake (Untersuchungen zur Effektivität von Degradationsmitteln in Spülungen). Erdöl Erdgas Kohle 1998; 114(2): 76–9.

[125] Huang T, Crews JB. Dual-functional breaker for hybrid fluids of viscoelastic surfactant and polymer. US Patent 8383557, assigned to Baker Hughes Incorporated (Houston, TX); 2013. URL: http://www.freepatentsonline.com/8383557.html.

[126] Williams MM, Phelps MA, Zody GM. Reduction of viscosity of aqueous fluids. EP Patent 0222615 assigned to Hi-Tek Polymers, Inc.; 1990. URL: https://www.google.at/patents/EP0222615B1?cl=en.

[127] Langemeier PW, Phelps MA, Morgan ME. Method for reducing the viscosity of aqueous fluids. EP Patent 0330489 assigned to Stein, Hall & Co., Inc.; 1989. URL: https://www.google.at/patents/EP0330489A2?cl=en.

[128]　Walker ML, Shuchart CE. Method for breaking stabilized viscosified fluids. US Patent 5413178, assigned to Halliburton Company (Duncan, OK); 1995. URL: http://www.freepatentsonline.com/5413178.html.

[129]　Mondshine TC. Process for decomposing polysaccharides in alkaline aqueous systems. EP Patent 0559418 assigned to Texas United Chemical Company, LLC.; 1997. URL: https://www.google.at/patents/EP0559418B1? cl=en.

[130]　Laramay SB, Powell RJ, Pelley SD. Perphosphate viscosity breakers in well fracture fluids. US Patent 5386874, assigned to Halliburton Company (Duncan, OK); 1995. URL: http://www.freepatentsonline.com/5386874.html.

[131]　Harms WM. Catalyst for breaker system for high viscosity fluids. US Patent 5143157, assigned to Halliburton Company (Duncan, OK); 1992. URL: http://www.freepatentsonline.com/5143157.html.

[132]　Dawson JC, Le HV. Controlled degradation of polymer based aqueous gels. US Patent 5447199, assigned to BJ Services Company (Houston, TX); 1995. URL: http://www.freepatentsonline.com/5447199.html.

[133]　Mccabe MA, Shuchart CE, Slabaugh BF, Terracina JM. Method of treating subter-ranean formation. EP Patent 0916806 assigned to Halliburton Energy Services, Inc.; 1999. URL: https://www.google.at/patents/EP0916806A2? cl=en.

[134]　Noran L, Vitthal S, Terracina J. New breaker technology for fracturing high-perme-ability formations. In: Proceedings volume. SPE Europe formation damage contr. conf. (The Hague, The Netherlands, 5/15-16/95); 1995, p.187-99.

[135]　Cantu LA, Boyd PA. Laboratory and field evaluation of a combined fluid-loss control additive and gel breaker for fracturing fluids. In: Proceedings volume. SPE oilfield chem. int. symp. (Houston, 2/8-10/89); 1989, p.7-16.

[136]　Cantu LA, McBride EFMO. Formation fracturing process. EP Patent 0401431 assigned to Conoco, Inc., E. I. du Pont de Nemours and Company; 1990. URL: https://www.google.at/patents/EP0401431A1? cl=en.

[137]　Cantu LA, McBride EF, Osborne M. Well treatment process. EP Patent 0404489 assigned to Conoco, Inc., E. I. du Pont de Nemours and Company; 1995. URL: https://www.google.at/patents/EP0404489B1? cl=en.

[138]　Cantu LA, Mcbride EF, Osborne MW. Formation fracturing process. CA Patent 1319819 assigned to Lisa A. Cantu, Edward F. Mcbride, Marion W. Osborne, Conoco, Inc., E. I. du Pont de Nemours and Company; 1993. URL: https://www.google.at/patents/CA1319819C? cl=en.

[139]　Brannon HD, Tjon-Joe-Pin RM. Biotechnological breakthrough improves perfor-mance of moderate to high-temperature fracturing applications. In: Proceedings volume; vol.1. 69th Annu. SPE tech. conf. (New Orleans, 9/25-28/94); 1994, p.515-30.

[140]　Slodki ME, Cadmus MC. High-temperature, salt-tolerant enzymic breaker of xanthan gum viscosity. In: Donaldson EC, editor. Microbial enhancement of oil recovery: recent advances: proceedings of the 1990 international conference on microbial enhancement of oil recovery; vol.31 of Developments in petroleum science. Elsevier Science Ltd. ISBN 0-444-88633-8; 1991, p.247-55.

[141]　Craig D, Holditch SA, Howard B. The degradation of hydroxypropyl guar fracturing fluids by enzyme, oxidative, and catalyzed oxidative breakers. In: Proceedings volume. 39th Annu. southwestern petrol. Short Course Ass. Inc. et al mtg. (Lubbock, TX, 4/22-23/92); 1992, p.1-19.

[142]　Ahlgren JA. Enzymatic hydrolysis of xanthan gum at elevated temperatures and salt concentrations. In: Proceedings volume. 6th Inst. gas technol. gas, oil, & environ. biotechnol. int. symp. (Colorado Springs, CO, 11/29/93-12/1/93); 1993.

[143] Fodge DW, Anderson DM, Pettey TM. Hemicellulase active at extremes of pH and temperature and utilizing the enzyme in oil wells. US Patent 5551515, assigned to Chemgen Corporation (Gaithersburg, MD); 1996. URL: http://www.freepatentsonline.com/5551515.html.

[144] Harris RE, Hodgson RJ. Delayed acid for gel breaking. US Patent 5813466, assigned to Cleansorb Limited (GB); 1998. URL: http://www.freepatentsonline.com/5813466.html.

[145] Prasek BB. Interactions between fracturing fluid additives and currently used enzyme breakers. In: Proceedings volume. 43rd Annu. southwestern petrol. Short Course Ass. Inc. et al mtg. (Lubbock, Texas, 4/17-18/96); 1996, p. 265-79.

[146] Muir DJ, Irwin MJ. Encapsulated breakers, compositions and methods of use. WO Patent 9961747, assigned to 3M Innovative Propertie C.; 1999.

[147] Gulbis J, King MT, Hawkins GW, Brannon HD. Encapsulated breaker for aqueous polymeric fluids. In: Proceedings volume. 9th SPE Formation Damage Contr. Symp. (Lafayette, LA, 2/22-23/90); 1990, p. 245-54.

[148] Gulbis J, King MT, Hawkins GW, Brannon HD. Encapsulated breaker for aqueous polymeric fluids. SPE Prod Eng 1992; 7(1): 9-14.

[149] Gulbis J, Williamson TDA, King MT, Constien VG. Method of controlling release of encapsulated breakers. EP Patent 0404211 assigned to Pumptech N.V., Compagnie Des Services Dowell Schlumberger; 1990. URL: https://www.google.at/patents/EP0404211A1?cl=en.

[150] King MT, Gulbis J, Hawkins GW, Brannon HD. Encapsulated breaker for aqueous polymeric fluids. In: Proceedings volume; vol. 2. Cim. petrol. soc/SPE int. tech. mtg. (Calgary, Can, 6/10-13/90); 1990.

[151] Gupta DVS, Prasek BB. Method for fracturing subterranean formations using controlled release breakers and compositions useful therein. US Patent 5437331, assigned to The Western Company of North America (Houston, TX); 1995. URL: http://www.freepatentsonline.com/5437331.html.

[152] Boles JL, Metcalf AS, Dawson JC. Coated breaker for crosslinked acid. US Patent 5497830, assigned to BJ Services Company (Houston, TX); 1996. URL: http://www.freepatentsonline.com/5497830.html.

[153] Satyanarayana Gupta DV, Cooney A. Encapsulations for treating subterranean formations and methods for the use thereof. WO Patent 9210640, assigned to Western Co. North America; 1992.

[154] Manalastas PV, Drake EN, Kresge EN, Thaler WA, McDougall LA, Newlove JC, et al. Breaker chemical encapsulated with a crosslinked elastomer coating. US Patent 5110486, assigned to Exxon Research and Engineering Company (Florham Park, NJ); 1992. URL: http://www.freepatentsonline.com/5110486.html.

[155] Hunt CV, Powell RJ, Carter ML, Pelley SD, Norman LR. Encapsulated enzyme breaker and method for use in treating subterranean formations. US Patent 5604186, assigned to Halliburton Company (Duncan, OK); 1997. URL: http://www.freepatentsonline.com/5604186.html.

[156] Norman LR, Laramay SB. Encapsulated breakers and method for use in treating subterranean formations. US Patent 5373901, assigned to Halliburton Company (Duncan, OK); 1994. URL: http://www.freepatentsonline.com/5373901.html.

[157] Norman LR, Turton R, Bhatia AL. Breaking fracturing fluid in subterranean formation. EP Patent 1152121 assigned to Halliburton Energy Services, Inc.; 2010. URL: https://www.google.at/patents/EP1152121B1?cl=en.

[158] Swarup V, Peiffer DG, Gorbaty ML. Encapsulated breaker chemical. US Patent 5580844, assigned to Exxon Research and Engineering Company (Florham Park, NJ); 1996. URL: http://www.freepatentsonline.com/5580844.html.

[159] Hawkins GW. Molecular weight reduction and physical consequences of chemical degradation of

hydroxypropylguar in aqueous brine solutions. In: Proceedings 192nd ACS nat mtg; vol. 55. Am Chem Soc polymeric, mater sci eng div tech program (Anaheim, Calif, 9/7–12/86). ISBN 0-8412-0985-5; 1986, p. 588–93.

[160] Carpenter JF. Breaker composition and process. US Patent 7223719, assigned to Albemarle Corporation (Richmond, VA); 2007. URL: http://www.freepatentsonline.com/7223719.html.

[161] Crews JB. Aminocarboxylic acid breaker compositions for fracturing fluids. US Patent 7208529, assigned to Baker Hughes Incorporated (Houston, TX); 2007. URL: http://www.freepatentsonline.com/7208529.html.

[162] Crews JB. Polyols for breaking of fracturing fluid. US Patent 7160842, assigned to Baker Hughes Incorporated (Houston, TX); 2007. URL: http://www.freepatentsonline.com/7160842.html.

[163] Crews JB. Saponified fatty acids as breakers for viscoelastic surfactant-gelled fluids. US Patent 7728044, assigned to Baker Hughes Incorporated (Houston, TX); 2010. URL: http://www.freepatentsonline.com/7728044.html.

[164] McDougall LA, Malekahmadi F, Williams DA. Method of fracturing formations. EP Patent 0540204 assigned to Exxon Chemical Patents, Inc.; 1993. URL: https://www.google.at/patents/EP0540204A2?cl=en.

[165] Mitchell TO, Card RJ, Gomtsyan A. Cleanup additive. US Patent 6242390, assigned to Schlumberger Technology Corporation (Sugar Land, TX); 2001. URL: http://www.freepatentsonline.com/6242390.html.

[166] Acker DB, Malekahmadi F. Delayed release breakers in gelled hydrocarbons. US Patent 6187720; 2001. URL: http://www.freepatentsonline.com/6187720.html.

[167] Watkins DR, Clemens JJ, Smith JC, Sharma SN, Edwards HG. Use of scale inhibitors in hydraulic fracture fluids to prevent scale build-up. US Patent 5224543, assigned to Union Oil Company of California (Los Angeles, CA); 1993. URL: http://www.freepatentsonline.com/5224543.html.

[168] Barthorpe RT. The impairment of scale inhibitor function by commonly used organic anions. In: Proceedings volume. SPE oilfield chem. int. symp. (New Orleans, 3/2–5/93); 1993, p. 69–76.

[169] Powell PJ, Gdanski RD, McCabe MA, Buster DC. Controlled-release scale inhibitor for use in fracturing treatments. In: Proceedings volume. SPE oilfield chem. int. symp. (San Antonio, 2/14–17/95); 1995, p. 571–9.

[170] Powell RJ, Fischer AR, Gdanski RD, McCabe MA, Pelley SD. Encapsulated scale inhibitor for use in fracturing treatments. In: Proceedings volume. Annu. SPE tech. conf. (Dallas, 10/22–25/95); 1995, p. 557–63.

[171] Powell RJ, Fischer AR, Gdanski RD, McCabe MA, Pelley SD. Encapsulated scale inhibitor for use in fracturing treatments. In: Proceedings volume. SPE Permian basin oil & gas recovery conf. (Midland, TX, 3/27–29/96); 1996, p. 107–13.

[172] Wang W, Kan AT, Zhang F, Yan C, Tomson M. Measurement and prediction of thermal degradation of scale inhibitors. SPE J 2014. doi: 10.2118/164047-pa.

[173] Graue A, Moe RW, Baldwin BA, Needham R. Water mixing during water-flood oil recovery: the effect of initial water saturation. SPE J 2012; 17(1): 43–52. URL: http://www.onepetro.org/mslib/app/Preview.do?paperNumber=SPE-149577-PA&societyCode=SPE.

[174] Korsbech U, Aage H, Hedegaard K, Andersen B, Springer N. Measuring and modeling the displacement of connate water in chalk core plugs during water injection. SPE Reserv Eval Eng 2006; 9(3): 259–65. doi: 10.2118/78059-PA.

[175] Guo-Qing T, Abbas F. Effect of viscous forces and initial water saturation on water injection in water-wet and

mixed-wet fractured porous media. Soc Pet Eng. ISBN 9781555633486; 2000. doi: 10.2118/59291-MS.

[176] Zhou D, Jiang T, Feng J, Bian W, Liu Y, Zhao J. Research of water flooded performance and pattern in horizontal well with bottom-water drive reservoir. Soc Pet Eng. ISBN 9781613991114; 2004. doi: 10.2118/2004-093.

[177] Lord P, Weston M, Fontenelle L, Haggstrom J. Recycling water: case studies in designing fracturing fluids using flowback, produced, and nontraditional water sources. Soc Pet Eng. ISBN 9781613992722; 2013. doi: 10.2118/165641-MS.

[178] Nie R, Jia Y, Shen N, Qin X, Luo X, Zhang W, et al. A new method to discriminate effectively the influence of water injection and natural water influx upon reservoir pressure system: a case history from Cainan oilfield. Soc Pet Eng. ISBN 9781555632748; 2010. doi: 10.2118/127282-MS.

[179] Jin L, Wojtanowicz A, Hughes R. An analytical model for water coning control installation in reservoir with bottom water. Soc Pet Eng. ISBN 9781613991169; 2009. doi: 10.2118/2009-098.

[180] Eoff LS, Dalrymple ED, Reddy BR. Methods and compositions for the diversion of aqueous injection fluids in injection operations. US Patent 7563750, assigned to Halliburton Energy Services, Inc. (Duncan, OK); 2009. URL: http://www.freepatentsonline.com/7563750.html.

[181] Eoff LS, Reddy BR, Dalrymple ED. Methods of reducing subterranean formation water permeability. US Patent 6476169, assigned to Halliburton Energy Services, Inc. (Duncan, OK); 2002. URL: http://www.freepatentsonline.com/6476169.html.

[182] Rabie AI, Shedd DC, Nasr-El-Din HA. Measuring the reaction rate of lactic acid with calcite and dolomite by use of the rotating-disk apparatus. SPE J 2014. doi: 10.2118/140167-pa.

# 4 水基工作液的其他用途

## 4.1 完井和修井

完井液是在钻井、完井或重新完井过程中使用的流体。完井施工包括[1, 2]：
（1）射孔；
（2）安装油管和泵；
（3）下套管和固井。

修井过程中需要使用修井液，例如油管除垢、更换泵、录井、射孔以及清砂或打捞落鱼等。

修井液和完井液部分功能在于平衡地层压力，防止完井或修井时出现井喷或套管变形。

完井和修井作业使用特殊配方的流体，以最大限度地降低储层伤害[2]。通过保持井底压力为井筒压力接近地层压力的近平衡状态，可以降低固相和滤液侵入造成储层伤害的程度。在高压井中，通常需要在过平衡或欠平衡条件下施工。如果过平衡，则设计的工作液需要能够暂时封堵储层孔隙，以防止滤液和固体进入地层。如果欠平衡，则设计的工作液需要能够防止固体从地层进入井筒。

对于高温井修井和完井，可以使用由纤维素或高温增黏的细菌纤维素悬浮剂配制的饱和盐水。配制盐水的盐见表4-1。

**表4-1 配制盐水的盐[2]**

| 可溶盐成分 | 盐粒成分 | 可溶盐成分 | 盐粒成分 |
| --- | --- | --- | --- |
| 氯化钾 | 氯化钾 | 溴化钾 | 溴化钾 |
| 氯化钠 | 氯化钠 | 溴化镁 | 溴化镁 |
| 氯化钙 | 氯化钙 | 氯化镁 | 氯化镁 |
| 硫酸钠 | 硫酸钠 | 碳酸钾 | 碳酸钾 |
| 碳酸钠 | 碳酸钠 | 碳酸氢钾 | 碳酸氢钾 |
| 碳酸氢钠 | 碳酸氢钠 | 甲酸钾 | 甲酸钾 |
| 溴化钙 | 溴化钙 | 甲酸铯 | 甲酸铯 |
| 溴化钠 | 溴化钠 | 氯化铯 | 氯化铯 |

对于低密度、中密度的流体，推荐使用氯化钾和氯化钠。对于高密度流体，推荐使用甲酸铯。

盐粒在饱和盐水体系中可用作架桥剂。盐粒可以通过堵塞孔隙来封堵渗透区域。盐粒是优秀的架桥剂，通过使用低浓度盐水溶解盐粒解堵。

2-丙烯酰胺基-2-甲基丙磺酸盐、丙烯酰胺或2-乙烯基吡咯烷酮的共聚物、可用作水溶性降失水剂[2]。

首先使用井筒流体对井壁屏蔽暂堵,然后通过在井筒中循环地层水、模拟地层水或不饱和盐水溶液来解堵。盐水完井液具有良好的抗高温能力,适用于井底温度高达约230℃时的高压井完井作业。

钻井和起钻完后,通常需要进行测井作业。测井过程中需要将一系列管线下入井中。

在井筒中使用测井液(如水基钻井液)来平衡地层压力。然后将填充材料,即水泥,泵入套管和井壁之间的环空。水泥将水基钻井液顶替,然后形成致密的水泥环,隔离地层能量并保护套管[3]。

评价固井水钻井液防液窜能力是固井作业的关键指标之一。在水泥固井测井过程中使用声波或超声波发射器和传感器评价固井水钻井液防窜能力。

在声波测井过程中,声波脉冲从探测器中的发射器发出。这些脉冲穿过流体和套管,并从水泥—钢界面部分反射。一部分脉冲进一步传播并在钢—水泥界面和水泥—地层界面部分反射。通过声学传感器记录反射信号并进行分析。

与套管和水泥相比,灵敏度取决于套管、水泥和流体之间的阻抗。材料1的阻抗$Z$可表示为:

$$Z_1 = \rho_{0,1} C_1 \quad (4-1)$$

式中:$\rho_{0,1}$为材料1的静态密度;$C_1$为材料1中的声速。

不同阻抗材料1和材料2之间界面处声波的透射和反射幅度如下式:

$$A_i - A_r = \frac{Z_1 \sec \Theta_1}{Z_2 \sec \Theta_2} A_t \quad (4-2)$$

式中:$A_i$为入射波振幅;$A_r$为反射波振幅;$A_t$为发射波的振幅;$\Theta_1$为材料1中的传播角;$\Theta_2$为材料中的传播角。

表4-2给出了许多材料的声速$C$、密度$\rho$和$Z$因子。

**表4-2 材料的声学特性[3]**

| 材料 | $C$(m/s) | $\rho$(g/cm$^3$) | $Z$ |
| --- | --- | --- | --- |
| 铝 | 6420 | 2.7 | 17270 |
| 铍 | 12890 | 1.9 | 23847 |
| 钢(1%C) | 5940 | 7.9 | 46926 |
| 钛 | 6070 | 4.5 | 27315 |
| 硅 | 5968 | 2.6 | 15756 |
| 玻璃,燧石 | 3980 | 2.6 | 10348 |
| 有机玻璃 | 2680 | 1.2 | 3189 |
| 尼龙 | 2620 | 1.2 | 3144 |
| 聚乙烯 | 1920 | 1.1 | 2112 |
| 十五烯 | 1351 | 0.78 | 1054 |
| 水 | 1497 | 1.0 | 1497 |
| 海水 | 1535 | 1.1 | 1689 |
| 水泥 | 3200 | 2.9 | 9860 |
| 软木 | 400 | 0.24 | 108 |
| 重晶石 | 4000 | 4.2 | 1922 |

从表4-2可以看出,钢和水泥的$Z$值差别很大。$Z_{钢铁}/Z_{水泥}$的约为4.8。而$Z_{钢铁}/Z_{水}$(为

31.3)和$Z_{钢铁}/Z_{水泥}$差别很大。这种差异是水泥胶结测井的基础。因此，通过测量从套管背面反射强度可以灵敏地判断界面是钢/水泥还是钢/流体，换句话说，就是看水泥是否已经完全取代了流体[3]。

在水基钻井液中添加二氧化硅后，$Z_{钢铁}/Z_{钻井液}$明显降低。因此，该方法可以提高测井灵敏度。相反，加入软木会增大$Z_{钢铁}/Z_{钻井液}$。通过这种方式，可以相应地调整配方[3]。

## 4.2 井眼修复

在钻井过程中，井眼经常穿过浅砂层[4]。当下入表层套管和固井时，砂层里面的水可能会从表层套管后面流出并冲洗掉砂粒或水泥形成空隙。

这些空隙和冲掉部分水泥会降低套管的结构完整性。结构完整性的降低导致套管不能阻止水进入井眼且影响井口设备的支撑能力。

使用特殊钻井液可以强化低胶结强度地层井眼[4]。表层钻进通常使用水基钻井液。钻井液中的固体为细颗粒高炉矿渣。为了防止含水地层流体进入井眼以及低胶结强度地层坍塌，要求钻井液具有足够的密度确保流体静压力大于地层流压。该压差的存在导致钻井液进入地层，钻井液中的细颗粒高炉矿渣也随着进入地层孔隙形成滤饼。

高炉炉渣可以用来提高钻井液密度。根据需要，可以通过添加可溶性盐如$NaCl$、$CaCl_2$、$NaBr$、$ZnBr_2$或标准不溶性加重材料(如细目重晶石)来进一步提高密度。

然而，加入细目重晶石会加速滤饼的堆积，降低了高炉矿渣颗粒的渗透率。因此，需要选择合适的可溶性盐调节密度。基于以上原则，形成了适用于低胶结强度地层钻井并具有强化井眼功能的钻井液配方。配方见表4-3。

表4-3 原位修井液配方[4]

| 材料名称 | 单位 | 配方A | 配方B |
| --- | --- | --- | --- |
| 海水 | bbl | 1.0 | 1.0 |
| NaCl | lb/bbl | 61.3 | 61.3 |
| 黄原胶聚合物(水溶性聚合物) | lb/bbl | 1.5 | 1.5 |
| FLRXL2(水溶性聚合物) | lb/bbl | 1.5 | 1.5 |
| CA-6003(分散剂) | lb/bbl | 0.8 | 0.8 |
| MC-1004(炉渣) | lb/bbl | 41.6 | 41.6 |
| NaOH(活化剂) | lb/bbl | 4.0 | — |
| 追加NaOH(活化剂) | ppb | 6.0 | 10.0 |

由表4-3可见，钻井液可以不加活化剂，因为进入地层的高炉矿渣细颗粒最终在地层水和盐的作用下硬化。如果加入少量活化剂可加速高炉矿渣的硬化。然后在固井过程中，水钻井液会粘附在井壁滤饼上，提高水泥环的致密程度。

## 4.3 固井

水钻井液通常是水基的。注水泥根据用途可分为两类，即初次注水泥和次级注水泥。初次注水泥主要用来固结套管和井眼。次级注水泥用来填充地层、堵漏和堵水等。

### 4.3.1 初次注水泥

初次注水泥的目的是：为套管的垂向和径向载荷提供支撑、封隔多孔地层、封隔地下流体和防止套管腐蚀。

### 4.3.2 次级注水泥

次级注水泥是指用水泥来维持或改善固井质量的工艺。两种水泥施工作业属于次级注水泥，即挤水泥和水泥堵漏。

### 4.3.3 挤水泥

挤水泥的目的如下：
（1）对初次注水泥中存在的问题进行修复。
（2）阻止钻井过程中发生的恶性漏失。
（3）封堵弃层和衰竭地层。
（4）修复套管泄漏。
（5）封堵非生产区域隔离产层。

设计的水泥浆应挤入到相应的漏失地层中。美国石油协会(API)[5]建议当低渗地层漏速为200~400 mL/h，高渗地层漏速为100~200 mL/h方可挤水泥。若想以较高的挤注压力在较短的井段内进行挤水泥作业，需要使用加速装置。

由于稠浆不能很好地填充狭窄通道，要求待挤水泥浆应该足够稀。因此可以在水钻井液中加入分散剂。此类水钻井液对抗压强度要求不高。

### 4.3.4 打水泥塞

由于工程或环境原因，需要对报废的井段填埋。通常使用打水泥塞的方式将需要填埋的井眼封死。由于水泥塞具有很高的抗压强度，能够为重新钻开新井眼提供必要的条件。例如在钻井过程中出现恶性漏失时，在漏失区域注入封堵水泥，将漏失井段封固，然后使用钻头钻穿水泥塞，钻出新的井眼。

在裸眼完井作业和生产中，有时需要进行堵水作业。打水泥塞可为测试工具或其他维护施工提供固定、支撑点。

### 4.3.5 活化剂

对于深水固井而言，促凝剂十分重要。由于低温会延长水泥凝结时间，在深水固井过程需要添加促凝剂[6]。常用的促凝剂为氯化钙等无机盐。但是该种类的促凝剂会导致水泥环渗透性增加等不利影响。

纳米二氧化硅化合物是一种高效的活化剂，能够替代传统无机盐活化剂。通过在固井水钻井液中添加纳米二氧化硅可以加速油井水泥的水化作用，但是，纳米二氧化硅的应用工艺还需进一步研究。

研究表明水泥的颗粒形状是影响水泥水化动力学的关键因素之一。较小的粒径和较高的纵横比可以增强纳米二氧化硅的促凝效果[6]。

### 4.3.6 缓凝剂

缓凝剂用于防止水钻井液在顶替到位以前过早凝结。缓凝剂可延长水泥凝结时间，以便将水泥泵入指定位置[7]。常用的缓凝剂包括木质素、糖、一些金属氧化物和酸。

在高温井中，缓凝剂的抗温能力有时不能满足井底条件。因此，需要添加缓凝剂增强剂。硼砂等硼酸钠盐和硼酸是有效的缓凝剂增强剂[8]。但此类物质与其他一些高温添加剂不配伍，可能会损害水钻井液的降滤失性和流变性。研究表明，聚硅酸盐的缓凝作用和配伍性强于硼酸类缓凝增强剂[8]。

羧甲基羟乙基纤维素是一种可生物降解的材料，为解决环境问题，过去曾用作水钻井液缓凝剂[9]。但是羧甲基化纤维素缓凝剂在高温高压条件下固井时用量大，水钻井液地面稠度高。此外，当水钻井液到达指定的套管位置时，由于温度升高降黏，引起水钻井液稠度降低，造成颗粒沉降。

#### 4.3.6.1 植物种子

某些植物种子也可以用作缓凝剂[7]。芥菜籽、海军豆、斑豆、黑豌豆、爆米花和莳萝种子均是合适的缓凝剂。黄色或黑色芥菜籽的加入量为 0.1% ~ 2.0%。

#### 4.3.6.2 铝酸钙水泥

研究表明，有机酸和聚合物的混合物是一种有效的铝酸钙水泥缓凝剂[10]。

有机酸推荐用柠檬酸，聚合物为羧甲基纤维素和木质素磺酸盐。其他添加剂为填充剂、高失水剂、减阻剂、减轻剂、消泡剂、加重剂、力学性能增强剂、堵漏材料、降滤失剂和触变剂[10]。

#### 4.3.6.3 环氧琥珀酸聚合物

水溶性可生物降解环氧琥珀酸均聚物可用作缓凝剂。该聚合物是一种绿色阻垢剂，具有良好的生物友好性[11]。在一定的温度条件下，稠化随着聚(环氧琥珀酸)浓度的增加而增加。

当水中 NaCl 的质量浓度小于 15% 时，NaCl 为水泥促凝剂。当水中 NaCl 的质量浓度在 20% ~ 35% 范围内时，NaCl 可以起到缓凝剂的效果[11]。

#### 4.3.6.4 羧甲基化菊粉

在水钻井液中加入羧甲基化菊粉可降低水钻井液中的游离水，提高水钻井液的抗温能力，维持高温条件下水钻井液的黏度[9]。因此，在水钻井液中加入羧甲基化菊粉可防止水钻井液在高温下出现颗粒沉降的问题。

使用氯乙酸酯将菊粉羧甲基化可以制备羧甲基化菊粉[12]。

或者，使用合适的氧化剂，如高碘酸或高碘酸盐、铅(Ⅳ)盐或高锰酸盐[13]，可以将羧基引入菊粉形成羧化菊粉。

### 4.3.7 水泥封堵剂

石油工业中经常进行挤水泥和水泥修复作业[14]。挤水泥常用于修复油管泄漏，恢复井壁完整性，提高井壁承压能力以及修复套管鞋作业。连续油管挤水泥是修复气窜或产水的通用技术。

水泥能够填充射孔通道，套管后面的窜流通道或/和冲洗带，因此水泥可以在井筒周围固化，为油气生产提供屏障。

聚合物凝胶也可用于防气窜和堵水。与挤水泥相比，凝胶能够穿透多孔介质和原位交联形成聚合物凝胶，从而形成更深的封堵带。

凝胶的力学性能较差，不能提供足够高的流动阻力是影响凝胶推广应用的主要因素之一。将聚合物凝胶与挤水泥相结合，可有效堵塞孔眼、孔隙或洞穴，解决凝胶应用的局限性[14]。

上述工艺需按一定顺序挤水泥。首先，将聚合物凝胶泵入地层，然后再以挤水泥的方式施工，将凝胶进一步挤入。这种工艺的缺点是多孔介质中聚合物侵入的深度超出了射孔枪可以穿透的深度，因此可能形成永久性封堵[14]。

挤水泥和聚合物凝胶复合技术的另一种方法是使用聚合物凝胶作为水钻井液的液相[14]。

通过丙烯酸单体等原位聚合可以制备配制水钻井液的液相聚合物。优选的合成单体是丙烯酸羟乙酯。通常将水溶性可聚合单体与可交联的多官能乙烯基单体，如二甲基丙烯酸甘油酯和二丙烯酸酯，混合使用。引发剂选用过硫酸钠，过硫酸钾等其他相关化合物。

### 4.3.8 防气窜

在水钻井液中加入甲基羟乙基纤维素可用来防气窜。此外，在固井过程中，甲基羟乙基纤维素还具有降滤失、降低游离液体体积以及消泡的功能[15]。

### 4.3.9 纳米黏土

在水钻井液中加入纳米黏土可以改善水钻井液的抗压强度和抗拉强度等力学性能[16]。此外，纳米黏土还可降低固化后水泥石的渗透率。与常规膨润土相比，添加纳米膨润土的水钻井液渗透率降低29%至80%。纳米膨润土或纳米蒙脱土均为合适的纳米黏土。

纳米蒙脱石是蒙脱石黏土族的一员，属于具有片状结构的黏土矿物。它具有中间为铝氧八面体，上下为硅氧四面体所组成的三层片状结构，类似于云母型层状硅酸盐。

蒙脱石，也叫膨润土，是火山灰的主要活性成分，吸收水分后，可膨胀至其原始重量和体积的许多倍。纳米黏土可制作成胶囊，以便运输和加入到井筒工作液[16]。

## 4.4 滤饼清除

通常情况下，水基工作液在井壁形成的滤饼中包含岩屑、聚合物以及加重剂。传统的滤饼清除技术通过使用化学处理剂，清除水基滤饼中的聚合物和加重剂[17]：

（1）使用螯合剂或酸液，溶解方解石；
（2）使用酶或氧化剂，降解聚合物。

用降解聚合物的酶，溶解碳酸盐的螯合剂和黏弹性表面活性剂配制而成的井筒工作液可用来清除砾石充填工艺中形成的滤饼[18]。然而，该工作液不能溶解水基滤饼的第三组分，即钻屑[17]。

采用三步法，可按顺序除去滤饼中的每种组分[19]。

文献描述了在没有催化剂或活化剂帮助的情况下，近一步清除滤饼的方法。该方法包括以下步骤：将工作液泵送到井眼中和待清除的滤饼接触一段时间，使工作液和邻近滤饼的地层之间建立压差[17]。工作液是含氟化物和另一种酸的水溶液，该溶液在25℃时的初始pH值为1.8~5。氟化物可以是氟化铵、二氟化铵或聚合氟化物，推荐使用二氟化铵。

根据需要，工作液中还可添加酶或氧化剂。酶可以为氧化还原酶，水解酶或裂解酶。温和的氧化剂可以是过硫酸铵、过氧化物或溴酸钠。氧化剂浓度需保持足够低，以避免氧化剂从地层孔隙或清除不均匀的滤饼中过早突破。

## 4.5 天然裂缝性碳酸盐岩储层改造

在墨西哥海域，天然裂缝性碳酸盐岩油藏中经常出现天然气气锥现象。产气量的增加会降低原油产量[20]。

在Akal油田大型裂缝碳酸盐岩储层中，油气前沿移动速度与天然气一样快。因此，注入的气体会通过天然裂缝网络移动并侵入油区。导致产量下降，储层压力耗尽，基质中残余油饱和度升高。

在天然裂缝气藏中，选择延迟交联的泡沫流体选择性地堵水效果良好。该流体具有高泡沫质量和低密度的特点。

泡沫的毛细管力有助于气体运移，促使天然裂缝中的泡沫向上移动到气顶中。当泡沫固化时，可以形成具有高挤出阻力的不渗透密封层。处理后，石油产量可以恢复到天然气气锥之前的水平[20]。

## 4.6 堵水

在油气生产过程中，产水是一个严重的问题。它会导致油管腐蚀、结垢、产量下降。通过化学堵水可以缓解含水率升高的问题。

聚合物体系可用来调剖堵水[21]。

统计40~150℃条件下，不同聚合物体系现场应用数据，发现聚合物体系适应于渗透率20~2720mD砂岩和碳酸盐岩储层。

第一种堵水工艺适用于将近井区域中完全堵水，堵水剂为聚合物凝胶，由聚合物与有机或无机交联剂交联得到。

第二种堵水工艺适用于注水井的深部调剖堵水，目的是使水远离漏失通道等高渗透区域。漏失区域注入水渗透率高，导致驱替压力下降，储层剩余油饱和度高。

全堵塞凝胶有聚氨酯树脂[22]、铬交联的三元共聚物[23]、交联的部分水解聚丙烯酰胺和纳米粒子聚电解质[24]。聚乙烯亚胺可以交联各种丙烯酰胺基聚合物。通过聚乙烯亚胺和硫酸葡聚糖的不完全氧化物可形成直径为100~200nm的纳米颗粒[25]。

已研发了适用于50~160℃的宽温度范围全凝胶体系[26]。

对于注水井中调剖，有两种合适的凝胶体系：由N，N-亚甲基双丙烯酰胺交联的丙烯酰胺单体制备的微球，以及使用2-丙烯酰胺基-2-甲基丙烷磺酸作为交联剂的微球[21]。

文献[27]中描述了油气井中堵水的方法。将已交联的聚合物凝胶泵入井中，通过该凝胶实现堵水。

通过改变pH值，阳离子聚丙烯酰胺与羧甲基纤维素复配使用可以产生凝胶。使用聚合物双交联体系,例如二元醛(戊二醛)交联剂,以及有机金属交联剂(如锆酸盐和钛酸盐络合物),比仅用一种交联剂在高温条件下具有更好的稳定性[27]。

油田其他堵水用水溶性聚合物由非离子单体和阴离子单体组成[28]。

非离子单体为水溶性乙烯基单体,离子单体为乙烯基酸或叔胺。水溶性聚合物单体见表4-4和图4-1。

表4-4 水溶性聚合物单体[28]

| 非离子单体 | 离子单体 | 非离子单体 | 离子单体 |
| --- | --- | --- | --- |
| 丙烯酰胺 | 丙烯酸二甲氨基乙酯 | N-乙烯基甲酰胺 | 甲基丙烯酸 |
| 甲基丙烯酰胺 | 甲基丙烯酸二甲氨基乙酯 | N-乙烯基乙酰胺 | 衣康酸 |
| N-异丙基丙烯酰胺 | 二甲基氨基丙基丙烯酸酯 | N-乙烯基吡啶 | 巴豆酸 |
| N,N-二甲基丙烯酰胺 | 二甲基氨基丙基甲基丙烯酸酯 | N-乙烯基己内酰胺 | 马来酸 |
| 双丙酮丙烯酰胺 | 丙烯酸 | N-乙烯基吡咯烷酮 | 富马酸 |

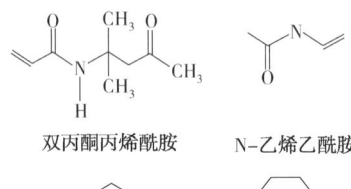

双丙酮丙烯酰胺　　N-乙烯乙酰胺

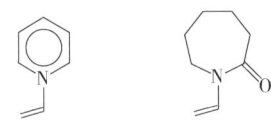

N-乙烯基吡络烷酮　N-乙烯基己内酰胺

图4-1 水溶性聚合物单体

## 4.7 清扫液

在水平井或大斜度井钻井中,如何将钻屑从钻头处携带到地面是保证整个钻井质量的关键[29]。也就是说,由于岩屑浓度的增加和岩屑床的形成,导致当量循环密度增大,在深水钻井中,往往会超过安全密度窗口。

已经证明,含纤维的清扫液通过清除岩屑床,可有效保持大斜度井井眼清洁,从而降低摩擦损耗。在清扫液中加入纤维可提高井眼清洁能力,并最大限度地减少岩屑床的摩擦损耗,且不会明显影响流体的流动性。

在造斜段钻进的过程中,添加纤维可大大改善了钻屑清除能力,保持井眼清洁。当环空水平或钻杆不旋转时,加入纤维清除岩屑床效果有限[29]。

## 4.8 提高采收率

在石油开采过程中,一次采油、二次采油和三次采油之间是有区别的[30]。

在一次采油过程中,钻井完成后,储层原油由于储层的自身压力会自发涌向地层表面。

这部分储层的自身压力是由于储层中甲烷、乙烷或者丙烷等气体的存在而产生的。在这一阶段，储层中只有 5%~10% 的原油可以被采出。

通常情况下，一次采油结束后，会进行二次采油开发储层。为了进行二次采油，通常会打一些注水井辅助采油。通过注水井将水注入储层来保持或者提高储层驱替压力。在这二次采油的过程中，大约可以采出 30%~35% 的原油。

三次采油也被称为提高原油采收率。文献[31，32]介绍了运用化学处理剂来进行三次采油的方法。

石油开采是指通过钻井揭开油气层，然后通过采油工艺将原油采至地面。文献[33]中介绍了常规的储层开采方式，但是这些传统的开采技术只能采出地层原油的极小部分，特别是稠油储层。

在这些情况下，需要水驱、蒸汽驱、气驱以及组合驱替的方法等进行二次采油提高原油的采油效率。地下含油储层的岩石成分中有时含有黏土或者类黏土物质，用水或者蒸汽进行驱替时会引起黏土水化膨胀，进一步降低储层孔隙的水相渗透率。这类储层渗透率的降低会导致二次采油采收率的降低。

一次采油过程中，因储层能量的降低导致产量不断下降。在石油开采的过程中可以提高或恢复储层能量，提高油藏的采收率。一次采油后，提高油藏采收率的方法主要是通过向第一口井中注入水相驱替液，迫使地下储层中的剩余油在储层中流动，并从其他一口或多口井中采出。当储层剩余油黏度较高时，往往在水中加入水合多糖等水溶性聚合物，提高水驱溶液的黏度，从而提高原油采收率。

一般情况下，如果注入水溶液的黏度在储层条件下低于要被驱替的目标原油的黏度，那么采油的效率将会减小。为了提高采油效率，各种各样的添加剂，比如聚合物被不断提出，从而提高注入流体的黏度[33]。

水驱注入水的离子组成对水驱提高原油采收率的效果影响非常明显[34]。通过研究发现，不仅仅 $Ca^{2+}$、$Mg^{2+}$ 和 $SO_4^{2-}$ 等活性离子的浓度对碳酸盐油藏润湿性转变具有重要影响，非活性的 NaCl 盐也会对提高原油采收率产生影响。与普通海水驱替相比，从海水溶液中去除 NaCl 可以有效提高原油采收率 10% 左右。通过调节活性离子 $Ca^{2+}$ 和 $SO_4^{2-}$ 的浓度，将海水中的 NaCl 排除，进而从双电层的角度，对这一现象进行了研究。在 70~120℃ 条件下，采用不同原油和渗吸液体，通过自然渗吸对露头白垩岩样的驱油效果进行了研究。与只含有 NaCl 溶液的海水驱替岩心相比，当海水中的 $SO_4^{2-}$ 的浓度为 NaCl 浓度的四倍时，最终的原油采收率提高了 5%~18%。100℃ 条件下，在 NaCl 的海水溶液中，$Ca^{2+}$ 的浓度对原油采收率无明显影响，而在 120℃ 下会对采收率产生重大影响。色谱润湿性分析表明，随着原油采收率的提高，岩石表面的水湿面积不断增大。从而证明了离子组成及离子浓度对水驱提高采收率方法的效果有重大影响[34]。

pH 值响应的油水两亲聚合物体系可以作为提高原油采收率的驱替液[35]。氨基酰胺和马来酸的络合作用以及超分子组装特性能够控制水驱溶液的黏度。

研究结果表面，仅仅在水中加入 2% 的氨基酰胺和马来酸溶液的黏度就会增加 $4.5×10^5$ 倍。这种优越的性能归功于氨基酰胺和马来酸溶液的层状圆柱形超分子结构的形成。此外，增加 pH 值可以使黏度增加 12 倍，同时黏度随 pH 值增加为可逆过程[35]。

为了在 120℃ 条件下提高二氧化碳驱替原油的采收率，通过在高矿化度水溶液中加入具有椰油烷基尾的乙氧基化胺头基的表面活性剂，形成了二氧化碳/水泡沫驱替液[36]。该表面活性剂可以在 pH 值小于 6 的酸性水相条件下，从二氧化碳中的非离子状态转变为氧离子状态。

在二氧化碳或者盐水中注入表面活性剂都可以制备泡沫流体。这种现象表明这两种相态间存在良好的交互联系。随 pH 值变化可转变的乙氧基烷基胺表面活性剂在盐水中表现出高浊点，在水中的离子状态下具有高界面活性，有利于泡沫的产生[36]。

### 4.8.1 水驱

二次采油过程中最常见的形式为注水开采[37]。在注水开采工程中，水通过注水井注入原油生产层，对储层进行加压并将原本无法流动的原油驱替至生产井。通过注水开采，一般可以提高油藏采收率 10% ~ 30%。

#### 4.8.1.1 表面活性剂水驱

研究提出在水驱溶液中加入表面活性剂可以降低油水界面张力，改变储层岩石表面润湿性，提高原油采收率[38]。这种使用表面活性剂水溶液的驱替采油工艺通常被称为表面活性剂水驱或者低界面张力水驱。

目前许多水驱工艺都采用阴离子表面活性剂。但是在水驱过程中，硬水环境会影响类如石油磺酸盐等阴离子表面活性剂的效果。这些表面活性剂在具有相对较低浓度的二价金属离子如钙和镁存在的水溶液中容易析出来。例如，当二价金属离子的浓度达到 50 ~ 100ppm 或者更高浓度时，就会导致溶液中的石油磺酸盐发生沉淀。

另一方面，非离子表面活性剂，诸如聚乙氧基烷基酚、聚乙氧基脂肪族醇、羧酸酯、羧酸酰胺和聚(氧乙烯)脂肪酸酰胺等，相对于阴离子表面活性剂具有更好的抗钙、镁等多价离子。

然而，非离子表面活性剂的驱油效果不如阴离子表面活性剂有效，而且非离子表面活性剂价格高于阴离子表面活性剂。此外，非离子表面活性剂的溶解度可能与温度呈反比关系，因此当温度升高至浊点温度以上时，非离子表面活性剂会产生难以溶解的现象。另一方面，在高温下仍可溶解的非离子表面活性剂通常不能有效地降低油水界面张力。而且，非离子表面活性剂通常在 75℃ 以上发生水解[38]。

基于上述情况，开始研发在酸性介质中形成阳离子，在碱性体系中形成阴离子的两性表面活性剂。文献[39]中介绍了一种利用甜菜碱两性表面活性剂和高分子量单糖胶增稠剂在注水过程中进行提高原油采收率的方法。利用这种技术，注入水以较厚的段塞流形式将原油驱向生产井。

#### 4.8.1.2 表面活性剂混合木质素磺酸盐水驱

在含油储层中注入表面活性剂水溶液是提高原油采收率的方法之一[37]。该体系主要含有未改性的木质素、油溶性胺以及水溶性磺酸盐，还有水。在储层中驱替表面活性剂体系，然后表面活性剂体系将储层中的原油驱替至生产井，实现提高采收率。

油溶性胺主要是指脂肪胺，例如牛脂胺，阴离子表面活性剂为一种烷基芳香基磺酸盐[37]。脂肪胺高度不溶于水，并倾向于在加入水后发生沉淀。然而，在适当的条件下，脂肪胺可以溶解在含有石油磺酸盐或烷基芳基木质素磺酸盐等表面活性剂的水中。

推荐的表面活性剂混合木质素磺酸盐驱替液配制方法为首先将脂肪胺和木质素混合，然后将盐水加热至60~70℃,使盐水温度高于脂肪胺的熔点,然后向加热后的盐水中加入脂肪胺和木质素混合物。然后将混合物在65℃条件下搅拌约1h。接着将水溶性的表面活性剂直接加入到温水中。混合溶液在65℃条件下继续搅拌1~5h然后冷却备用。

文献[40]中也介绍了水溶性表面活性剂改性木质素的方法。改性过程包括在木质素的酚氧基上进行烷基化反应制备磺化烷基化木质素,氧化改性的木质素会分解成较小的具有表面活性剂性质的水溶性化合物。这些氧化的木质素表面活性剂可用于表面活性剂驱提高采收率。

### 4.8.2 盐水泡沫驱

有文献报道了一种通过定期向储层注入气体和多组分泡沫,提高原油采收率技术。该技术的典型工艺之一先注入二氧化碳段塞,然后注入水等黏度更高的液体,推动二氧化碳驱替原油。

形成的泡沫组分中包含水,作为形成泡沫混合物的磺酸盐表面活性剂以及表面活性剂增溶剂[41]。

二甲苯磺酸钠是磺酸盐表面活性剂的一种。增溶剂是一种不适宜作为发泡剂的化合物,但能提高抗盐性较差材料的抗盐性能[42]。用作增溶剂的材料包括非离子表面活性剂,如乙氧基壬基酚和仲醇、乙烯/环氧丙烷共聚物、脂肪酸乙醇酰胺、乙二醇和多糖苷以及阴离子、阳离子和两性表面活性剂。文献[43]中对含有钠离子和钙离子的盐水溶液中的增溶组分进行了详细的研究。

### 4.8.3 聚合物驱

聚合物驱是三次采油的一种方法[44]。在聚合物驱油的过程中,将有机聚合物注入到地层中,使驱替流体变稠,然后流体从注入点流动到生产井的过程中,可以提高圈闭油的驱动效果。

### 4.8.4 丙烯酸聚合物驱

对于聚合物驱,文献[30,45]中提出了许多不同的增稠聚合物,特别是高分子量聚丙烯酰胺、丙烯酰胺共聚物以及其他如乙烯基磺酸或丙烯酸共聚单体。尤其是丙烯酰胺单体可以部分水解为丙烯酸的部分水解聚丙烯酰胺。

疏水缔合共聚物也可用于聚合物驱。这些水溶性聚合物具有横向或末端的长链烷烃等疏水性基团。

在水溶液中,这些疏水基团可以与自身或其他具有疏水基团的物质结合,形成一个能使介质变厚的交互网络结构。

文献[46]中详细介绍了疏水缔合共聚物在三次采油中的应用。文献[47]中介绍了一种用于三次采油的疏水缔合聚合物和表面活性剂的混合驱替技术。亲水共聚单体是丙烯酰胺。疏水性单体包括不饱和羧酸长链烷基酯、乙烯基烷基酯和烷基苯乙烯。文献[30]中具体介绍了丙烯酰胺与2-丙烯酰胺-2-甲基丙烷磺酸的共聚物。

### 4.8.5 天然聚合物驱

此外，也可以使用天然聚合物进行聚合物驱。天然聚合物包括黄原胶和发酵产生的细菌属黄单胞菌形成的亲水性多糖。该生物聚合物可以以发酵液本身的形式使用，也可以以分离和重组的形式使用[44,48]。

黄原胶特别适合聚合物驱，因为它们是很好的驱替剂，即使在低浓度下也能产生有效的黏度。此外，它们不会被岩石的多孔介质吸附损耗，而且具有很强的抗盐性能[44]。

但是黄原胶易化学降解或解聚。这种降解作用随着温度的升高而增加，它会降低含有聚合物溶液的黏度。发生这种降解的途径主要有两种，分别为水解或自由基反应。

水解反应是水与多糖结构中的醚键之间的反应。自由基反应是聚合物溶液与空气或氧气之间的反应。这种混合物易于形成过氧化氢化合物，而过氧化氢化合物的分解会产生引发自由基反应的自由基，从而促进聚合物发生自由基反应而降解[49]。

加入的碱金属硼氢化物可以提高多糖溶液的稳定性，从而防止氧化反应的发生。此外，在水中加入水溶性硫磺等抗氧化剂，能够有效提高黄原胶聚合物的稳定性[49]。

然而，最好在溶液中的溶解氧含量尽可能低的情况下使用稳定剂。制备低含氧量溶液的最简单方法是在厌氧的密封容器内循环分离盐水。使用天然气体或其他廉价的惰性气体对分离出的盐水进行表面处理，可以将盐水中的含氧量维持在较低水平[44]。

#### 4.8.5.1 连续溶解的聚合物增黏剂

文献[50]中描述了一种使用连续溶解聚合物增黏剂的稳定逆乳化驱替液提高采收率方法。逆乳化驱替液由丙烯酰胺共聚物、逆乳化剂和水溶性聚合物组成[50]。

丙烯酰胺聚合物工业生产的产品主要有粉末、油包水乳液、聚合珠悬浮液、水包水乳液水溶液和水醇悬浮液。这些聚合物可能具有相似的物理化学性质，通常根据两个标准进行选择：成本和操作难易。在大多数情况下，尽管乳液成本较高，但因为操作方便而被选择。

这种乳液在 1957 年已经被提出[51]。早期，通常通过在油中加入一种或多种亲水亲油平衡值为 2~6 的表面活性剂制备含有聚合物乳液微粒的乳状液。对于具有这种化合物的乳液，很难直接在溶液中对聚合物微凝胶进行稀释。

1970 年，人们发现可以通过添加亲水性表面活性剂使这些乳液的亲水亲油性能反转[52]。这种亲水性能较强的表面活性剂能使水渗透到聚合物球形微粒中，并在几分钟内使其溶解。

研发出该表面活性剂之初，通常将其单独添加到蒸馏水中制备处理剂[50]。但很快生产公司就开发出了一种可以在乳液本体中加入反相表面活性剂，而不使其絮凝或失稳的配方。这项技术的研发具有较大的挑战性，因为在生产或储存表面活性剂的过程中，所需的亲水性表面活性剂的添加量受到凝固或失稳的限制。在此之后，对提高亲水表面活性剂在溶液中浓度的工业化应用进行了大量的研究，也申请了众多专利。然而，即使在今天，乳液适当乳化仍然存在两个主要的局限性：第一是体系中亲水性表面活性剂能够维持稳定的数量，避免乳液在生产或储存过程中絮凝；第二是聚合物在溶于乳液时达到的浓度。

研究表明，在所有的溶液中，亲水性表面活性剂为了能够与乳液的稳定性相容，它的最大用量约为乳液的 5%[50]。基于这些原因，开发了连续溶解聚合物增黏剂[50]。

用 70% 的丙烯酰胺和 30% 的丙烯酸制备聚丙烯酰胺共聚物，以获得最大黏度。在第一步中,将乳液置于安装在主注入水回路的旁路上的第一静态混合器中,给混合器出口和入口之间加 10bar 的压力,然后将聚合物的浓度预稀释至 20g/L。在第二步中,将来自第一混合器的分散混合物置于安装在主注入水回路上的第二静态混合器中,给混合器出口和入口之间加 3bar 的压力,将乳液浓度稀释至 1000~2000ppm。

#### 4.8.5.2 乙烯胺交联聚合物

聚合物在用于基质酸化或裂缝酸化时,酸性成分可以提高储层的孔隙度,提高储层的油气产量[53]。在酸液中加入一种水溶性或水分散性聚合物,可以增加酸液的黏度,有利于形成更宽的裂缝,并将活性酸延裂缝注入储层。这增加了支撑剂在酸溶液中的支撑能力,并能更好地控制酸液漏失。

不幸的是,某些聚合物增黏剂会在高温、酸性溶液和高剪切速率等恶劣储层环境下降解,在采油过程中遇到的强电解质作用下也会发生降解。例如,由于水解聚丙烯酰胺聚合物在含钙离子的海水中会发生沉淀,因此无法在海水中溶解。黄原胶聚合物对钙离子不敏感,但在高温下会降解,从而失去增黏效果。

研究发现,在提高采收率的过程中,乙烯胺聚合物在恶劣的环境条件下依然具有良好的稳定性,可以在较大分子量范围内交联并得到有效利用[53]。这种聚合物在高温、酸性条件和高电解质浓度下表现出良好的稳定性,因此特别适用于含油气地层的酸压或基质压裂。

表 4-5 聚苯胺用交联剂[53]

| 化合物 | pH 值 | $T(℃)$ | 成胶时间(min) |
| --- | --- | --- | --- |
| 乙二醛 | 6 | 25 | 0 |
| 乙二醛 | 11 | 25 | 0 |
| 戊二醛 | 3 | 25 | 0 |
| 戊二醛 | 11 | 25 | 0 |
| 异氰酸根 | 5 | 25 | 30 |
| 表氯醇 | 11 | 25 | 30 |
| 表氯醇 | 9 | 90 | 10 |

合成聚乙烯基甲酰胺的首选方法是水解聚 n-乙烯基甲酰胺。此外,乙烯基乙酸酯和 n-乙烯基甲酰胺的共聚物也可以使用。在水解过程中,形成了含有聚乙烯醇键和聚乙胺键的共聚物。

该乙烯酰胺聚合物可与多功能有机化合物、含有多价阴离子(如钛酸盐、锆酸盐、磷酸盐、硅酸盐)的无机化合物,或能够与该乙烯酰胺聚合物进行混合的无机二价阳离子进行交联。有机交联剂二环氧化物和二异氰酸酯的交联效果最为优秀[53]。交联反应可以大大提高乙烯胺聚合物的黏土,并且可以形成凝胶态液体。交联剂详见表 4-5。

## 4.9 管道清洗用凝胶清管剂

文献[54]中介绍了多种不同的管道网络清洗方法。为了减少和去除铁和硫化铁沉积物,可以使用机械清洗、分批化学清洗和连续化学清洗等清洗方法。间歇和连续清洗方法中使用的化合物包括表面活性剂、溶剂、酸、碱、氧化剂和螯合剂。

使用强酸是溶解这种沉淀物最简单的方法。但使用强酸会产生大量剧毒硫化氢气体，这是一种环境有害的副产品。添加氧化剂可以避免产生硫化氢气体，但随后会产生对管道具有腐蚀性的单质硫等氧化产物。

另一种处理此类沉积物的处理剂是丙烯醛，但它也存在健康、安全和环保方面的问题。三羟甲基膦可以通过形成一种亮红色的水溶性络合物使铁和硫化铁溶解。

文献中描述了一种具有协同作用的螯合剂混合物。这些螯合剂汇总在表4-6中，部分呈现在图4-2中。

表 4-6  协同螯合剂[54]

| 化合物 | 首字母缩略词 | 化合物 | 首字母缩略词 |
| --- | --- | --- | --- |
| 聚天冬氨酸盐 |  | 乙二胺四乙酸 | EDTA |
| 羟基氨基酸 | HACA | 二乙三胺戊乙酸 | DTPA |
| 羟基亚氨基二乙酸乙酯酸 | HEIDA | 氨三乙酸 | NTA |
| 亚胺酸 | IDS | 四(羟甲基)硫酸磷 | THPS |

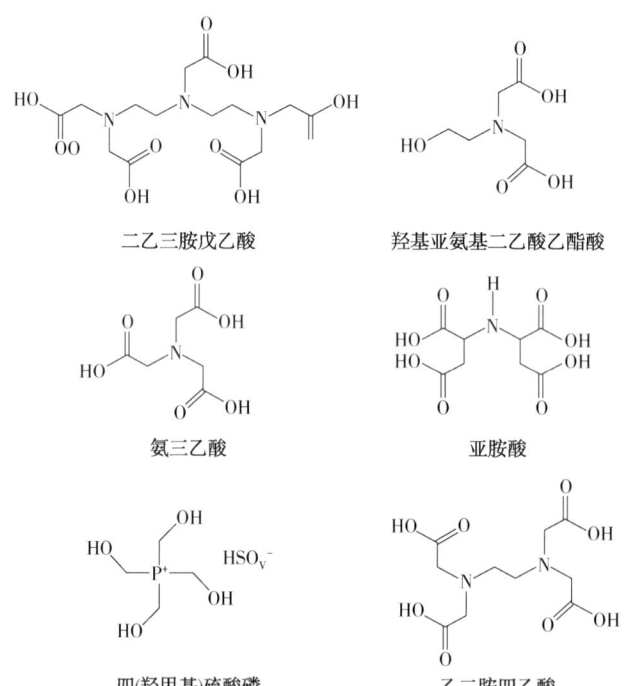

图 4-2  螯合剂

亚胺酸和四羟甲基磷酸铵都是环保型螯合剂[54]。

已经通过研究发现在碱性条件下，络合剂的所有性能均有所改善。可以使用氢氧化铵、氯化铵、柠檬酸铵、乳酸铵、乙酸铵、柠檬酸钾、氢氧化钾、甲酸钾、氢氧化钠、乙酸钠、甲酸钠将螯合剂的pH值调整到碱性范围。

此外，铁以外的金属离子也可以形成可溶性螯合物，并在清洗过程中被去除。加入表面活性剂有助于沉积物分散，避免沉积物在管网下游形成二次沉积[54]。

凝胶清管器不仅具有传统清管器的大部分功能,同时还具备额外的化学功能,而且还可以通过阀门注入管道。然而,对于输气管道来说,凝胶清管器必须由机械清管器推进才能完成清管作业。

虽然大多数凝胶清管器都是以水为基础的,但是多种化学物质、溶剂和酸也可形成凝胶。固凝柴油是一种有机凝胶,于1973年首次获得清洗管道用途的专利[55]。该凝胶可用于废弃物的清除、不同输送介质的隔离、杀菌剂和抑制剂的投放以及收回卡在管道中的机械清管器[56,57]。

文献[58]中介绍了一种用于管道中清洗的明胶清洗剂。由于明胶的特性,清洗剂会自动脱落并在管道的内壁上沉积一层保护层。清洗剂可以在管道外成型,也可以在原地成型。这种清洗剂是由明胶和高温液体混合,然后将混合物冷却至室温制备。该液体包含缓蚀剂或反应钝化剂。在一些实际应用中,处理溶液的段塞也通过两个明胶清洗段塞之间的管道注入。对于高温环境中的应用,可以通过添加硬化剂来提高明胶的熔点。

文献中出现的清洗剂商品见表4-7。

表 4-7 文献中的清洗剂商品

| 清洗剂 | 供应商 | 清洗剂 | 供应商 |
| --- | --- | --- | --- |
| 硅油 | 拜耳公司 | 四(羟甲基)磷盐 | 罗地亚公司 |
| 非离子表面活性剂 | 陶氏化学公司 | 部分水解聚丙烯酰胺 | 陶氏化学公司 |
| 硼氢化钠和烧碱溶液 | 蒙哥马利的化学材料公司 | 乙氧基乙炔二醇 | 空气制品及化学品有限公司 |

# 参 考 文 献

[1] Patel BB. Composition and process for stabilizing viscosity or controlling water loss of polymer-containing water based fluids. US Patent 5576271, assigned to Phillips Petroleum Company (Bartlesville, OK); 1996. URL: http://www.freepatentsonline.com/5576271.html.

[2] Elward-Berry J. Water based high temperature well servicing composition and method of using same. US Patent 5620947, assigned to Exxon Production Research Company (Houston, TX); 1997. URL: http://www.freepatentsonline.com/5620947.html.

[3] Freeman MA. Well logging fluid for ultrasonic cement bond logging. US Patent 8186432, assigned to M-1 LLC (Houston, TX); 2012. URL: http://www.freepatentsonline.com/8186432.html.

[4] Nahm JJW, Wyant RE. Well fluid for in-situ borehole repair. US Patent 5309997, assigned to Shell Oil Company (Houston, TX); 1994. URL: http://www.freepatentsonline.com/5309997.html.

[5] API Standard RP 13B-1. Standard procedure for field testing water-based drilling fluids. API Standard API RP 13B-1. Washington, DC: American Petroleum Institute; 1997.

[6] Pang X, Boul PJ, Cuello Jimenez W. Nanosilicas as accelerators in oilwell cementing at low temperatures. SPE Drill Complet 2014; 29(01): 98-105. doi: 10.2118/168037-pa.

[7] Spangle L. Use of seeds as a cement set retarder. US Patent 8598091, assigned to Catalyst Partners, Inc. (Chico, TX); 2013. URL: http://www.freepatentsonline.com/8598091.html.

[8] Caritey JP, Michaux M, Pyatina T, Thery F. Versatile additives for well cementing applications. US Patent 7946343, assigned to Schlumberger Technology Corporation (Sugar Land, TX); 2011. URL: http://www.freepatentsonline.com/7946343.html.

[9] Santra AK, Reddy BR, Brenneis DC. Biodegradable retarder for cementing appli-cations. US Patent 8435344,

assigned to Halliburton Energy Services, Inc. (Duncan, OK); 2013. URL: http://www.freepatentsonline.com/8435344.html.

[10] Joseph T, Chakraborty PP, Melbouci M. Calcium aluminate cement composition containing a set retarder of an organic acid and a polymeric mixture. US Patent 8720563, assigned to Halliburton Energy Services, Inc. (Houston, TX); 2014. URL: http://www.freepatentsonline.com/8720563.html.

[11] Tarafdar A, Senapati D, Sarap GD, Patil RC. Epoxy acid based biodegradable set retarder for a cement composition. US Patent 8536101, assigned to Halliburton Energy Services, Inc. (Houston, TX); 2013. URL: http://www.freepatentsonline.com/8536101.html.

[12] Verraest DL, Batelaan JG, Peters JA, van Bekkum H. Carboxymethyl inulin. US Patent 5777090, assigned to Akzo Nobel NV (Arnhem, NL); 1998. URL: http://www.freepatentsonline.com/5777090.html.

[13] Veelaert S, De Wit D, Tournois H. Method for the oxidation of carbohydrates. US Patent 5747658, assigned to Instituut Voor Agrotechnologisch Onderzoek (ATO-DLO) (Wageningen, NL); 1998. URL: http://www.freepatentsonline.com/5747658.html.

[14] Dalrymple ED, Eoff LS, van Batenburg DW, van Eijden J. Sealant composition com-prising a gel system and a reduced amount of cement for a permeable zone downhole. US Patent 8703659, assigned to Halliburton Energy Services, Inc. (Houston, TX); 2014. URL: http://www.freepatentsonline.com/8703659.html.

[15] Bray WS, Brandl A. Use of methylhydroxyethyl cellulose as cement additive. US Patent 8689870, assigned to Baker Hughes Incorporated (Houston, TX); 2014. URL: http://www.freepatentsonline.com/8689870.html.

[16] Roddy CW, Covington RL, Chatterji J, Brenneis DC. Cement compositions and methods utilizing nano-clay. US Patent 8603952, assigned to Halliburton Energy Ser-vices, Inc. (Houston, TX); 2013. URL: http://www.freepatentsonline.com/8603952.html.

[17] Pirolli L, Parlar M. Filtercake removal composition and system. US Patent 8114817, assigned to Schlumberger Technology Corporation (Sugar Land, TX); 2012. URL: http://www.freepatentsonline.com/8114817.html.

[18] Tibbles RJ, Parlar M, Chang FF, Fu D, Davison JM, Morris EWA, et al. Fluids and techniques for hydrocarbon well completion. US Patent 6638896, assigned to Schlumberger Technology Corporation (Sugar Land, TX); 2003. URL: http://www.freepatentsonline.com/6638896.html.

[19] Parlar M, Brady M, Morris L. Method for removing filter cake from injection wells. US Patent 6978838, assigned to Schlumberger Technology Corporation (Sugar Land, TX); 2005. URL: http://www.freepatentsonline.com/6978838.html.

[20] Lozada M, Torres M, Gonzalez M, Garcia B, Cortes M, Milne A, et al. Selectively shutting off gas in naturally fractured carbonate reservoirs. In: Naturally-fractured reservoirs. SPE International Symposium and Exhibition on Formation Damage Control. Lafayette, LA: Society of Petroleum Engineers; 2014, URL: https://www.onepetro.org/conference-paper/SPE-168195-MS.

[21] El-Karsani KSM, Al-Muntasheri GA, Hussein IA. Polymer systems for water shutoff and profile modification: a review over the last decade. SPE J 2014; 19(01): 135-49. doi: 10.2118/163100-pa.

[22] Bjørsvik M, Høiland H, Skauge A. Formation of colloidal dispersion gels from aqueous polyacrylamide solutions. Colloids Surf A Physicochem Eng Asp 2008; 317 (1-3): 504-11. doi: 10.1016/j.colsurfa.2007.11.025.

[23] Al-Assi A, Willhite G, Green D, McCool C. Formation and propagation of gel aggregates using partially hydrolyzed polyacrylamide and aluminum citrate. SPE J 2009; 14(3). doi: 10.2118/100049-pa.

[24] Cordova M, Cheng M, Trejo J, Johnson SJ, Willhite GP, Liang JT, et al. Delayed HPAM gelation via

[25] transient sequestration of chromium in polyelectrolyte complex nanoparticles. Macromolecules 2008; 41(12): 4398-404. doi: 10.1021/ma800211d.

[25] Johnson S, Trejo J, Veisi M, Willhite GP, Liang JT, Berkland C. Effects of divalent cations, seawater, and formation brine on positively charged polyethylenimine/dextran sulfate/chromium (III) polyelectrolyte complexes and partially hydrolyzed polyacrylamide/chromium (III) gelation. J Appl Polym Sci 2010; 115 (2): 1008-1014. doi: 10.1002/app.31052.

[26] Al-Muntasheri GA, Sierra L, Garzon FO, Lynn JD, Izquierdo GA. Water shut-off with polymer gels in a high temperature horizontal gas well: a success story. In: SPE Improved Oil Recovery Symposium; 2010. doi: 10.2118/129848-ms.

[27] Wuthrich P, Mahoney Rp, Soane Ds, Casado Portilla R. Crosslinked synthetic polymer gel systems for hydraulic fracturing. US Patent Application 20140158355, assigned to Soane Energy, LLC; 2014. URL: http://www.freepatentsonline.com/20140158355.html.

[28] Favero C, Gaillard N, Marroni D. Water-soluble polymers for oil recovery. US Patent Application 20130072405; 2013. URL: http://www.freepatentsonline.com/20130072405.html.

[29] George M, Elgaddafi R, Ahmed R, Growcock F. Performance of fiber-containing synthetic-based sweep fluids. J Petrol Sci Eng 2014; 119: 185-95. URL: http://www.sciencedirect.com/science/article/pii/S0920410514001260. doi: 10.1016/j.petrol.2014.05.009.

[30] Reichenbach-Klinke R, Langlotz B. Aqueous formulations of hydrophobically associating copolymers and surfactants and use thereof for mineral oil production. US Patent 8752624, assigned to BASF SE (Ludwigshafen, DE); 2014. URL: http://www.freepatentsonline.com/8752624.html.

[31] Kessel DG. Chemical flooding—status report. J Petrol Sci Eng 1989; 2(2-3): 81-101. URL: http://www.sciencedirect.com/science/article/pii/0920410589900569. doi: 10.1016/0920-4105(89)90056-9.

[32] Santanna V, Curbelo F, Dantas TC, Neto AD, Albuquerque H, Garnica A. Microemulsion flooding for enhanced oil recovery. J Petrol Sci Eng 2009; 66(3-4): 117-20. URL: http://www.sciencedirect.com/science/article/pii/S0920410509000588. doi: 10.1016/j.petrol.2009.01.009.

[33] Lumsden CA, Diaz RO. Method and composition for oil enhanced recovery. US Patent 8662171, assigned to Montgomery Chemicals, LLC (Conshohocken, PA) Nalco Company (Naperville, IL); 2014. URL: http://www.freepatentsonline.com/8662171.html.

[34] Fathi SJ, Austad T, Strand S. water based enhanced oil recovery (EOR) by "smart water": optimal ionic composition for EOR in carbonates. Energy Fuels 2011; 25(11): 5173-9. doi: 10.1021/ef201019k.

[35] Chen IC, Yegin C, Zhang M, Akbulut M. Use of pH-responsive amphiphilic systems as displacement fluids in enhanced oil recovery. SPE J 2014a. doi: 10.2118/169904-pa.

[36] Chen Y, Elhag AS, Poon BM, Cui L, Ma K, Liao SY, et al. Switchable non-ionic to cationic ethoxylated amine surfactants for $CO_2$ enhanced oil recovery in high-temperature, high-salinity carbonate reservoirs. SPE J 2014b; 19(02): 249-59. doi: 10.2118/154222-pa.

[37] Kieke DE. Use of unmodified Kraft lignin, an amine and a water-soluble sulfonate composition in enhanced oil recovery. US Patent 5911276, assigned to Texaco Inc. (White Plains, NY); 1999. URL: http://www.freepatentsonline.com/5911276.html.

[38] Kalpakci B, Arf TG. Surfactant-polymer composition and method of enhanced oil recovery. US Patent 5076363, assigned to The Standard Oil Company (Cleveland, OH); 1991. URL: http://www.freepatentsonline.com/5076363.html.

[39] Kalpakci B, Chan KS. Method of enhanced oil recovery employing thickened ampho-teric surfactant solutions. US Patent 4554974, assigned to The Standard Oil Company (Cleveland, OH); 1985. URL: http://

www.freepatentsonline.com/4554974.html.

[40] Morrow LR. Enhanced oil recovery using alkylated, sulfonated, oxidized lignin surfactants. US Patent 5094295, assigned to Texaco Inc. (White Plains, NY); 1992. URL: http://www.freepatentsonline.com/5094295.html.

[41] Sevigny WJ, Kuehne DL, Cantor J. Enhanced oil recovery method employing a high temperature brine tolerant foam-forming composition. US Patent 5358045, assigned to Chevron Research and Technology Company, a Division of Chevron U.S.A. (San Francisco, CA); 1994. URL: http://www.freepatentsonline.com/5358045.html.

[42] Allured M. McCutcheon's functional materials. Glen Rock, NJ: McCutcheon's Division, MC Pub. Co.; 2006.

[43] Oswald T, Robson IA. Gas flooding processing for the recovery of oil from subter-ranean formations. US Patent 4860828, assigned to The Dow Chemical Company (Midland, MI); 1989. URL: http://www.freepatentsonline.com/4860828.html.

[44] Philips JC, Tate BE. Stabilizing polysaccharide solutions for tertiary oil recovery at elevated temperature with borohydride. US Patent 4458753, assigned to Pfizer Inc. (New York, NY); 1984. URL: http://www.freepatentsonline.com/4458753.html.

[45] Reichenbach-Klinke R, Langlotz B, Macefield IR, Spindler C. Process for tertiary mineral oil production. US Patent Application 20140131039, assigned to Basf se, Ludwigshafen (DE); 2014. URL: http://www.freepatentsonline.com/20140131039.html.

[46] Taylor KC, Nasr-El-Din HA. Water-soluble hydrophobically associating polymersfor improved oil recovery: a literature review. J Pet Sci Eng 1998; 19(3-4): 265-80. URL: http://www.sciencedirect.com/science/article/pii/S092041059700048X. doi: 10.1016/S0920-4105(97)00048-X.

[47] Evani S. Enhanced oil recovery process using a hydrophobic associative composition containing a hydrophilic/hydrophobic polymer. US Patent 4814096, assigned to The Dow Chemical Company (Midland, MI); 1989. URL: http://www.freepatentsonline.com/4814096.html.

[48] Langlotz B, Reichenbach-Klinke R, Spindler C, Wenzke B. Method for oil recovery using hydrophobically associating polymers. WO Patent 2012069477 assigned to Basf Se; 2012. URL: https://www.google.at/patents/WO2012069477A1?cl=en.

[49] Wellington SL. Stabilizing the viscosity of an aqueous solution of polysaccharide polymer. US Patent 4218327, assigned to Shell Oil Company (Houston, TX); 1980. URL: http://www.freepatentsonline.com/4218327.html.

[50] Pich R, Jeronimo P. Method of continuous dissolution of polyacrylamide emul-sions for enhanced oil recovery (EOR). US Patent 8383560, assigned to S.P.C.M. SA (Andrezieux Boutheon, FR); 2013. URL: http://www.freepatentsonline.com/8383560.html.

[51] Vanderhoff JW, Wiley RM. Water-in-oil emulsion polymerization process for poly-merizing water-soluble monomers. US Patent 3284393, assigned to Dow Chemical Co.; 1966. URL: http://www.google.com/patents/US3284393.

[52] Anderson DR, Frisque AJ. Process for rapidly dissolving water-soluble polymers. US Patent 3624019, assigned to Nalco Chemical Company (Chicago, IL); 1971. URL: http://www.freepatentsonline.com/3624019.html.

[53] Pinschmidt Jr RK, Vijayendran BR, Lai TW. Crosslinked vinylamine polymer in enhanced oil recovery. US Patent 5085787, assigned to Air Products and Chemi-cals, Inc. (Allentown, PA); 1992. URL: http://www.freepatentsonline.com/5085787.html.

[54] Trahan DO. Method and composition to remove iron and iron sulfide com-pounds from pipeline networks. US

Patent 8673834; 2014. URL: http://www.freepatentsonline.com/8673834.html.

[55] Purinton Jr RJ, Mitchell S. Practical applications for gelled fluid pigging. Pipe Line Ind 1987; 66(3): 55-6.

[56] Kennard MA, McNulty JG. Conventional pipeline-pigging technology: Pt. 2: corro-sion-inhibitor deposition using pigs. Pipes Pipelines Int 1992; 37(4): 14-20.

[57] Messner SF. Cleaning of pipelines with gel pigs (csotavvezetek tisztitasa geles csoma-lacokkal). Koolaj Foldgaz 1991; 24(7): 219-22.

[58] Lowther FE. Method for treating tubulars with a gelatin pig. US Patent 5215781, assigned to Atlantic Richfield Company (Los Angeles, CA); 1993. URL: http://www.freepatentsonline.com/5215781.html.

# 5 通用处理剂

## 5.1 水溶性聚合物

文献[1-4]对有关石油工业中使用的水溶性聚合物进行了专论和评论。文献[5]中虽然详细描述了水力流体在技术应用领域的基本技术,但是没有专门介绍水溶性聚合物在石油工业中的应用。

## 5.2 缓蚀剂

含水化合物通常含有的溶解或游离空气,增加了钻柱和相关金属设备表面的腐蚀和破坏速率[6]。

通常将缓蚀剂加入到油气流体中,帮助维持基础设施的完整性。缓蚀剂被添加到各种系统和相关的系统组件中,例如[7]:冷却系统、炼油装置、管道、蒸汽室、石油天然气的生产装置以及油田产出水处理装置。

这些缓蚀剂用于缓解各种类型的腐蚀。在泵送腐蚀性的流体时,流动引起的腐蚀是最主要的腐蚀类型。腐蚀程度取决于流体的腐蚀性、管道冶金、剪切速率、温度和压力等多种因素[7]。在适当的位置注入适当的最佳浓度缓蚀剂可以有效地降低腐蚀速率。

### 5.2.1 缓蚀剂在水相中的分布

由于缓蚀剂具有能够分散到水相中的固有结构而受到特别关注。缓蚀剂影响环境的指标由以下三项组成[8]:生物降解、生物体内累积和生物毒性。

只有当缓蚀剂同时满足这三项标准,才被允许作为缓蚀剂进行现场应用。但根据控制水体的监管机构的不同,每种标准的重点也有所不同。

### 5.2.2 缓蚀剂的降解

在某些特定的情况下,缓蚀剂的性能可能会随着时间的推移而降解,特别是在容易积聚大量固体的系统中[7]。

地下固体颗粒可以形成一层厚达几厘米的沉积层。含烃化合物材料和细碎无机固体可以在管线内表面上沉积。这些沉积物中包括沙子、黏土、硫磺、环烷酸盐、腐蚀副产物和与油结合在一起的生物菌落。

这些颗粒可能被缓蚀剂包裹,紧接着被大量的重质含烃材料涂覆。在石油工业中,这种沉积层通常被称为腐蚀层。

腐蚀层是一种固体或糊状物质,几乎可以粘附在任何与之接触的表面上,并且去除特别困难。在管道和井下底水中,只要发现此类沉积物,都需要使用清管器将这种沉积物去除。

然而，在许多情况下，由于结构配置，井筒直径多变或缺少清管器发射器和接收器，无法使用清管器清除沉积物。材料通常积聚在井筒的底部或周围。通常，即使在维护清理之后，腐蚀层仍然存在于金属表面的凹坑内。这种情况可能会增加腐蚀的风险。当腐蚀层累积到一定厚度时，将从井筒内表面剥落，然后沉积在井的下部以及井筒的中下部等将井筒或地层堵塞，使地层流体无法流入井内[7]。

由这种有沉积物形成的层状物理屏障还会阻止缓蚀剂向壁上扩散。通常，这些固体对缓蚀剂具有强的亲和力，能够显著降低缓蚀剂的使用效果。

固体内物质的组成可以形成促进细菌生长的理想环境，这些反应的代谢副产物通常具有高度腐蚀性。多年来，这种受微生物影响的腐蚀过程成为行业中亟待解决的问题之一。

注入水中携带的材料封堵井下地层，是注水开发过程中面临的又一挑战。这种堵塞通常会导致注水效率降低，从而导致井的产能下降[7]。

### 5.2.3 抑制性化学品

下面详细介绍一些用作缓蚀剂的化学品。

#### 5.2.3.1 除氧剂

连二亚硫酸钠及其混合物类的除氧剂添加剂已经进入现场应用阶段。连二亚硫酸钠处理剂可以制备成粉剂也可以制备成溶液。但是由于连二亚硫酸钠活性较强，储存困难，暴露在大气中时会引起火灾。当以粉末形式使用时，通常将连二亚硫酸钠悬浮在液体载体中，使遇氧反应材料与大气隔离。当以液体形式使用时，连二亚硫酸钠在运输过程中必须处理剂的湿度。

通过将碱金属硼氢化物蒸汽与碱金属亚硫酸氢盐蒸汽原位混合，可以制备连二亚硫酸钠除氧剂。因此，硼氢化钠与亚硫酸氢钠反应生成连二亚硫酸钠，连二亚硫酸钠与水反应生成亚磺酸和氢气，最后氢气与氧气反应，将氧气去除。反应过程如下：

$$NaBH_4 + 8NaHSO_3 \longrightarrow 4Na_2S_2O_4 + NaBO_2 + 6H_2O \tag{5-1}$$

$$Na_2S_2O_4 + 2H_2O \longrightarrow 2NaSO_3 + 2H_2 \tag{5-2}$$

另外，除氧剂可以由连二亚硫酸钠、二氧化硫脲、肼和铁等还原剂组成[6]。此外，例如乙二胺四乙酸（EDTA）、二亚乙基三胺五乙酸（DTPA）或三聚磷酸钠（STPP）等螯合剂也可以用作除氧剂。

针对油井井底存在铁离子的情况，正在研究钻井液添加剂的性能优化方法。当在钻井过程中遇到盐层时，可能会出现井眼扩大的现象。此外，在处理井下盐沉积时所需的淡水量也明显降低。

亚铁氰化钠或亚铁氰化钾和膦酸或膦酸盐等抗铁离子除氧剂已经在钻井过程中得到应用[9]。将上述化合物添加剂添加到钻井液中，通过钻井液循环将处理剂携带至井下，即使井下铁离子含量较高也可以有效的降低盐水侵蚀。

研究发现，向盐水中加入亚铁氰化钾或钾后，溶液中氯化钠的饱和浓度会增加。而且，当发生氯化钠的结晶反应时，析出的盐晶体由正方形变为锥形，即树枝状。盐水中盐浓度的增加能够为井下作业提供便利条件。

优选的膦酸化合物是含有二亚乙基三胺五（亚甲基膦酸）的处理剂，商品名 Dequest 2066A。结构如图 5-1 所示。

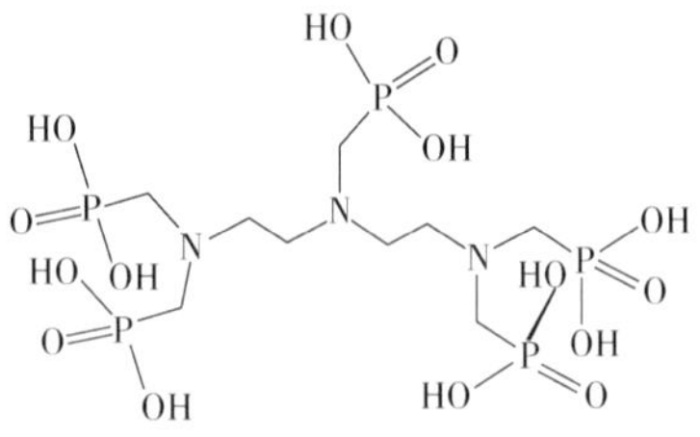

图 5-1　Dequest 2066A

铁的腐蚀机理如下：
$$2HCl+Fe \longrightarrow H_2+FeCl_2 \quad (5-3)$$
二氧化碳和硫化氢也腐蚀铁：
$$H_2S+Fe \longrightarrow H_2+FeS \quad (5-4)$$
$$CO_2+H_2O+Fe \longrightarrow H_2+FeCO_3 \quad (5-5)$$

已经开发出可以生物降解、非生物富集和低毒性的耐酸缓蚀剂[10]。苯乙酮可与胺和甲醛反应形成曼尼希碱抑制剂。曼尼希反应在1912年被首次提出[11]，反应如图5-2所示。

#### 5.2.3.2　季铵化合物

季铵化合物已被广泛使用，因为季铵化合物可以在钢的表面形成薄膜，在很宽的pH值和温度范围内保持稳定，在酸性条件下有效并且抑制微生物引起的腐蚀性能强，已经被广泛应用于多种行业中[8]。

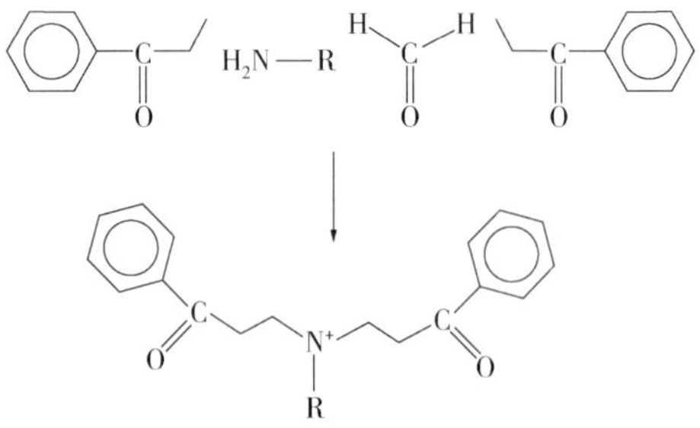

此外，咪唑类化合物也是一种常用的缓蚀剂[12-14]。然而，由于咪唑类化合物具有的生物稳定性特性，大多无法通过生物毒性测试，而且咪唑类化合物不易生物降解[8]。这一研究结果与早期出版物[15]中的结论截然不同。文献[16，17]中报道称，通过将咪唑类化合物与丙烯酸反应改性，可以降低咪唑类化合物的生物毒性。但是文献[16，17]中研究证明，丙烯酸分子含量越大，毒性越大。

图 5-2　曼尼希碱抑制剂[10]

据文献[8]，与现有的商业缓蚀剂相比，长链脂肪酯的季铵盐具有低毒性、高生物降解性和较低的生物累积性的特点，对环境影响更小。此外，季铵盐类缓蚀剂挥发性较弱，比烷基吡啶缓蚀剂的恶臭味小。因此季铵盐类缓蚀剂已经取代吡啶化合物，成为应用最广泛的缓蚀剂。

通过环氧氯丙烷的开环反应接枝1-氯-2,3-二羟基-丙烷可以制备季铵盐化合物。然后将该化合物与妥尔油脂肪酸进行缩合反应，得到单酯和双酯的混合物。然后加入取代的吡啶，最后形成相应的取代的吡啶盐[8]。

## 5.3　抑菌剂

文献[18]中报道称膦酸盐在高温下最有效，而磺化聚合物在低温下最有效。含有膦酸盐和磺酸盐的共聚物可在一定温度范围内发生协同效应，增强阻垢性。实际应用证明，在水基体系中，膦酸酯封端的乙烯基磺酸/丙烯酸共聚物已具有很强的硫酸钡垢的阻垢效果[18]。表5-1中给出了阻垢剂的基本类型。

表 5-1　阻垢剂的类型[19]

| 阻垢剂类型 | 阻垢剂限制条件 |
| --- | --- |
| 无机聚（磷酸盐） | 由于温度、pH值、溶液质量、浓度、磷酸盐类型和某些酶的存在，水解会产生磷酸钙沉淀 |

续表

| 阻垢剂类型 | 阻垢剂限制条件 |
|---|---|
| 有机聚(磷酸盐) | 随温度水解,在高钙浓度下无效,必须以高剂量使用 |
| 基于羧酸的聚合物 | 有限的钙耐受性(2000ppm),虽然有些可以在高于5000ppm的浓度下工作,但需要更大的浓度 |
| 乙二胺四乙酸 | 价格昂贵 |

## 5.4 防冻液

防冻剂的定义为添加到水基液体中后能够降低水基液体凝固点的处理剂[20]。防冻剂用于低于凝固点环境中的机械设备,防止传热流体冻结。在固井作业中有时也会使用防冻液,以满足固井作业在低于凝固点温度条件下作业。

许多化学物质添加到水中后都能降低水溶液的凝固点。但是从腐蚀、对发动机部件中橡胶密封件的破坏或经济方面考虑,许多化学物质无法作为防冻液使用。

### 5.4.1 作用机理

防冻液对凝固点的抑制功能遵循低浓度水溶液热力学的依数性定律。在凝固点降低的同时,溶液的沸点通常会升高。从热力学中的相平衡理论很容易解释凝固点降低。

在平衡状态下,混合体系内的化学势必定相等。假设固相一定含水,液相为水和盐的混合物。因此,固相 $\mu_s$ 中水的化学势是纯物质的化学势。但是,在液相中,水中含有一定浓度的盐。因此,必须校正液态水的化学势。$x$ 是指溶质的摩尔分数,即盐或有机物质。该等式适用于盐或添加剂浓度较低的情况:

$$\mu_s = \mu_1 + RT\ln(1-x) \tag{5-6}$$

该等式最好用以下形式表示:

$$(\mu_s - \mu_1)/RT = \ln(1-x) \approx -x \tag{5-7}$$

使用平衡浓度关于温度的导数,可以求得平衡浓度与温度本身的关系:

$$\frac{d\dfrac{\mu_s - \mu_1}{RT}}{dT} = -\frac{dx}{dT} = \frac{\Delta H}{RT^2} \tag{5-8}$$

$\Delta H$ 是水的熔化热。因为熔化的热量总是正的,所以溶质的增加会导致凝固点的降低。对于凝固点降低,等式右边的温度被视为常数。此外,可以看出,分子量越小的添加剂降低凝固点能力越有效。应该注意的是,公式(5-8)仅对少量添加剂有效。较高浓度的添加剂需要修改等式。特别是,必须引入活动系数的概念。这个概念可以解释更广泛浓度范围的相图。

### 5.4.2 防冻化学品

有关防冻化学品活性的一些数据见表5-2。分析表5-2表明,防冻化学品可以分为液体和盐两种类型。其中液体类防冻剂可以与水和盐在整个浓度范围混溶。盐类防冻剂在溶液中的溶解度通常有一定的值。在液体的情况下,列出了浓度小于50%的水溶液,凝固点的变化情况。在固体的情况下，甘油醇在-70℃左右与水形成65%至80%的共晶点。然而，纯甘油醇将在-14℃就会固化。丙二醇与水的混合物在较高浓度的丙二醇中会出现过冷却现象，而无法测量凝固点。

表 5-2 防冻化学品

| 成分 | 水中浓度(%) | 凝固点降低(℃) |
| --- | --- | --- |
| 氯化钙 | 32 | -50 |
| 乙醇 | 50 | -38 |
| 乙二醇 | 50 | -36 |
| 甘油 | 50 | -22 |
| 甲醇 | 50 | -50 |
| 氯化钾 | 13 | -6.5 |
| 丙二醇 | 50 | -32 |
| 海水6%盐水 | 6 | -3 |
| 氯化钠 | 23 | -21 |
| 蔗糖 | 42 | -5 |
| 尿素 | 44 | -18 |

乙二醇和水的混合物的凝固点随乙二醇的浓度增加而下降的趋势见表5-3。乙二醇—水的相图如图5-3所示。图5-4给出一些有机防冻液的分子结构式。

表 5-3 乙二醇—水混合物中的凝固点

| 乙醇含量(%) | 凝固点(℃) | 乙醇含量(%) | 凝固点(℃) |
| --- | --- | --- | --- |
| 10 | -4 | 40 | -24 |
| 20 | -9 | 50 | -36 |
| 30 | -15 | | |

### 5.4.3 传热液体

传热液体中的经典防冻剂是盐水溶液和醇类。

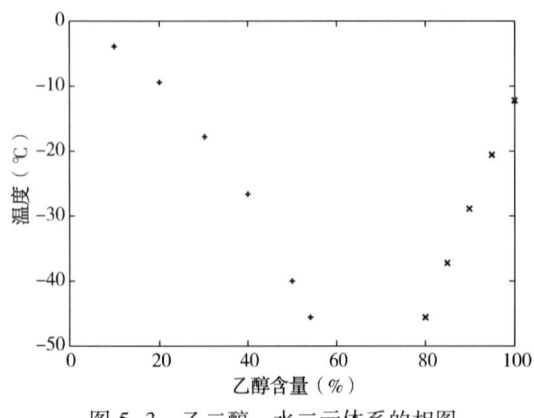

图 5-3 乙二醇—水二元体系的相图

#### 5.4.3.1 盐水

在常用的防冻剂中，盐水对发动机金属的腐蚀性最强，并且在传热过程中会产生水垢。水垢的沉积会对传热效率产生不利影响。但是到目前为止，因为盐水（海水）价格低廉，在海上作业中应用仍然非常广泛。

#### 5.4.3.2 醇类

例如甲醇和乙醇等醇类制备工艺简单，成本较低，所以尽管甲醇、乙醇存在由于沸点低，夏季会蒸发损失的缺点，但是在某些工艺中有时还会用到醇类处理剂。但是，应用过程中醇类损失量大、闪点低易燃易爆等因素，不得不使用成本更加高昂的替代产品。而且，甲醇具有剧毒性，近年来用醇的应用已经被全面禁止。

### 5.4.3.3 乙二醇类

与甲醇相比，乙二醇的降低凝固点能力较弱，但它具有非常低的蒸气压。冷却剂应用过程中虽然也会有一定程度的蒸发，但是蒸发更多的是水而不是乙二醇。此外，当乙二醇和水以1∶1混合物后，根本没有闪点，从根本上解决了易燃易爆的问题，提高了应用的安全性。基于乙二醇的防冻剂可含有少量其他二醇，例如二甘醇或三甘醇。丙二醇和丙二醇醚等基于丙二醇的二醇应用并不广泛，特别是在出台了类毒性法规的领域。研究证明，乙二醇在抑制凝固点和提高传热效率方面效果最好。

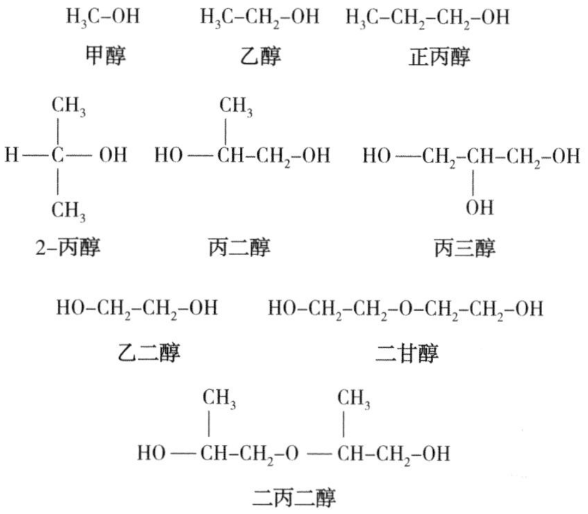

基于乙二醇防冻剂配方的性质：

（1）倾点。

图 5-4 有机防冻剂

液体的某些特征决定了所需的防冻剂浓度。混合物中出现第一个冰晶时的温度为混合物的凝固点。然而，这并不意味着该温度将是应用中的最低允许温度。例如在传热介质发挥作用的过程中，当传热介质中出现冰晶后，流体的热传导效率会有所降低，但是因为流体不会完全冻结到固态，所以它仍然可以发挥传热的作用。纯水完全冷冻后，体积会膨胀约9%。添加防冻剂（例如乙二醇）将显着降低膨胀量，从而保护系统免受损坏。在冷冻温度下，晶体本身主要是水。因此，仍然在溶液中的防冻剂的浓度将增加。这导致残余液体的凝固点进一步下降。在较高的乙二醇浓度下，流体不会完全凝固。流体停止流动的点被称为倾点。倾点明显低于凝固点。然而，使用这种传热介质直至到达溶液的倾点将显着增加泵送所需的能量。此外，由于传热能力降低，通常不建议长期使用超出混合物凝固点的传热介质。

（2）腐蚀。

醇类可能会腐蚀某些铝合金。在含水混合物中存在的金属阳离子也会腐蚀金属。在高温和存在氧气的气体中，乙二醇被缓慢氧化成相应的酸，腐蚀金属。

在溶液中加入能够保持pH值恒定的缓冲溶液，可以抑制酸对设备的腐蚀。例如，使用100kg乙二醇、400g $KH_2PO$、475g $Na_2HPO_4$ 和4L水配制防冻剂，具有很强的防腐蚀性。该配方与水进行50∶50稀释后，也能满足防腐要求。此外，硼砂可用于保护金属表面免受腐蚀。

除了纯化学腐蚀之外，液体中的固体腐蚀产物将引起腐蚀性腐蚀。例如防冻剂中随流体移动的颗粒将冲击设备表面，使设备表面的防腐层破损。这种腐蚀效应在高流体流速的区域中最明显。

可在金属表面上形成保护膜的最常见的腐蚀抑制剂包括硼酸盐、钼酸盐、硝酸盐、亚硝酸盐、磷酸盐、硅酸盐、胺、三唑和噻唑，例如单乙醇胺、乌洛托品、硫代二甘醇和巯基苯并噻唑等。添加这些抑制剂不能有效防止腐蚀性腐蚀[21]。

据称二环戊二烯二羧酸的二元盐作为腐蚀抑制剂具有较高活性[22]。据称某些脂肪酸盐（金属皂）与苯并三唑一起对防冻剂配方的腐蚀具有协同作用[23]。

选择防冻剂用腐蚀抑制剂还会收到操作模式的影响。例如，在汽车间歇运行时，腐蚀抑制剂还必须在停止时保护设备不受腐蚀。成膜硅酸盐可以在静止状态下发挥防腐作用。成膜硅酸盐对于铝制部件的防腐功能尤为突出，为了减轻重量，汽车中的许多配件都是铝制品。但是有机硅可以与乙二醇反应形成容易堵塞管线的交联聚合物。

石油工业中的发动机通常是连续运转的重型固定柴油机。而且，发动机通常不采用铝质材料。由于容易形成凝胶，对于这些类发动机，不建议使用基于成膜硅酸盐的乙二醇类的防腐蚀剂。已经开发了适用于乙二醇—水混合物的防腐剂混合物，可以最大限度地减少冷却剂应用中的腐蚀问题[24]。

因此，用于天然气传输的发动机冷却剂配方中，加入了用于保护黑色金属的磷酸盐和用于保护黄铜部件的三唑。在另一章中详细讨论了腐蚀的发生机理。

（3）抑泡剂。

尽管乙二醇—水配方不易起泡，但机械和化学因素可能会导致体系发泡。缓蚀剂的使用和污染物的存在可以增强形成泡沫的趋势。由于这些原因，有时添加硅氧烷、聚乙二醇或油等消泡剂。

（4）弹性损坏。

与防冻混合物接触的一些弹性体密封件可能会发生膨胀等不稳定现象。乙二醇与某些塑料的相容性见表5-4。

表 5-4　乙二醇与塑料的相容性

| 材料 | 25℃ | 80℃ | 160℃ |
|---|---|---|---|
| 聚（氨酯） | 好 | 差 | 差 |
| 丙烯腈—丁二烯共聚物 | 良 | 好 | 差 |
| 苯乙烯—丁二烯共聚物 | 好 | 一般 | 差 |
| 乙烯—丙烯—二烯共聚物 | 好 | 好 | 好 |
| 天然橡胶 | 好 | 差 | 差 |
| 硅橡胶聚（二甲基硅氧烷） | 好 | 好 | 好 |
| 偏二氟乙烯—六氟丙烯橡胶 | 好 | 好 | 差 |

#### 5.4.3.4　生物柴油副产物

乙二醇化合物对环境也有一定的污染，可能会影响水生生物的存活，同时不利于污水处理效果[25]。其他防冻液体，例如醇特别是低分子量醇，具有毒性和高挥发性。此外，其中一些防冻剂可能具有令人讨厌的气味或者易引发火灾危险。而且，一元醇和多元醇在氧气存在，可以发生氧化反应形成酸，这会增加对材料的腐蚀程度。

为了减少对化石燃料的依赖，生物柴油的生产越来越重要。甘油三酯是动物脂肪和植物油的主要成分，是甘油与不同分子量脂肪酸反应形成的酯。

使用均相体系生产生物柴油的途径有三种[25]：

（1）碱催化酯的酯交换；

（2）酸催化酯的酯交换；

(3) 通过水解，然后酯化成生物柴油，将油转化为脂肪酸。

由于反应效率高，操作条件温和，原材料容易获得等因素，基础催化生产生物柴油工艺被广泛接受。

一旦分离出甘油和生物柴油，就通过闪蒸工艺或真空蒸馏除去过量的醇。甘油仍然是副产品。在该工艺中，是否能够找到一个合适的反应机理，将副产物甘油转化为能够带来经济效益的处理剂，决定了该工艺的经济效益。已经开发了一种以生产生物柴油副产物三甘油酯为反应物，制备具有防冻效果单酯的工艺。从与甘油三酯反应的副产物中制备优异的除冰化合物。

粗甘油可与其他除冰化合物结合。表5-5中列出了防冻液成分对凝固点降低能力的影响。

表5-5 凝固点降低[25]

| 甘油(%) | 50 | 25 | | 25 | | | 25 | |
|---|---|---|---|---|---|---|---|---|
| 碳酸钾(%) | | 25 | 47 | | | | | |
| 醋酸钾(%) | | | | 25 | 25 | 50 | | |
| 乳酸钠(%) | | | | | | | 25 | 50 |
| 水(%) | 50 | 50 | 53 | 50 | 75 | 50 | 50 | 50 |
| 凝固点(%) | -23 | -37 | -20 | -41 | -18 | -60 | -39 | -32 |

## 5.5 增稠剂

### 5.5.1 树枝状聚合物

树枝状梳形聚合物作为增稠剂使用。文献[26]中介绍了树枝聚合物的制备和应用。树枝状聚合物的单体如图5-5所示。

这些单体可以与丙烯酰胺、乙烯基吡咯烷酮单体或2-丙烯酰氨基-2-甲基-1-丙烷基单体等其他水溶性不饱和共聚单体共聚。

这些类型的聚合物可用于Ⅱ类油藏聚合物驱。它们可以快速溶解在产出水中，并且聚合物溶液的黏度比具有相当分子量的普通聚（丙烯酰胺）高30%以上[26]。

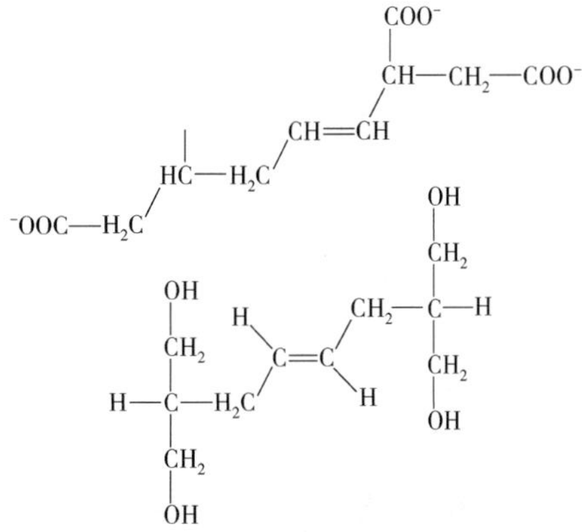

### 5.5.2 铵盐

烷基酰氨基季铵盐及其制剂可用作水基工作液中的增稠剂[27]。例如芥子酰氨基丙基三甲基铵季铵盐、二甲基氨基丙基三甲基氯化铵和二甲基烷基甘油氯化铵。

图5-5 树枝状聚合物单体[26]

季铵盐具有良好的胶凝特性，可用于压裂液、完井液和钻井液等石油工业流体的交联剂。

例如，增稠的流体能够悬浮支撑剂颗粒并将其运送到裂缝位置。凝胶化的流体还减少了流体的裂缝漏失量,从而提高压裂增产效果[27]。

### 5.5.3 有机土增稠剂

具有增稠作用的可溶胀性黏土有许多种,文献[28]中介绍了一种具有层状硅酸盐类的锂蒙脱石化合物。锂蒙脱石化合物表现出优异的热稳定性和电解质稳定性,是一种高效的增稠剂。在水或电解质溶液中,这些可溶胀层状硅酸盐可以形成具有优异增稠和触变性质的透明凝胶。凝胶的性质基本上不受电解质浓度或高温影响。硅酸盐可与合成聚合物结合使用。

此外,有机黏土可用作水基体系中的触变剂。优选的制备方法包括以下步骤[29]:

(1) 将黏土原矿粉碎至100目以下,并将未经处理的黏土缓慢地分散在含水双相萃取系统的富含聚合物相中。黏土的加量必须保证蒙脱石黏土在含水双相萃取系统的富含聚合物的相中的浓度在2%~6%之间。

(2) 使含有分散黏土矿石的富聚合物相与碳酸钠、硫酸钠或磷酸钠等盐水溶液接触。用盐溶液处理可以使黏土在离子交换处引入钠离子。将组分在室温下缓慢混合。温度的升高也有利于提高黏土的分散、水溶胀和离子交换的速度。

(3) 将液相分离,其中富含盐的液相携带矿物杂质,而富含聚合物的液相携带钠离子交换后的有机辛醇。所得黏土中还包含一定量的低分子量水混溶性聚合物,例如聚乙二醇、聚乙烯基吡咯烷酮和聚乙烯醇,这是被富聚合物相吸附的聚合物。

(4) 在富含聚合物的液相中,用合适的高分子聚合物絮凝回收有机黏土。有机黏土絮凝聚合物可以是分子量为1~5MDa非离子、阳离子或阴离子聚合物。这些聚合物也常用于采矿过程中分离含有黏土的固/液混合组分。

(5) 清洗有机黏土,去除黏土中多余的聚合物,然后再对黏土进行干燥。温度过高可能使黏土表面吸附的聚合物过度氧化,因此干燥温度需要小于100℃。如果使用低分子量聚合物有机黏土进一步表面改性,增加黏土的疏水性,可以显著缩短干燥时间。适用于有机黏土表面改性的聚合物有聚丙二醇、乙二醇和丙二醇共聚物,或者乙二醇、丙二醇和丁二醇。利用含有烷基疏水基集团的鎓离子与油基黏土的离子交换点位部分交换,也可对有机黏土表面改性,提高其干燥效率。

传统矿物分离技术生产有机黏土的工艺包括筛分、水力旋流然后使用离心机分离等步骤。但是水双相萃取系统生产的有机黏土过程中,只需要温和搅拌既能使富含聚合物相中的黏土充分分散,而在传统生产工艺中需要通过高速搅拌才能使黏土分散均匀。这是由于分散条件的不同,使含水双相萃取系统生产的有机黏土颗粒平均粒径更小。

含水双相萃取系统仅使用机械搅拌器在室温下温和搅拌,就可以产生平均粒度细小(例如0.196μm)的有机黏土浆料。与高能量密集型工艺相比,温和搅拌使加工设备能够保持相对较长的使用寿命,从而减轻加工设备磨损情况[29]。

## 5.6 表面活性剂

文献[30]中介绍了一种应用于油田的乳化清洗液产品。

以前使用的表面活性剂是乙氧基山梨醇脂肪酸酯。以乙氧基山梨醇脂肪酸酯为基础的制剂具有良好的清洁效果,但在生物降解性和毒性方面,还不能满足环保要求。由于这些原因，研发了烷基多糖苷和甘油单酯、脂肪酸的混合物。优选的脂肪酸为甘油和油酸。

## 5.7 润滑剂

### 5.7.1 协同作用

配制了非离子单甘油酯表面活性剂和黄原胶的水溶液混合物，并通过表面张力和接触角的测量，确定了它们在水中的润滑性和溶解度[31]。结果表明，单甘油酯在水中表现出优异的润滑性能，随着烃类链长增加，摩擦系数呈稳定的下降趋势。单甘油酯在黄原胶悬浮液中使用时，可进一步降低摩擦系数。这一发现表明，单甘油酯可能与多糖形成复合物，发挥协同作用，提高润滑性能。在氧化铁纳米颗粒上的吸附试验也证明了这些分子之间的相互作用，有利于它们在金属表面的吸附。

### 5.7.2 纳米凹凸棒石

纳米凹凸棒石可以改善钻井液的摩擦学性能[32]。

通过对凹凸棒石的提纯、合成、表征、功能化，研发了纳米级凹凸棒石。对粒径为10~25nm 凹凸棒石颗粒进行了测试研究。研究证明，在钻井液中加入凹凸棒石能够有效的调整钻井液的流变性，减少摩擦。纳米凹凸棒石加入到钻井液中可有效地降低钻柱与井筒之间的摩擦系数[32]。

## 5.8 泡沫

在钻井、完井、修井和生产作业中，经常使用充气液体和泡沫作为工作流体[33]。充气液体与泡沫的区别在于，液相中是否加入表面活性剂，促进气液两相间分散。

与液体相比，充气液体和泡沫体的密度要低得多，因此充气液体和泡沫能够显著降低井筒中的静液柱压力。当钻进低压地层时，需要降低井筒流体密度以提高储层保护效果时，以及欠平衡条件下进行射孔作业时都需要降低井筒内的静液柱压力。采用欠平衡射孔工艺，能够减小井底正压差，降低由于射孔形成的细颗粒从井筒进入射孔所造成的堵塞伤害[33]。充气液体由气体和液体组成，还可能含有缓蚀剂等处理剂以及泥浆和沙子等悬浮固相。

泡沫是液体中含有高度分散气体的两相系统。泡沫系统通常由气体、起发泡剂作用的表面活性剂和水组成。被含有表面活性剂环绕包裹的气泡是组成泡沫的基础物理结构。泡沫的质量指标是两相混合物中气体的体积百分比。泡沫中还可以加入其他改变泡沫性能的处理剂，例如加入聚合物或膨润土时，可以提高膜的强度，从而形成硬的或稠化的泡沫，加入缓蚀剂后能够降低含金属系统中泡沫的腐蚀性[33]。

泡沫的流变性非常复杂，通过流变性上的差别，可以将泡沫与充气和非充气液体进行区分。流变性质取决于物质多种参数，例如气泡尺寸和分布，流体黏度、泡沫质量和发泡剂的类型等。使用泡沫代替传统流体通常会降低流体从井筒侵入周围地层的程度[33]。

此外，侵入地层的泡沫通常含有体积百分比高的气体，在加压时起泡形变。在减压时，起泡释放的能量有助于提高泡沫流体返排率。与传统的水和固相流体相比，泡沫还具有线性流速低、承载能力强的特点。在直井和水平井的钻井、完井和修井作业时，泡沫流体能够发挥独特的作用。特别是当钻遇低压层、半衰竭地层以及强水敏地层时，泡沫钻井的优势更加明显。

由于泡沫流体所具有的独特性质，使其能够适用于连续油管修井作业。使用连续油管作业时，可以在不拆除井筒油管的条件下进行修井作业，可以节省大量的时间和费用[33]。

### 5.8.1 发泡剂

发泡剂总结在表5-6和图5-6中。

表5-6 发泡剂[33]

| 组分 | 化合物 | 组分 | 化合物 |
|---|---|---|---|
| N-丙烯酸肌醇 | N-丙烯酰基-N-烷基牛磺酸钠 | 氧化胺 | 烷基甜菜碱 |
| 烷基硫酸盐 | 乙氧基化和硫酸化的醇 | 丙基甜菜碱 | 椰油酰胺丙基甜菜碱 |
| 乙氧基化和硫酸化烷基酚 | 脂肪酸二乙醇酰胺 | | |

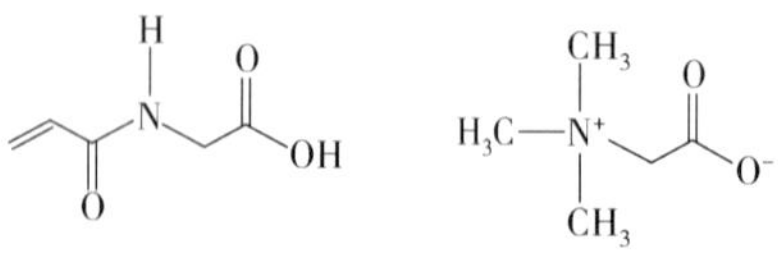

椰油酰胺丙基甜菜碱也称为2-[(3-十二烷氨基丙基)二甲基氨基]乙酸酯。甜菜碱是一种多用途发泡剂[34]。甜菜碱能够显著降低液体的表面张力，具有优异的去污力。甜菜碱特别适用于水敏性储层。所谓的水敏性储层是指，储层吸水能力强，水基流体侵入储层后返排速度非常缓慢的地层。这种储层普遍具有渗透率低、含有一定量黏土等特征。甜菜碱在高温井中性能优异，而其他发泡剂高温条件下可能受热降解。

图5-6 基于甜菜碱的发泡剂

### 5.8.2 泡沫水泥浆

泡沫水钻井液包括发泡剂和泡沫稳定剂。所使用的异丙醇等发泡剂和泡沫稳定剂会干扰水生生物的生存。另外，泡沫水钻井液的一种或多种处理剂易燃，使发泡剂和稳定剂的运输费用大大升高。

针对上述问题，研发了一种已水硬性泡沫水泥浆。配方中的发泡剂和泡沫稳定剂具有不可燃性和环境友好性[35]。

环境友好型发泡剂和泡沫稳定剂配制的水钻井液配方为烷基醚硫酸盐表面活性剂的铵盐、椰油酰氨基丙基羟基磺基甜菜碱表面活性剂、椰油酰氨基丙基二甲基氧化胺表面活性剂、氯化钠和水的混合物[35]。

### 5.8.3 消泡剂

水硬性水泥配方中通常包含消泡剂。消泡剂是钻井过程中井筒工作液的重要组分，可以防止井筒工作液在井底地层形成泡沫或夹带气体[36]。

消泡剂可以破坏泡沫流体中的气泡。例如，当现场施工过程中需要处理泡沫钻井过程中的泡沫钻井液时，钻井液工程师可以在泡沫钻井液中加入消泡剂。水钻井液中通常也会加入消泡剂，确保水泥浆中不会产生气泡影响水泥浆的密度。

然而，部分现有消泡剂可能造成一定的环境污染，在国际上已经出台了严格的环境法规的区域无法推广应用。

文献[36]中已经描述了具有环境友好性的水泥浆用消泡剂化合物。环境友好性消泡剂包括辛醇、己醇或丁醇以及表面活性剂。

## 5.9 水基凝胶

### 5.9.1 黄原胶

黄原胶水溶液凝胶可作为处理土壤混油后的应急处理剂。试验表明，$Cr^{3+}$ 和 $Al^{3+}$ 阳离子均可与黄原胶交联形成凝胶。在低 pH 值下，$Cr^{3+}$ 成胶时间约为 1h，而 $Al^{3+}$ 几乎可以瞬间成胶。黄原胶水溶液的剪切稀释性，有利于现场应用[37]。

### 5.9.2 羧甲基纤维素

木质素磺酸盐、改性羧甲基纤维素以及金属离子交联剂的混合物是一种有效的堵漏剂[38]。经高级脂肪醇的聚氧乙烯醇醚改性的羧甲基纤维素，具有表面活性剂和羧甲基纤维素双重性质。

因此，改性羧甲基纤维素可以在降低混合物浓度的情况下提高凝胶强度。重铬酸钠和重铬酸钾可作为交联剂。$Cr^{3+}$ 和 $Ca^{2+}$ 离子与改性羧甲基纤维素分子发生离子交联反应。在水溶液中将各组分混合，即可制备凝胶化合物。可以使用高度矿化的水配制凝胶化合物，通过改变 $CaCl_2$ 和重铬酸盐的含量来控制成胶时间。

#### 5.9.2.1 聚二甲基二烯丙基氯化铵

聚二甲基二烯丙基氯化铵是强碱性阳离子聚合物。聚二甲基二烯丙基氯化铵和 CMC 的钠盐(一种阴离子聚合物)的混合物在氯化钠水溶液中等摩尔比使用时，是一种在宽 pH 值范围内具有良好的封堵性堵漏剂[39]。

#### 5.9.2.2 木质素磺酸盐和羧甲基纤维素

该堵漏浆的核心材料为 2%~8% 高级脂肪醇聚氧乙烯醇醚改性的 CMC 和 3%~6% 木质素磺酸盐水溶液。木质素磺酸盐是纤维素纸浆的废弃产品[38]。交联剂重铬酸钠或重铬酸钾与氯化钙的加入量为 2%~5%。通过水泥混合器搅拌各组分的水溶液制备该堵漏浆。

将强碱性阳离子活性聚合物聚二甲基二烯丙基氯化铵和阴离子活性聚合物 CMC 钠盐等摩尔比混合得到的混合物可作为封堵液。水溶液中每种聚合物加量为含有 0.5%~4%，大分子离子将不同分子连接在一起形成凝胶。该凝胶堵漏体系在宽 pH 值范围内具有很高封堵效果[39]。

### 5.9.3 聚丙烯酰胺基配方

聚丙烯酰胺水溶液可用作高渗地层的堵漏浆[40]。部分水解的聚丙烯酰胺(PHPA)甚至完全水解聚丙烯酰胺 HPAN 在堵漏作业中也取得广泛应用[41]。聚合物溶液具有可泵性，但当溶液中存在多价金属离子时，金属离子与聚合物形成金属键，导致聚合物分子之间发生交联作用，形成凝胶。

金属离子通常以有机化合物金属盐螯合物的形式加入到溶液中，具有一定的缓凝作用。凝胶堵漏过程中，聚合物和交联剂分两步泵入[42]。另外，某些金属阳离子型交联剂不能配制盐水凝胶。而现场配制凝胶时，优先考虑使用采出的盐水，这样可以避免采出水处理困难的问题。

#### 5.9.3.1 延迟成胶

(1) 络合剂。

通过向混合物中添加络合剂可以实现延迟成胶[43]。因为初始地面上金属离子处于络合状态,凝胶化合物的所有组分可以同时泵入,也可以将混合物溶解在矿化度高的采出盐水中。此方法正好解决了采出盐水的处理难题。将 PAM 等水溶性聚合物、乙酰丙酮铁或草酸铁铵等铁化合物和 2,4-戊二酮等酮类混合可以配制凝胶化合物。形成凝胶可用于临时封堵的地层。成胶后的凝胶将在 6 个月后破胶降解。该复合物如图 5-7 所示。

(2) 调节 pH 值。

高温下,一些有机试剂在水溶液中会水解释放氨,例如乌洛托品和尿素。尿素的水解如图 5-8 所示。

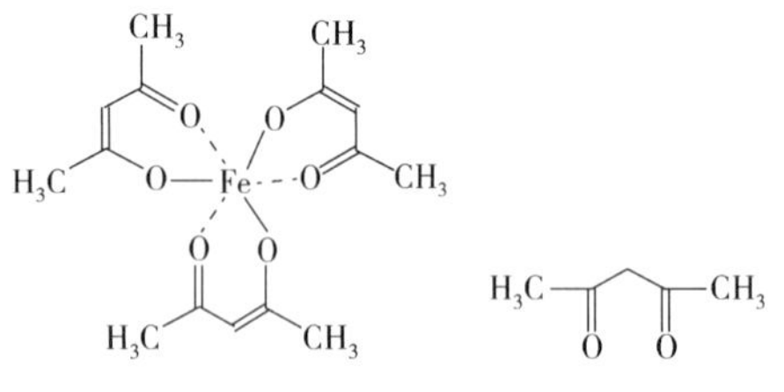

图 5-7 铁络合物     图 5-8 尿素的水解

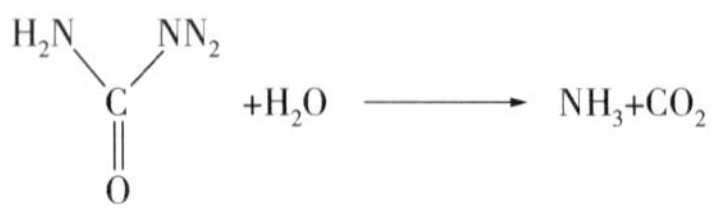

乌洛托品水解后产生甲醛和氨,使溶液的 pH 值增加,激活体系中其他组分之间的交联反应生成凝胶。

#### 5.9.3.2 聚丙烯酰胺和乌洛托品混合

在表 5-7 中给出了聚丙烯酰胺凝胶混合物的配方。这种聚丙烯酰胺和乌洛托品混合物凝胶形成见表 5-8。

表 5-7 聚丙烯酰胺基凝胶组成[43]

| 材料 | 加量(%) | 材料 | 加量(%) |
| --- | --- | --- | --- |
| 聚丙烯酰胺 | 0.05~3 | 重铬酸钠 | 0.01~1 |
| 乌洛托品 | 0.01~10 | 水 | 100 |

表 5-8 不同温度下的成胶时间[43]

| 温度(℃) | 时间(h) | 温度(℃) | 时间(h) |
| --- | --- | --- | --- |
| 60 | 10~18 | 120 | 4.5~7 |
| 80 | 6~22 | | |

#### 5.9.3.3 纤维增强

凝胶溶液中加入纤维可以提高凝胶的强度。所用纤维既不能影响成胶性且又能提供足够强度[44,45]。此外,加入的纤维还不能对凝胶的泵送和注入产生不利影响。玻璃纤维和纤维素纤维可作为增强堵漏胶强度纤维。

#### 5.9.3.4 金属离子和盐类交联剂

(1) 废弃物材料。

来自其他工艺的废料,如来自镀锌工艺的废料可以作为交联剂使用[46]。对于镀锌工艺废料的化合物需分成两部分。

来自木质素磺酸盐的铁盐和铬盐也是金属离子交联剂原材料。木质素磺酸盐是造纸工业的废弃物[47]。

(2) 丙酸铬(三价)。

丙酸铬(三价)—聚合物凝胶体系适用于获取淡水困难的油田使用[48,49]。在硬盐水和淡水中丙酸铬(三价)都可以形成稳定的凝胶。施工效果随凝胶剂浓度变化对施工效果有明显影响，即丙酸铬的浓度越高，凝胶的残余阻力系数越高。

丙酸铬(三价)与柠檬酸铝的作用机理类似,适用于深井近井地带的封堵作业。在含有铁和钡的生产盐水中也有良好的交联作用。相比于柠檬酸铝，在深井地层施工时只需一半浓度丙酸铬(三价)就能达到更好的成胶效果。较低的加量,使丙酸铬(三价)在淡水凝胶中的应用也更具优势。

(3) 成胶过程和破胶。

铬离子通过与PAM分子中的氮原子形成配位键成胶[50]。研究表明，当反应物的浓度在一定的范围时，凝胶的质量更高。另外，中性pH值条件下形成的凝胶稳定更强,凝胶强度可以在油藏温度下可维持50天。在盐酸、土酸和过氧化氢等化学物质中的凝胶会发生破胶现象，表明酸类物质可用作凝胶的破胶剂。

(4) 环保性破胶剂。

黏性井筒工作液主要由瓜尔胶等多糖、交联剂以及水配制而成，但该高黏流体中的延迟破胶剂通常不具备环境友好性[51]。

硼基交联剂包括硼酸、八硼酸二钠四水合物、二硼酸钠、五硼酸盐和含硼的矿物，在水解时释放硼。聚琥珀酰亚胺和聚天冬氨酸是对环境无害的延迟破胶剂，通过与硼离子螯合，将井筒工作液降解成低黏度流体[51]。

由淡水、瓜尔胶、将pH值调节至碱性的苛性碱化合物、硼酸类交联剂,抗温能力为121℃的破胶剂聚琥珀酰亚胺，可以制备高黏凝胶工作液。使用布氏黏度计测量凝胶黏度随时间的变化。测试结果如图5-9所示。

过硼酸钠四水合物是一种环保的聚合物破胶剂，非常适合黏性水基流体的破胶[52]，但过硼酸钠四水合物在水中的溶解度有限。易溶性硼络合物或酯基化合物与过硼酸钠四水合物混合后，可以提高过硼酸钠四水合物在淡水或盐水中的溶解度。络合物或酯基化合物通常为甘露醇、甘露糖、半乳糖、甘油、柠檬酸、酒石酸、碱性多磷酸盐、多羟基酚、黄原胶、瓜胶、果胶、糖脂和糖蛋白。

### 5.9.3.5 双季铵盐类化合物

研发了具有高效、低环境伤害的双季铵盐类缓蚀剂和清洗剂。图5-10给出了该双季铵盐类化合物合成机理。

含双季铵盐类缓腐剂的配方见表5-9。

该化合物可作为与任何含金属设备接触的水基流体用中缓蚀剂。该化合物也可用于任意成分的油气环境下所有含烃沉积物的清洗作业[7]。

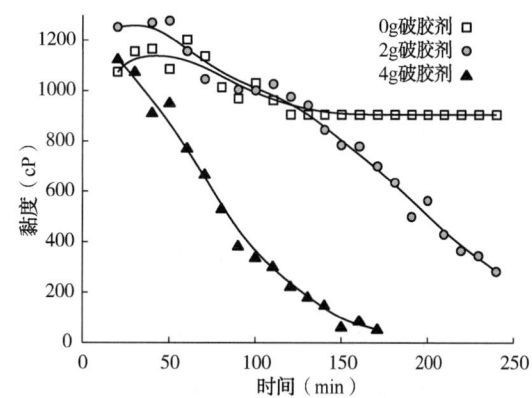

图5-9 聚琥珀酰亚胺破胶剂对凝胶黏度的影响

表5-9 含双季铵盐类缓蚀剂配方[7]

| 化合物名称 | 加量(%) | 化合物名称 | 加量(%) |
| --- | --- | --- | --- |
| 芳香族石脑油 | 0~75 | 乙酸 | 0~20 |
| 双季化合物 | 5~50 | 水或其他溶剂 | 0~95 |
| 季铵化合物 | 0~20 | 其他可选组分 | 0~95 |
| 乙醇酸/巯基乙酸 | 0~20 | | |

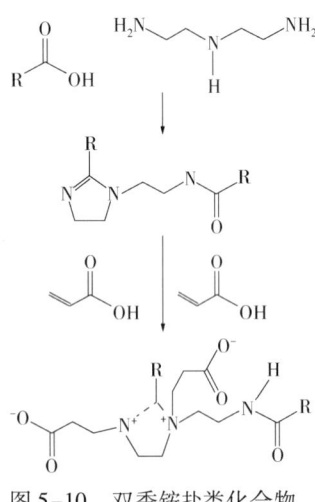

图5-10 双季铵盐类化合物
（R型脂肪酸残余物）的合成[7]

例如，该技术可用于储层反注增产工艺。在一定压力下，将含有双季铵盐类化合物的增产处理液注入地层。注入的过程中双季铵盐类化合物可以吸附在地层上，产液时解吸附。而且，在注水开发的过程中，使用上述配方可以将孔隙通道以及管线中的烃类沉淀物清除，提高水驱速率，提高油气产量。此外，在二次采油的水驱和酸化工艺中也可以使用该配方[7]。

（1）柠檬酸铝。

柠檬酸铝可用作许多聚合物的交联剂。在水中加入低浓度聚合物和柠檬酸铝可形成凝胶。该交联剂可封堵深层非均质高渗储层的优势通道。该配方可在地面上混合成均匀溶液。

优选了PHPAs、CMC、多糖和丙烯酰胺基甲基丙烷磺酸盐，研究柠檬酸铝的螯合交联性能。文献[53]中介绍了18种不同聚合物的性能。胶体凝胶的分散性很大程度上取决于所用聚合物的类型和质量。

将凝胶、聚合物、氯化钾按比例混合。试验了两种不同浓度的聚合物，三种聚合物与铝离子的含量比，和不同浓度的氯化钾配制凝胶的性能。凝胶制备后分别放置1天、7天、14天和28天进行定量测试。

（2）金属盐与地层之间的相互作用。

金属盐与地层之间的相互作用以及被吸附铝离子在多孔介质中的分布会明显影响凝胶的分布和强度[54]。聚丙烯酰胺-柠檬酸铝盐在石英砂中的成胶过程证明，金属盐会置换石英砂中的水相，证实了金属盐与地层之间的相互作用。

该研究发现，随着铝离子与柠檬酸盐比例的增加，铝在石英砂中的滞留量会增加。此外，石英砂中的铝离子滞留量会随着置换率的降低而增加。该过程是可逆的，但铝的释放速率比铝滞留速率慢得多。

铝的释放量受溶液流动类型和pH值影响。柠檬酸离子主要以柠檬酸铝络合物的方式在石英砂中保留下来。铁、阳离子和一些二价阳离子不适用于盐水环境。

### 5.9.3.6 膨润土和聚丙烯酰胺

钻井液中通常会加入遇水膨胀的膨润土和聚丙烯酰胺[55]。该材料在水中2~3h内会膨胀30~40倍。在钻井液循环过程中，膨润土和聚丙烯酰胺进入天然地层岩石的裂缝和孔隙中，发生缓慢膨胀，在30~40min内可转变为堵漏材料，牢固地停留在岩石孔隙。

试验表明，该处理剂由于在岩石表面形成强黏附隔离膜可有效地阻止地层岩石对钻井液的吸收。同时，该材料能够承压 3atm，2h 内不会脱落。由于材料膨胀速度慢，使其能够渗透到地层岩石的裂缝和孔隙中形成致密的封堵层。

### 5.9.3.7 隔热化合物

由于生产油管到环空的热传递不受控制，特别是在深水钻井的隔离管中，污泥、石蜡和沥青质材料的沉积现象严重以及天然气水合物大量形成，导致非计划性停产和关井修井时间受限。可以对深水钻井过程中的隔离管线进行外部绝缘处理或在立管环空中通氮气进行绝缘。最近，研发了一种新型水基绝热流体体系并在油田取得应用[56]。该体系可在减少对流现象的同时，具有良好的流变性。通过简单的工艺即可将绝热流体替入立管环空中。

研发了轻便型立管和绝缘液。建立了一个测定绝缘液阻热能力的测试装置。该装置由长度为 20m 的全尺寸铝制立管，可电加热油管以及环空中充满的绝缘液组成。使用这一装置对矿物油基和水基流体的阻热性能进行了评估[57]。

生产油管自发的热损失和环空中不受控制的热传递会破坏外部环形空间的力学完整性。因为由石蜡和沥青质材料的沉积导致井生产力下降，会加速天然气水合物的形成，且在北极地区还会导致永久冻土的失稳。

隔热化合物可以添加到环空或立管中，有效降低热损失。隔热化合物中含有低导热系数的溶剂和增黏聚合物或交联剂。

有机溶剂包括乙二醇、丙二醇、甘油和二甘醇。醇的导热系数见表 5-10。DOWFROST®水溶液导热系数变化如图 5-10 所示。

表 5-10 室温下醇和醇的水溶液的导热系数[58]

| 化合物名称 | 导热系数[W/(m·K)] | 化合物名称 | 导热系数[W/(m·K)] |
|---|---|---|---|
| 异丁醇 | 0.134 | 乙二醇 | 0.252 |
| 异丙醇 | 0.135 | 甘油 | 0.285 |
| 丙二醇 | 0.147 | 乙二醇/水(75/25) | 0.336 |
| 正戊醇 | 0.153 | 乙二醇/水(50/50) | 0.403 |
| 正丁醇 | 0.167 | 淡水 | 0.609 |
| 正丙醇 | 0.153 | 海水(7%盐) | 0.7 |
| 二乙二醇 | 0.203 | | |

在 20 天的标准试验期内，丙二醇的生化需氧量接近理论值。这表明该材料可生物降解，不但能在普通的水域使用还能在环保要求较高的环境敏感区使用。但是，应该避免隔热化合物漏入湖泊或河流中，因为快速的氧气消耗会对水生生物造成有害影响[59]。

溶剂可为隔热化合物提供较低的导热性能，从而形成理想绝热溶液。成胶剂为 AAm 共聚物。共聚物可以为轻度交联的 N，N-亚甲基双丙烯酰胺。

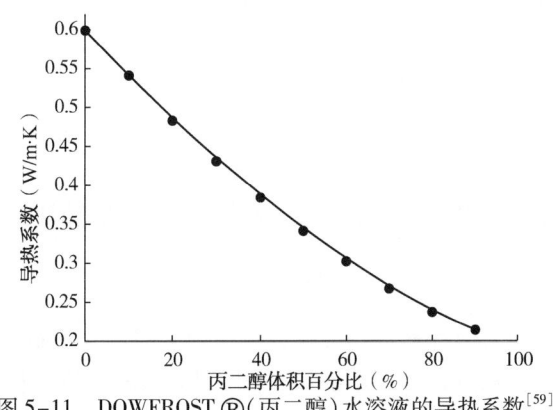

图 5-11 DOWFROST®（丙二醇）水溶液的导热系数[59]

其他种类的聚合物可以是瓜尔胶衍生物[57]。使用硼酸盐化合物、锆或钛络合物作为交联剂。

虽然不推荐在隔热化合物中加入水，但在体系中的交联剂或缓冲溶液中可以使用少量的水。在地面配制好隔热化合物，然后将其泵入井筒或环形空中。特殊情况下作为封隔液或立管液。实际上，其作用模式有如下两种[57]：

（1）用于防止与外部环境中的热传递和热堆积。

（2）用于保护产出的碳氢化合物中的热量。

### 5.9.4　聚丙烯酸

文献[60]中对丙烯酰胺和甲基丙烯酸（MA）的聚合物成胶能力进行了测试。聚丙烯酸类似于聚丙烯酰胺，均可作为成胶剂使用。此外，文献[61]中还介绍了橡胶与甲基丙烯酸酯-马来酸酐共聚物作为封堵剂使用的效果。

### 5.9.5　碱金属硅酸盐氨基塑料

碱金属硅酸盐和氨基塑料树脂可用于地层封堵剂[62,63]。脲醛、脲-乙二醛或脲-乙二醛-甲醛缩合物均为合适材料。该化合物对储层岩石的封堵作用是提高油藏采收率的有效材料之一。该化合物还可以用于固化土壤和建造隧道、水坝和其他类型的地下结构。

### 5.9.6　硼酸盐

硼酸是一种无机弱酸，只有当溶液的pH值高到足以和第二、第三氢原子发生强烈反应时，才会释放硼酸根离子[64]。

当溶液pH值高于8时，产生硼酸根离子。硼酸根离子可以形成交联点而引发聚合物成胶。硼酸根离子可以与瓜尔胶，刺槐豆胶等多糖以及聚乙烯醇等多种类型的化合物反应，形成络合物。相反，在较低的pH值下，硼酸盐与氢离子牢固结合不会出现交联反应，因此硼酸盐离子引发的成胶反应是可逆的。当将硼酸或硼砂添加到1%完全水合的瓜尔胶溶液中时，溶液会成胶。

众所周知，在有机多羟基化合物1,2或1,3位上以顺式存在的羟基可与硼酸盐反应形成具有五或六元环的络合物。在碱性环境下，会形成二元醇络合物[65]。随着pH值的变化，反应完全可逆。因此，当溶液呈碱性时，这种聚合物水溶液在硼酸盐存在下成胶，当pH值降至8以下时，将再次液化。含有顺式羟基的聚合物有瓜尔胶、刺槐豆胶、糊精和聚乙烯醇。

通过原位合成法，在水溶性硼酸溶液加入α-羟基羧酸的碱金属盐或铵盐，可以制备高浓度稳态硼酸溶液。其中α-羟基羧酸可以为柠檬酸、乳酸和酒石酸[64]。将大量的硼酸或硼砂固体加入到α-羟基羧酸水溶液中形成浆液，然后加入氢氧化钠、氢氧化钾或氢氧化铵，直至pH值为6.5，完成硼酸盐的原位合成。该方法可清澈中性稳定的硼酸溶液。通过此方法制备的硼酸根离子溶液在高温条件下稳定时间长，并且可以与多种瓜尔胶溶液一起使用。

### 5.9.7　剪切增黏性凝胶

对水溶性聚合物改性，可以合成具有可交联性和强增黏性处理剂。

植物胶是最常用的聚合物，其溶液具有非牛顿特性，在高剪切速率下具有低黏度。但是，在某些应用中，需要相反的特性。

例如，在二次采油中注入水等驱替液，可以在水中加入聚合物增加驱替液黏度，提高驱油效率。如果驱替液的黏度随剪切力增大而增加，在驱油过程中可以防止袋状未冲洗区形成指进，保证驱替前沿进度一致。

通过胶体颗粒与聚合物缔合可形成具有剪切增黏特性的化合物。胶体颗粒可以是分散在水中的纳米二氧化硅颗粒和聚环氧乙烷化合物[66-68]。在相分离区域的边界附近可观察到剪切诱导成胶和剪切诱导絮凝现象。在临界剪切速率以上，高分子链彼此连接，形成沿着速度对齐的直线形物体。在较高的剪切力下，这些物体横向缔合形成三维絮团。

该体系具有剪切增黏的可逆性，但是这种缔合非常脆弱且对介质的离子强度和表面活性剂非常敏感，容易导致剪切—增黏失效。此外，高分子量聚氧乙烯价格昂贵，产量低，不利于工业应用[69]。

研发了其他类型的共聚物。它们由对二氧化硅和吸附在二氧化硅的共聚单体的亲和力很小甚至完全没有亲和力。后一种共聚单体可以吸附在具有一个或多个电子的二氧化硅上。这些单体见表 5-11 和图 5-12。

表 5-11　用于合成流变增黏化合物的共聚单体[69]

| 不亲和二氧化硅 | 不亲和二氧化硅 |
| --- | --- |
| 丙烯酰胺 | 乙烯吡络烷酮 |
| 丙烯酸 | 乙烯基咪唑 |
| 甲基丙烯酸 | 乙烯基吡啶 |
| 2-丙烯酰胺-2 甲基丙磺酸 | 乙烯乙基醚 |
| 磺化苯乙烯 | N-乙烯乙酰胺 |
| | 甲基丙烯酸羟乙酯 |

推荐使用通过自由基聚合的丙烯酰胺和乙烯基咪唑共聚物，或丙烯酰胺和乙烯基吡咯烷酮共聚物。

可以使用市售的沉淀二氧化硅悬浮液，例如 KLEBESOL 30R25 和 KLEBESOL 30R9。另一方面，使用 Aerosil ®二氧化硅（如 Aerosil ® 380 亲水性二氧化硅）制备的溶液不会出现剪切增黏现象。

该共聚物/二氧化硅体系的水溶液具有剪切增稠或剪切成胶的可逆性，即，当在施加高剪切速率后降低剪切速率时，黏度再次降低。一些胶凝流体表现出滞后效应，即一旦发生成胶，在更低的剪切速率下，其在特定时间内足以保持胶凝效果。剪切速率的进一步降低会导致流体液化[69]。

对于共聚物/二氧化硅体系的水溶液，可任选三分之一竞争剂（competing agent）加到水溶液中。竞争剂在二氧化硅表面的吸附性表现为比共聚物更强、基本上相当或稍弱。当竞争剂在二氧化硅表面的吸附能力比共聚物更强或基本相当时，可以覆盖

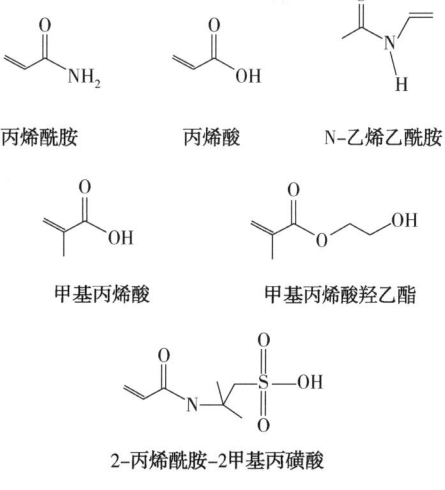

图 5-12　流变—增黏单体

二氧化硅表面的部分吸附点，减少可用吸附聚合物的二氧化硅表面积。相反，当竞争剂在二氧化硅表面的吸附能力比共聚物稍弱时，竞争剂通过对二氧化硅吸附位点的可逆竞争降低了共聚物的吸附强度。这种竞争剂可以为脂肪醇非离子表面活性剂、聚醚、N-取代酰胺和分散剂[69]。表5-12中给出了应用的竞争剂。

表5-12 竞争剂[69]

| 化合物 | 化合物 |
| --- | --- |
| 烷基苯乙二醇 | 丁醇 |
| 脂肪醇 | |
| 聚环氧乙烷 | 聚环氧丙烷 |
| N-甲基吡咯烷酮 | 二甲基甲酰胺 |
| 异丙基丙烯酰胺 | |
| 聚萘磺酸盐 | 聚胺磺酸盐 |

## 5.10 用于回注施工的阻垢剂

回注工艺可以分为三阶段，通过回注工艺，流体直接注入井筒，沿与储层流体相反的方向流回储层[70]。

首先，使用含有表面活性剂的阻垢剂稀释液清洁和冷却近井壁。随后使用高浓度阻垢剂溶液，最后使用低浓度抑制剂溶液将使阻垢剂推向储层深处，使其径向向外流动到距离近井壁一定距离的地方，使回注工艺的有效期延长。

使溶液与储层接触6~24h以达到吸附平衡。之后再次开井生产。由于抑制剂对地层有吸附力，使其能够保留在近井带而不会被泵入油/水乳液中。只有当储层流体中抑制剂的浓度低于250ppm时，抑制剂才会解吸附从储层中返排，从而提供更长的施工寿命[70]。

由烯键式不饱和羧酸制成的水溶性聚合物可用作硫酸钡垢和碳酸钙垢阻剂。见表5-13、图5-13。

表5-13 用于阻垢剂的烯键式不饱和羧酸[70]

| 酸性单体 | 酸性单体 |
| --- | --- |
| 丙烯酸 | 当归酸 |
| 甲基丙烯酸 | 肉桂酸 |
| 乙二丙烯酸 | 对氯代肉桂酸 |
| α-氯丙烯酸 | 衣康酸 |
| α-氰基丙烯酸 | 柠康酸 |
| β-甲基丙烯酸 | 中间体酸 |
| α-苯基丙烯酸 | 谷氨酸 |
| β-丙烯酰氧基丙酸 | 附子酸 |
| β-苯乙烯基丙烯酸 | 山梨酸 |
| 马来酸 | α-氯山梨酸 |
| 马来酸酐 | 富马酸 |
| 乙烯基磺酸 | 2-丙烯酰胺基-2-甲基丙烷磺酸 |
| 苯乙烯磺酸 | 乙二醇甲基丙烯酸磷酸酯 |

推荐使用丙烯酸、MA 或马来酸酐单体。磷酸酯官能团的羧酸聚合物可有效抑制碳酸钙垢和硫酸钡垢。聚丙烯酸上的磷酸酯官能团能够延迟晶体生长并抑制晶核的生成。在聚合物中加入磺酸单体还可以提高聚合物与地层水，特别是高钙盐水的配伍性，提高对钡垢的抑制效果[70]。

理想的钡垢抑制剂具有如下性质：高耐盐性，吸附在含油地层上，在高剪切下不解吸附，不溶于水，并且应该在高温和高压环境下有效。以下给出了制备阻垢剂的实例[70]。

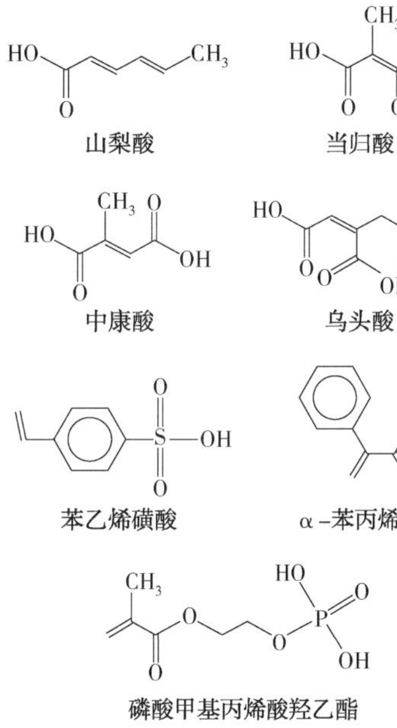

[**实例 5-1**] 向装有搅拌器、回流冷凝器和温度控制装置的 2L 玻璃容器中加入 200g 丙-2-醇和 200g 去离子水，然后加热至回流。在 3h 内，将丙烯酸(200g)、2-丙烯酰胺基-2-甲基丙磺酸(141.4g)和乙二醇甲基丙烯酸酯磷酸酯(34.1g)的单体混合物加入反应器中。同时加入由过硫酸钠(13.5g)、35% 过氧化氢(55g)和水(65g)组成的引发剂溶液与单体，但重叠 30min。当两种进料完成时，保持在回流下反应 30min，然后冷却。通过在旋转蒸发器上蒸馏除去丙-2-醇。用 50g 50% 氢氧化钠中和所得聚合物。

图 5-13 阻垢剂单体

## 5.11 多功能处理剂

2,5-二巯基-1,3,4-噻二唑化合物长期以来一直用作润滑油和润滑脂中的金属钝化剂和承重剂。该化合物表现出优异的耐腐蚀性和抗极压性能。

研究了 2,5-二巯基-1,3,4-噻二唑衍生物作为水溶性添加剂在水-乙二醇压裂液中的摩擦性、防腐性和防锈性[71]。

通过四球摩擦试验和摆动摩擦磨损试验对摩擦性能进行了详细评估。此外，分别通过铜带腐蚀试验和防锈试验研究了它们的防腐和防锈性能。通过扫描电镜和 X 射线光谱分析了磨损表面。

2,5-二巯基-1,3,4-噻二唑化合物在水-乙二醇液压裂液中显示出优异的溶解性。此外，改善了基液的抗磨和减阻性能，以及对铜的缓蚀性和防锈性能[71]。

出现在参考文献中的商品名见表 5-14。

表 5-14 参考文献中的商品名称

| 商品名 | 供货商 |
| --- | --- |
| Aculyn™ 系列 疏水改性聚丙烯酸酯 | 罗门哈斯公司 |
| Aquatreat® AR-545 阻垢剂 | 阿克苏诺贝尔公司 |
| Imsil® A-15 Unimin Corp. 二氧化硅填料 | 尤尼明公司 |

续表

| 商品名 | 供货商 |
| --- | --- |
| MontBrite Ⓡ 1240 硼氢化钠和苛性钠的水溶液 | 蒙哥马利化学公司 |
| Polybor Ⓡ 聚合物硼酸盐 | 美国瓦伦西亚硼砂公司 |
| Tergitol Ⓡ（系列）乙氧基化 C11-15-仲醇，表面活性剂 | 联合碳化物公司 |
| Texanol Ⓡ 2,2,4-三甲基-1,3-戊二醇单异丁酸酯 | 伊士曼化学公司 |
| Ti-Pure Ⓡ 二氧化钛[29] | 杜邦公司 |
| Triton Ⓡ X（系列）聚环氧烷非离子表面活性剂 | 联合碳化物公司（罗门哈斯）|
| Triton Ⓡ X-100 亲水性聚环氧乙烷 | 陶氏化学公司 |

## 参 考 文 献

[1] Chatterji J, Borchardt JK. Applications of water-soluble polymers in the oil field. J Petrol Technol 1981; 33 (11). doi: 10.2118/9288-PA.

[2] Stahl GA, Schulz DN. Water-soluble polymers for petroleum recovery. New York: Springer; 1988.

[3] Taylor KC, Nasr-El-Din HA. Water-soluble hydrophobically associating polymers for improved oil recovery: a literature review. Society of Petroleum Engineers. ISBN 9781555634575; 1995. doi: 10.2118/29008-MS.

[4] Taylor KC, Nasr-El-Din HA. Water-soluble hydrophobically associating polymers for improved oil recovery: a literature review. J Petrol Sci Eng 1998; 19(3-4): 265-80. URL http://www.sciencedirect.com/science/article/pii/S092041059700048X. doi: 10.1016/S0920-4105(97)00048-X.

[5] Totten GE, DeNegri VJ, editors. Handbook of hydraulic fluid technology. 2nd ed. Boca Raton, FL: Taylor & Francis; 2012. ISBN 9781420085266.

[6] Lumsden CA, Diaz RO. Method and composition for oil enhanced recovery. US Patent 8662171, assigned to Montgomery Chemicals, LLC (Conshohocken, PA) Nalco Company (Naperville, IL); 2014. URL: http://www.freepatentsonline.com/8662171.html.

[7] Tiwari L, Meyer GR, Horsup D. Environmentally friendly bis-quaternary com-pounds for inhibiting corrosion and removing hydrocarbonaceous deposits in oil and gas applications. US Patent 7951754, assigned to Nalco Company (Naperville, IL); 2011. URL: http://www.freepatentsonline.com/7951754.html.

[8] Tiwari L. Mono and bis-ester derivatives of pyridinium and quinolinium compounds as environmentally friendly corrosion inhibitors. US Patent 8585930, assigned to Nalco Company (Naperville, IL); 2013. URL: http://www.freepatentsonline.com/8585930.html.

[9] Zaid GH, Wolf BA. Well treatment composition for use in iron-rich environments. US Patent 6720291, assigned to Jacam Chemicals, L.L.C. (Sterling, KS); 2004. URL: http://www.freepatentsonline.com/6720291.html.

[10] Sitz C, Frenier W, Vallejo C. Acid corrosion inhibitors with improved environmental profiles. In: Proceedings of SPE international conference and exhibition on oilfield corrosion; 2012. doi: 10.2118/155966-ms.

[11] Mannich C, Krösche W. Über ein Kondensationsprodukt aus Formaldehyd, Ammoniak und Antipyrin. Arch Pharm 1912; 250(1): 647-67. doi: 10.1002/ardp.19122500151.

[12] Martin JA, Valone FW. The existence of imidazoline corrosion inhibitors. Corrosion 1985; 41(5): 281-7. doi: 10.5006/1.3582003.

[13] Edwards A, Osborne C, Webster S, Klenerman D, Joseph M, Ostovar P, et al. Mechanistic studies of the

corrosion inhibitor oleic imidazoline. Corros Sci 1994; 36(2): 315-25. doi: 10.1016/0010-938x(94)90160-0.

[14] Meyer GR. Imidazoline corrosion inhibitors. US Patent 7057050, assigned to Nalco Energy Services L.P. (Sugar Land, TX); 2006. URL: http://www.freepatentsonline.com/7057050.html.

[15] Naraghi A, Obeyesekere NU. Corrosion inhibitors with low environmental toxicity. US Patent 6475431, assigned to Champion Technologies, Inc. (Houston, TX); 2002.

[16] Clewlow PJ, Haselgrave JA, Carruthers N, O'Brien TM. Corrosion inhibitors. US Patent 5300235, assigned to Exxon Chemical Patents Inc. (Linden, NJ); 1994. URL: http://www.freepatentsonline.com/5300235.html.

[17] Pou TE, Fouquay S. Polymethylenepolyamine dipropionamides as environmentally safe inhibitors of the carbon corrosion of iron. US Patent 6365100, assigned to CECA, S.A. (Puteaux, FR); 2002. URL: http://www.freepatentsonline.com/6365100.html.

[18] Talbot RE, Jones CR, Hills E. Scale inhibition in water systems. US Patent 7572381, assigned to Rhodia U.K. Limited (Hertfordshire, GB); 2009. URL: http://www.freepatentsonline.com/7572381.html.

[19] Viloria A, Castillo L, Garcia JA, Biomorgi J. Aloe derived scale inhibitor. US Patent 7645722, assigned to Intevep, S.A. (Caracas, VE); 2010. URL: http://www.freepatentsonline.com/7645722.html.

[20] Stefl BA, George KL. Antifreezes and deicing fluids. In: Kirk-Othmer Encyclopedia of Chemical Technology, vol. 3. New York: John Wiley and Sons; 1996, p. 347-66.

[21] Barannik VP, Kubyshkina EK, Lezina NM. Corrosion and thermophysical properties of lithium chloride-based coolant. Zashch Korrozii Okhrana Okruzhayushchej Sredy 1995; (8-9): 12-4.

[22] Darden JW, McEntire EE. Dicyclopentadiene dicarboxylic acid salts as corrosion inhibitors. EP Patent 0200850 assigned to Texaco Development Corporation; 1986. URL: https://www.google.at/patents/EP0200850A1?cl=en.

[23] Darden JW, Triebel CA, Van Neste WA, Maes JP. Monobasic-dibasic acid/salt antifreeze corrosion inhibitor. EP Patent 0229440 assigned to Texaco Development Corporation, S.A. Texaco Belgium N.V.; 1990. URL: https://www.google.at/patents/EP0229440B1?cl=en.

[24] Hohlfeld R. Longer life for glyco-based stationary engine coolants. Pipeline Gas J 1996; 223(7): 55-7.

[25] Sapienza R, Johnson A, Ricks W. Environmentally benign anti-icing or deicing fluids employing triglyceride processing by-products. US Patent 7270768, assigned to MLI Associates, LLC (Westerville, OH); 2007. URL: http://www.freepatentsonline.com/7270768.html.

[26] Luo J, Zhu H, Bai F, Wang P, Ding B, Yang J, et al. Dendritic comb-shaped polymer thickening agent, preparation of the same and application thereof. US Patent Application 20130090269, assigned to Petrochina Company Limited, Beijing (CN); 2013. URL: http://www.freepatentsonline.com/20130090269.html.

[27] Subramanian S, Burgazli C, Zhu YP, Zhu S, Feuerbacher D. Quaternary ammonium salts as thickening agents for aqueous systems. US Patent 7776798, assigned to Akzo Nobel Surface Chemistry LLC (Chicago, IL); 2010. URL: http://www.freepatentsonline.com/7776798.html.

[28] Müller H, Herold CP, van Tapavizca S, Dolhaine H, von Rybinski W, Wichelhaus W. Water based drilling and well-servicing fluids with swellable, synthetic layer silicates. US Patent 4888120, assigned to Henkel Kommanditgesellschaft auf Aktien (Düsseldorf, DE); 1989. URL: http://www.freepatentsonline.com/4888120.html.

[29] Chaiko DJ. Process for preparing organoclays for aqueous and polar-organic systems. US Patent 6172121, assigned to The University of Chicago (Chicago, IL); 2001. URL: http://www.freepatentsonline.com/6172121.html.

[30] Müller H, Maker D. Emulsion-based cleaning composition for oilfield applications. US Patent 8763724, assigned to Emery Oleochemicals GmbH (DE); 2014. URL: http://www.freepatentsonline.com/8763724.html.

[31] Nunes DG, da Silva AdP, Cajaiba J, Pérez-Gramatges A, Lachter ER, Nascimento RSV. Influence of glycerides-xanthan gum synergy on their performance as lubri-cants for water-based drilling fluids. J Appl Polym Sci 2014. doi: 10.1002/app.41085.

[32] Abdo J. Nano-attapulgite for improved tribological properties of drilling fluids. Surf Interface Anal 2014. doi: 10.1002/sia.5472.

[33] Wu Y. Corrosion inhibitor for wellbore applications. US Patent 5654260, assigned to Phillips Petroleum Company (Bartlesville, OK); 1997. URL: http://www.freepatentsonline.com/5654260.html.

[34] Pakulski M, Hlidek BT. Slurried polymer foam system and method for the use thereof. US Patent 5360558, assigned to The Western Company of North America (Houston, TX); 1994. URL: http://www.freepatentsonline.com/5360558.html.

[35] Chatterji J, King BJ, Cronwell RS, Brenneis DC, Gray DW. Foamed cement slurries, additives and methods. US Patent 6951249, assigned to Halliburton Energy Services, Inc. (Duncan, OK); 2005. URL: http://www.freepatentsonline.com/6951249.html.

[36] Szymanski MJ, Lewis SJ, Wilson JM, Karcher AL. Cement compositions comprising environmentally compatible defoamers and methods of use. US Patent 7150322, assigned to Halliburton Energy Services, Inc. (Duncan, OK); 2006.

[37] Gioia F, Urciuolo M. The containment of oil spills in unconsolidated granu-lar porous media using xanthan/cr(iii) and xanthan/al(iii) gels. J Hazard Mater 2004; 116(1-2): 83-93.

[38] Ostryanskaya GM, Abramov YD, Makarov VN, Osipov SN, Razhkevich AV. Gel-forming plugging composition—contains ligno-sulphonate, modified car-boxymethyl cellulose, bichromate, calcium chloride and water. SU Patent 1776766; 1992.

[39] Dobroskok BE, Gulyaeva ZG, Kubareva NN, Muslimov RK, Nizova SA, Terekhova VV, et al. Plugging composition for hydro-insulation of oil stratum—contains polydimethyl-diallyl ammonium chloride, sodium salt of carboxy methyl cellulose, sodium chloride and water. SU Patent 1758209, assigned to Moscow Gubkin Oil Gas Inst.; 1992.

[40] Merrill LS. Fiber reinforced gel for use in subterranean treatment process. WO Patent 9319282, assigned to Marathon Oil Co.; 1993.

[41] Perejma AA, Pertseva LV. Complex reagent for treating plugging solutions—- comprises hydrolysed polyacrylonitrile, ferrochromolignosulphonate cr-containing additive, waste from lanolin production treated with triethanolamine and water. RU Patent 2013524, assigned to N Caucasus Nat Gaz Res.; 1994.

[42] Moradi-Araghi A. Gelling compositions useful for oil field applications. US Patent 5432153, assigned to Phillips Petroleum Company (Bartlesville, OK); 1995. URL: http://www.freepatentsonline.com/5432153.html.

[43] Lyadov BS. Gel-forming composition for isolating works in well—contains polyacry-lamide, urotropin, water-soluble chromate(s) and water. SU Patent 1730432, assigned to Borehole Consolidation Mu; 1992.

[44] Merrill LS. Fiber reinforced gel for use in subterranean treatment process. GB Patent 2277112; 1994.

[45] Merrill LS. Fiber reinforced gel for use in subterranean treatment processes. USPatent 5377760, assigned to Marathon Oil Company (Findlay, OH); 1995. URL: http://www.freepatentsonline.com/5377760.html.

[46] Kosyak SV, Danyushevskij VS, Pshebishevskij ME, Trapeznikov AA. Plugging formation fluid transmitting channel—by successive injection of aqueous solution of polyacrylamide and liquid glass, buffer liquid and

[47] Kotelnikov VS, Demochko SN, Fil VG, Rybchich II. Polymeric composition for isolation of absorbing strata—contains ferrochromo-lignosulphonate, water-soluble acrylic polymer and water. SU Patent 1730435, assigned to Ukr. Natural Gas Res. Inst.; 1992.

[48] Mumallah NAK, Shioyama TK. Process for preparing a stabilized chromium (iii) propionate solution and formation treatment with a so prepared solution. EP Patent 0194596 assigned to Phillips Petroleum Company; 1986. URL: https://www.google.at/patents/EP0194596A2?cl=en.

[49] Mumallah NA. Chromium (iii) propionate: a crosslinking agent for water-soluble polymers in real oilfield waters. In: Proceedings volume. SPE Oilfield Chem. Int. Symp. (San Antonio, 2/4–6/87); 1987.

[50] Nanda SK, Kumar R, Goyal KL, Sindhwani KL. Characterization of polyacrylamine–$Cr6+$ gels used for reducing water/oil ratio. In: Proceedings volume. SPE Oilfield Chem. Int. Symp. (San Antonio, 2/4–6/87); 1987.

[51] Hanes Jr RE, Weaver JD, Slabaugh BF, Barrick DM. Environmentally benign viscous well treating fluids and methods. US Patent 7000702, assigned to Halliburton Energy Services, Inc. (Duncan, OK); 2006. URL: http://www.freepatentsonline.com/7000702.html.

[52] Todd BL, Frost KA. Methods and compositions for treating subterranean zones using environmentally safe polymer breakers. US Patent 6918445, assigned to Halliburton Energy Services, Inc. (Duncan, OK); 2005. URL: http://www.freepatentsonline.com/6918445.html.

[53] Smith JE. Performance of 18 polymers in aluminum citrate colloidal dispersion gels. In: Proceedings volume. SPE Oilfield Chem. Int. Symp. (San Antonio, 2/14–17/95); 1995, p. 461-70.

[54] Rocha CA, Green DW, Willhite GP, Michnick MJ. An experimental study of the interactions of aluminum citrate solutions and silica sand. In: Proceedings volume. SPE Oilfield Chem. Int. Symp. (Houston, 2/8–10/89); 1989, p. 403-13.

[55] Avakov VE. Preventing absorption of drilling solution—by introduction of water-ex-pandable material based on bentonite clay and polyacrylamide into circulating drilling solution. SU Patent 1745123; 1992.

[56] Javora P, Wang X, Stevens R, Pearcy R. Water based insulating fluids for deepwater riser applications. SPE Projects Facilities & Construction 2006; 1(1). doi: 10.2118/88547-PA.

[57] Wang X, Qu Q, Dawson JC, Gupta DVS. Thermal insulation compositions con-taining organic solvent and gelling agent and methods of using the same. US Patent 7713917, assigned to BJ Services Company (Houston, TX); 2010. URL: http://www.freepatentsonline.com/7713917.html.

[58] Dzialowski A, Ullmann H, Sele A, Oosterkamp LD. The development and applica-tion of environmentally acceptable thermal insulation fluids. In: SPE/IADC Drilling Conference. SPE–79841–MS; SPE/IADC Drilling Conference, 19–21 February, Amsterdam, Netherlands. The Woodlands, TX: Society of Petroleum Engineers; 2003. doi: 10.2118/79841-MS.

[59] Anonymous. Engineering and operating guide for DOWFROST and DOWFROST HD inhibited propylene glycol-based heat transfer fluids. Technical Guide 180-01286-0208 AMS; Dow Chemical Company; Midland, MI; 2008. Table 18, p. 27. URL: ttp://msdssearch.dow.com/PublishedLiteratureDOWCOM/dh_010e/0901b8038010e417.pdf?filepath=heattrans/pdfs/noreg/180-01286.pdf&fromPage=GetDoc.

[60] Parusyuk AV, Galantsev IN, Sukhanov VN, Ismagilov TA, Telin AG, Barinova LN, et al. Gel-forming compositions for leveling of injectivity profile and selective water inflow shutoff. Neft Khoz 1994; (2): 64-8.

[61] Kuznetsov VL, Lyubitskaya GA, Kolesnik EI, Kazakova EN, Kurochkin BM, Lobanova VN. Plugging solution for isolating absorption zones in oil and gas well-s—contains prescribed synthetic latex, water soluble salt of methacrylate-methacrylic acid copolymer as additive, and water. RU Patent 2024734, assigned to

Drilling Tech. Res. Inst. ; 1994.

[62] Soreau M, Siegel D. Injection composition for filling or reinforcing grounds. GB Patent 2170838; 1986.

[63] Soreau M, Siegel D. Application of a gelling agent for an alkali-silicate solution for sealing and consolidating soils (Verwendung eines Geliermittels für zum Abdichten und Verfestigen von Böden bestimmte Alkalisilikatlösung). DE Patent 3506095, assigned to Soc. Francaise Hoechst; 1990.

[64] Sharif S. Borate cross-linking solutions. US Patent 5310489, assigned to Zir-conium Technology Corporation (Midland, TX); 1994. URL: http://www.freepatentsonline.com/5310489.html.

[65] Mondshine TC. Crosslinked fracturing fluids. US Patent 4619776, assigned to Texas United Chemical Corp. (Houston, TX); 1986. URL: http://www.freepatentsonline.com/4619776.html.

[66] Liu SF, Lafuma F, Audebert R. Rheological behavior of moderately concentrated silica suspensions in the presence of adsorbed poly(ethylene oxide). Colloid Polym Sci 1994; 272(2): 196-203. doi: 10.1007/BF00658848.

[67] Liu S, Legrand V, Gourmand M, Lafuma F, Audebert R. General phase and rheological behavior of silica/peo/water systems. Colloids Surf A Physicochem Eng Asp 1996; 111(1-2): 139-45. doi: 10.1016/0927-7757(95)03500-1.

[68] Cabane B, Wong K, Lindner P, Lafuma F. Shear induced gelation of colloidal dispersions. J Rheol 1997; 41(3): 531. doi: 10.1122/1.550874.

[69] Maroy P, Lafuma F, Simonet C. Liquid compositions which reversibly viscosify or gel under the effect of shear. US Patent 6586371, assigned to Schlumberger Technology Corporation (Sugar Land, TX); 2003. URL: http://www.freepatentsonline.com/6586371.html.

[70] Crossman M, Holt SPR. Scale control composition for high scaling environments. US Patent 6995120, assigned to National Starch and Chemical Investment Holding Corporation (New Castle, DE); 2006. URL: http://www.freepatentsonline.com/6995120.html.

[71] Wang J, Wang J, Li C, Zhao G, Wang X. A study of 2, 5-dimercapto-1, 3, 4-thiadiazole derivatives as multifunctional additives in water-based hydraulic fluid. Ind Lubr Tribol 2014; 66(3): 402-10. doi: 10.1108/ilt-11-2011-0094.

# 6 环境保护和废弃物处理

## 6.1 环境法规

为响应环保局颁布的海上钻井废弃物污水排放限制指南,研发了水基钻井液(WBM)和油基钻井液(OBM)的替代品——合成基钻井液。在复杂地层钻井过程中,合成基钻井液比水基钻井液更有效,同时它也比传统柴油或矿物油基钻井液毒性更低和对环境影响更小。

合成基钻井液环保性能更强,可循环利用,同时相比于水基钻井液,钻屑中的金属含量更低。建立了合成基钻井液排放物风险评估框架。在钻井液的使用过程中,该框架将有助于发现与使用合成基钻井液潜在影响和益处[1]。

### 6.1.1 清洁水法案

1972 年,美国开始关注未处理的污水、工业污水和有毒物质的排放与湿地破坏和河流污染的关系,并制定了保护国家水域的基本法规[2]。

基于州和地方努力来控制水污染,1948 年初次颁布"联邦水污染控制法"或"清洁水法"(CWA),并于 1972 年全面修订,沿用至今。CWA 制定了一个新的国家目标,即恢复和维持美国水域的化学、物理和生物完整性,其短期目标是尽可能实现所有水域可捕捞和可游泳。该法案体现了一种新的联邦—国家协作立法模式,具有重要意义。其中由联邦指导方针并提供技术和财政支持,美国环保局授权设立目标和限制,州、地区和授权部落将最大程度的管理和执行 CWA 计划。该法案使公民在保护和恢复水域方面发挥了重要作用。

CWA 规定,除非获得许可证的授权,否则所有进入该国水域的排放都是非法的,并为市政当局和工业界设定了全面的基于技术的控制标准。CWA 要求所有排放者在满足水质目标所需的前提下满足更严格的污染物控制标准,并要求联邦批准这些标准。CWA 还发放挖掘和填埋许可证保护湿地。CWA 向州和市政府授权提供联邦财政援助,以帮助实现国家治水目标。该法案具有强有力的执法条款,使公民在流域保护方面发挥着重要作用。1987 年,国会修订了该法案,建立了一个控制有毒污染物和污水排放的综合计划,指导各州制定和实施自愿的非点源污染管理计划,并鼓励各州保护地下水。尽管有这些改动,但 1972 年的法规以及 40 年前建立的机构构成了保护和恢复该国河流、溪流、湖泊、湿地和沿海水域的大部分框架[2]。

### 6.1.2 安全饮用水法

"安全饮用水法"(SDWA)是确保美国人饮用水质量的主要联邦法律[3]。根据 SDWA,美国环保局制定了饮用水质量标准,并对各州、地方供水进行监督。

SDWA 最初于 1974 年由国会通过,旨在通过监管国家公共饮用水供应商来保护公民健康。该法律于 1986 年和 1996 年进行了修订,采取了许多行动来保护饮用水及其水源:河流、湖泊、水库、泉水和地下水井。

### 6.1.3 压裂监管法规

压裂的监管法规已通过审查[4]。目前联邦的压裂法规主要来自 SDWA[3] 和 CWA[2]。

联邦、州和地方法规通常适用于水力压裂,但政府机构有意降低标准,使其对钻井和天然气工业资源开采的干扰降到最低。

目前,联邦法规中的环境保护法是在水平井工艺出现之前制定的,而地方上也只是敷衍了事。缺乏监管或监督很可能是由于政府无法跟上能源行业的创新步伐,或者可能被视为就业和经济增长的一个重要因素。有力例证是:在宾夕法尼亚州的马塞勒斯页岩已经大规模开发了很多年[4]。

## 6.2 毒性测试

### 6.2.1 沉积物毒性测试

除现有的水柱测试外,美国环保局还要求进行沉积物毒性试验,以确定最佳可用技术阈值[5]。

为了满足这些需求,一个业内研究团队与美国环保局合作制定了基于技术检测的排放标准。使用沉积物毒性测试,对比了现场钻井液排放物与C16—C18内烯烃合成基钻井液排放物的毒性。文献[5]中介绍了该试验的对比结果。

### 6.2.2 虾类急性毒物测试

使用海湾中生存的幼虾和小鱼进行标准急性毒性检测是常用的生物毒性检测方式之一。将路易斯安那州原油和国家应急计划产品中的八种分散剂,SPC1000、Nokomis3-F4、Nokomis3-AA、ZI-400、SAFRON Gold、Sea Brat#4、Corexit 9500 A 和 JD 2000 混合后进行该测试。在美国环保局的第一轮独立毒性测试中也使用了相同的八种分散剂。

测试发现上述八种分散剂均低于任意两种原油—分散剂混合物的毒性测试。当单独测试时,路易斯安那州原油对糠虾的毒性相比于八种分散剂更高。发现 Nokomis 3-AA 和原油的混合物比单一原油毒性更高,其他分散剂—原油混合物的毒性跟单一原油对糠虾毒性相当[6]。

### 6.2.3 环境测试

加拿大要求海上钻井和开发所用的材料必须通过 Microtox Ⓡ急性毒性检测[7]。该测试已在别处阐述[8,9]。

Microtox Ⓡ急性毒性检测的基础是监测荧光细菌的发光强度。光是荧光细菌细胞呼吸的副产物。当荧光细菌处于毒性条件时,会引起其呼吸速率降低,从而导致发光速率降低。因此,可通过测试荧光细菌的发光量测量物质的毒性。测试终点是在给定时间和温度条件下测量光强度降至样品有效浓度(EC)的特定量。通常,有效浓度表示为 $EC_{50}(15)$,表示在15℃下经过 15min,发光量减少至样品有效浓度的50%。根据当地法规,不同区域对生物毒性测试过程中暴露时间的长短和 $EC_{50}$ 最低值有所不同。在一些实施方案中，将本发明的添加剂可使用浓度规定为添加到水基井筒工作液中，导致 $EC_{50}(15)$ 值大于 50% 时的浓度。在其他实施方案中，要求 $EC_{50}(15)$ 值大于 70% 或 $EC_{50}(15)$ 值大于 90%[7]。

## 6.3 污染物

### 6.3.1 毒理学数据

从一些机构收集的毒理学数据见表 6-1。

表 6-1 毒理学数据

| 化合物名称 | CAS 号 | 急性毒性 LD50(mg/kg) | 动物 |
| --- | --- | --- | --- |
| 丙烯酸 | 79-10-7 | 830 | 老鼠 |
| 2-丙烯酰胺基-2-甲基丙烷磺酸 | 15214-89-8 | 1440 | 老鼠 |
| 过硫酸铵 | 7727-54-0 | 689 | 老鼠 |
| 氯化胆碱 | 67-48-1 | 3400 | 老鼠 |
| 2,2′-偶氮二异丁氰 | 78-67-1 | 100 | 老鼠 |
| 二乙醇胺 | 111-42-2 | 710 | 老鼠 |
| 2-氨基乙醇 | 141-43-5 | 1720 | 老鼠 |
| 苯甲酸 | 65-85-0 | 1700 | 老鼠 |
| 二甲基脲 | 96-31-1 | 4000 | 老鼠 |
| 柠檬酸 | 77-92-9 | 3000 | 老鼠 |
| 乙二醇 | 107-21-1 | 4700 | 老鼠 |
| 乙二胺四乙酸 | 60-00-4 | 4500 | 老鼠 |
| 乙二胺二钾盐 | 25102-12-9 | 2150 | 老鼠 |
| 甲酸 | 64-18-6 | 1100 | 老鼠 |
| 戊二醛溶液(50%) | | 134 | 老鼠 |
| 乙二醛溶液(40%) | | 1100 | 老鼠 |
| 2-巯基苯并噻唑 | 149-30-4 | 100 | 老鼠 |
| 甲醇 | 67-56-1 | 5628 | 老鼠 |
| 过硼酸钠四水合物 | 10486-00-7 | 1200 | 老鼠 |
| 氨基磺酸 | 5329-14-6 | 3160 | 老鼠 |
| 三唑 | 288-88-0 | 1750 | 老鼠 |

### 6.3.2 硫醇

硫醇用途广泛，如生物腐蚀抑制剂、医用金属表面涂层剂中的抗真菌药物以及橡胶的硫化促进剂[10, 11]。

使用非均相 $TiO_2$ 催化剂测试了 2-巯基苯并噻唑、2-巯基苯并咪唑、2-巯基苯并恶唑、

2-巯基吡啶和对甲苯甲硫醇水溶液的光催化氧化[12]。

通过改变催化剂的量、氧气量、pH 值和照射时间优化降解过程。通过这种光催化方法，上述硫醇衍生物几乎完全矿化成二氧化碳、氨和硫酸根离子[12]。

2-巯基苯并噻唑是一种广泛使用但有毒且难以生物降解的污染物[13]。

### 6.3.3 烯丙胺

众所周知，烯丙胺在某些方面具有毒性。烯丙胺对心血管系统有毒，导致主动脉、瓣膜和心肌损伤。烯丙胺代谢为具有高反应性丙烯醛，具有急性毒性[15]。

## 6.4 副产品

许多有机钻井液处理剂均为废弃物副产物[16]。因此，使用废弃物副产品作为钻井液处理剂具有废物利用的优点。使用可生物降解的有机处理剂使废弃钻井液处理成本更低并且对环境影响更小。

通过压榨橄榄得到的橄榄油广泛用作食品添加剂。压榨橄榄制备橄榄油的过程中会产生大量废橄榄浆，必须妥善处理。废橄榄浆大多通过燃烧处理。然而，随着环境法的越来越严格，导致燃烧废橄榄浆处理废弃物越来越难。因此，需要一种用于处理橄榄浆的安全环保的替代方案。

将橄榄浆用作钻井液处理剂为大量处理橄榄浆提供一种安全环保的方法，同时在钻井液中还起到降滤失、堵漏、消除地层的负面影响以及减少井筒中不希望出现化学反应的作用。

通过干燥除去橄榄浆残留的水，然后将其研磨至粒径小于约 1500μm 制备颗粒状橄榄浆。干燥后，橄榄果肉中还含有约 14% 的残余橄榄油[16]。

磨碎的橄榄浆可以添加到油基或水基钻井液中。如此制备和利用废橄榄浆作为钻井液处理剂，也为处理废橄榄浆提供了一种安全环保的方法。

在钻井和完井作业中，橄榄果肉颗粒可以进入地层孔隙和微裂缝实现堵漏。随着颗粒膨胀，可以进一步封堵地层[16]。而且，橄榄浆中的残余橄榄油还有助于提高钻井液的润滑性能。

## 6.5 废液

对马塞卢斯地层中水平井水力压裂产生的废液进行了检测。对此已提出保护措施，要求尽量减少废液暴露[17]。

结果表明，返排液、钻井液和水平井水力压裂液均不同程度地超过了 SDWA[3] 的限值。由于这些物质中存在污染物，因此正确处理和控制废液对于防止危害环境至关重要[17]。

## 6.6 废液在固井过程中的应用

在油井增产过程中，酸化返排、放喷返排、完井、酸性矿井排水或管道维护均会产生废液。通常，需要对产出水进行处理后才能满足排放标准。如果在地面对产出水进行处理和管理,处理过程所需的价格昂贵,耗时长且工艺复杂。因此,非常有必要改进采出水的处理方法。

在现有技术中,早期对钻井液废弃物加入水泥浆中进行了评价[19]。

然而,将钻井液作为水泥材料也遇到了一些问题,如当添加和泵送水钻井液时会出现黏度增加和絮凝。

在钻屑中加入石灰、火山灰、波特兰或矿渣水泥将其固化是经济可行。不幸的是,氯离子会影响水泥的候凝,因为这些离子起到阻凝的作用。而且,水泥环的机械强度会降低。因此,以上方式处理含氯化钠钻屑废弃物仍然存在问题。

但是,正磷酸盐的加入在水泥基质中可以生成了磷灰石和水铝钙石,在水泥中形成连续且微溶的网络。这些物质将盐粒包裹在网络中,从而降低了它与水的相互作用或捕获氯化物,减少了盐的释放[20]。据报道,水铝钙石可以捕获普通波特兰水泥中的氯化物[21]。在高pH值下,水铝钙石产生沉淀,化学反应式如下:

$$2Ca(OH)_2 + Al(OH)_4^- + Cl^- + 2H^+ \longrightarrow Ca_2(OH)_6Cl \cdot 3H_2O ❶$$

通过对嵌入了油基岩屑的水泥基质进行浸泡试验,发现用磷酸钾处理岩屑将溶解盐的量从41.3%大幅度降到19.1%。相比之下,磷酸铝对于水基钻屑的稳定性更有效[20]。

对用于填埋或作为建筑产品重复使用钻屑处理方法进行筛选。基于北海和红海地区具有代表性钻屑中存在的特定污染物的平均浓度,合成了两种混合物。两种合成钻屑中含有的氯化物含量为2.03%和2.13%,但烃含量分别为4.20%和10.95%[22]。两种钻屑中的铝离子含量基本相当,含烃量差距较大,因此,该钻屑分别表示为低油含量和高油含量钻屑。

测试了许多常规固化剂的稳定性和固化性。如波特兰水泥、石灰和高炉矿渣。此外,还筛选了一些新型固化剂,如微米二氧化硅和氧化镁水泥。尽管研究的合成钻屑中烃的含量存在差异,但使用相同类型和含量固化剂的样品力学性能相似。

此外,样品浸出毒性试验表明,浸出到稳定状态的样品中非反应性危险废弃物量有所减少。浸出毒性试验执行欧洲标准[23]。但是,其他类似测试也可完成这项工作[22]。

石蜡的浸出毒性试验表明,在几种固化剂中,石灰—波特兰水泥固化剂性能最佳。与未经处理的钻屑相比,仅使用10%的固化剂可降低85%以上浸出毒性[22]。

转化的钻井液仍然具有一定的凝胶特性,并且对温度特别敏感[24]。换句话说,如果井筒温度超过预期,水泥化合物会呈现快速凝固或硬化的趋势。由于大多情况下井筒温度难以预测,因此有必要降低钻井液转化为水泥的温度敏感性[19]。

为了处理在油气钻井、生产过程中回收的采出水,需要及时将采出水与Ⅰ型波特兰水泥混合形成水钻井液。采出水中的化合物可作为潜在的促凝剂、降滤失剂、消泡剂、防水剂、分散剂和增塑剂。

然后将该浆液泵入井下并使其固化并形成水泥。已经证明,通过将产出水与Ⅰ型波特兰水泥混合,形成的水泥石抗压强度和自由水含量基本能够满足固井需求[18]。

通过高炉矿渣可以将水基钻井液转化为水泥[25-29]。高炉矿渣是一种独特的材料,对钻井液的流变性和滤失性影响很小。被激活后的高炉矿渣能够固化那些难以用其他凝固技术转

---

❶ 原书反应式不平衡。

化为水泥的钻井液。

与波特兰水泥相比,高炉矿渣是一种来源广且质量稳定的产品。用于固井作业的高炉矿渣和钻井液混合时,其流动性和固化性与传统波特兰水泥化合物的性能相当。

在波特兰水泥的生产工艺中,许多其他废料可用作传统原料的替代品,或用作二次燃料(如旧轮胎)[30, 31]。特别是,在水泥熟料生成中,可将钻井废弃物用来燃烧[32]。

对于废弃物处理方和水泥制造商而言也是一种互惠互利。水泥制造公司和其他废物处理工程减少了对传统原材料的需求,并节省了垃圾填埋场空间。

废弃水基钻井液可以通过添加水泥混合物[33],特别是那些低质量高炉矿渣混合物来转化为水泥[26, 28, 34, 35]。这种混合物已在4~315℃的温度井中取得应用。岩屑可以通过如下步骤进行处理[36]:

(1)混合钻屑、水和高炉矿渣。
(2)将混合料注入环空中。
(3)钻屑、水和炉渣进行固化。

高炉矿渣水泥廉价,炉渣与油基和水基钻井液配伍性好[36],因此,在环空固化之前不需要清除钻屑[37]。

## 6.7 废液在聚合物生产过程中的应用

文献[38]中介绍了一种通过聚合物和钻屑来制造复合材料的方法。这些钻屑表面上通常含有油。

钻屑表面的井下流体包括水或残余油。因此,含油钻屑可以在嵌入之前进行预处理,或者也可以直接嵌入基础材料中不进行预处理。

化学处理法预处理钻屑可以大幅度减少固相中地层流体的含量。钻屑的物理处理法为热处理。此外可以将钻屑悬浮在溶剂中进行预处理。溶剂为极性溶剂和非极性溶剂,例如水和乙醇。

如果钻屑的矿物类型与传统聚合物填料非常相似,那么可以将钻屑作为聚合物填料使用。由于聚合物填料的性质由聚合物类型、填料量、填料粒度、填料形状或表面性质决定,所以几乎所有类型的钻屑都可用作填料。

聚合物基质中至少含有一种半结晶聚合物和无定形聚合物。半结晶聚合物可以是聚丙烯。无定形聚合物可以是聚苯乙烯(PS)。可以用混合装置将聚合物和钻井废弃物混合。上述方法可用来回收受油污染的钻屑,同时为聚合物填料提供资源[38]。

## 6.8 水基钻井液的处理

### 6.8.1 封装

将钻井液与可交联聚合物以及交联剂混合并使其在预定的时间内固化,是一种环境友好型的处理方法[39]。

在固化之前,将该混合物注入地层,并使其在地层中固化,推荐注入废井中。适合作交联剂的化合物见表6-2。

表6-2 用于钻井液处理的聚合物和交联剂[39]

| 聚合物 | 交联剂 | 聚合物 | 交联剂 |
|---|---|---|---|
| 羟丙基瓜胶 | 醛 | 聚环氧烷烃 | 钛螯合物 |
| 聚丙烯酰胺 | 二元醛 | 羧基纤维素 | 柠檬酸铝 |
| 黄原胶 | 酚 | 羟乙基纤维素 | 柠檬酸铬 |
| 聚乙烯醇 | 醚 | 半乳甘露多糖 | 醋酸铬 |
| 聚乙酸乙烯酯 | 铝酸盐 | 丙烯酸丙烯酰胺共聚物 | 丙酸铬 |
| 聚乙烯基吡咯烷酮 | 没食子酸盐 | | |

表6-3 钻井液处理还原剂[39]

| 含硫还原剂 | 不含硫还原剂 | 含硫还原剂 | 不含硫还原剂 |
|---|---|---|---|
| 亚硫酸钠 | 对苯二酚 | 硫化钠 | 二氯化肼 |
| 连二亚硫酸钠 | 氯化亚铁 | 硫代硫酸钠 | 氯化锰 |
| 偏亚硫酸氢钠 | 对肼基苯甲酸 | 硫酸亚铁硫代乙酰胺 | 碘化钾 |
| 偏亚硫酸氢钾 | 肼亚磷酸盐 | 硫化氢亚铁 | 氰化钾 |
| | | | 硝酸锰 |

为了控制钻井液的固化时间,需要在钻井液中选择性地加入交联反应调节剂。交联反应调节剂包括能活化交联剂的还原剂、能抑制交联剂活性并在所需条件下释放交联剂的螯合剂、在所需条件下降低pH值从而使交联剂起作用的pH值调节剂。常见的还原剂见表6-3。

螯合剂是多价金属离子,如铝、铬和铁的柠檬酸盐,丙酸盐和乙酸盐。pH值调节剂是酸前体和碱前体,通过水解或热分解分别形成对应酸或碱。

常见的酸前体有可水解酯、酸酐、磺酸盐、有机卤化物以及强酸弱碱盐,见表6-4。

甘油醋酸酯,也叫是甘油单乙酸酯,二甘油醋酸酯也叫甘油二乙酸酯,酸前体和碱体分子结构如图6-1所示。

可交联聚合物、交联剂和交联反应调节剂与钻井液混合后,得到可固化的一次性钻井液,然后将其注入地层[39]。

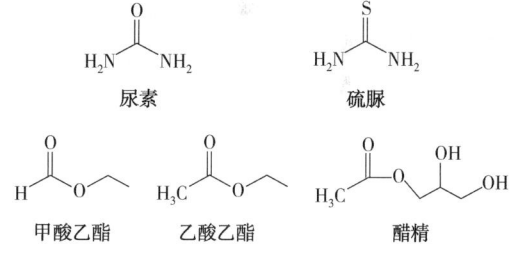

图6-1 酸前体和碱前体分子结构

表6-4 酸前体和碱前体[39]

| 酸前体 | 碱前体 | 酸前体 | 碱前体 |
|---|---|---|---|
| 乙酸甲酯 | 铵盐 | 黄原胶 | |
| 甲酸丙酯 | 季铵盐 | 硫氰酸盐 | |
| 乙酸乙酯 | 氯化铵 | 聚乙烯酯 | |
| 甘油单乙酸酯 | 尿素 | 乙酸乙酯 | |
| 甘油醋酸酯 | 硫脲 | 丙烯酸酯共聚物 | |
| 甘油二乙酸酯 | 取代的脲 | 二甲酯 | |
| 醋精 | | | |

将该流体沿井筒注入到地层的内部孔洞中,直至流体从另外至少一口井的井口流出,流出井通过地层内部孔洞与注入井连通。一段时间后,流体固化然后固定在地层孔隙中。由于钻井液被固定在地层中,大大降低了其迁移到地层其他位置(如饮用水含水层)带来的潜在环境风险[39]。

### 6.8.2 油的回收

使用生物聚合物可以直接回收油和水包油乳液中的油[40]。甲壳素和壳聚糖等生物聚合物是用于回收油的低成本吸附剂。由于甲壳素的疏水特性,其吸附能力比壳聚糖更大。

使用间断平衡模型来优化各种参数,如接触时间、pH 值、加量、油的初始浓度和温度。接触 40min 后吸附过程达到平衡,在酸性介质中发现油的清除率高于 90%。

使用 Freundlich 和 Langmuir 等温线表征吸附平衡,由此,通过计算热力学参数(如 $\Delta G$、$\Delta H$ 和 $\Delta S$)来阐明吸附机理。此外,基于反应和扩散模型进行了动力学研究测试。

## 6.9 钻井废弃物

处理钻井过程中产生的钻屑和其他废弃物既是环境问题又是经济问题[41]。环境法规建议将钻屑重新注入地下,使含油钻屑回到原产地,实现零排放。

当最初引入这种技术时,注入单井内的最大钻屑体积约为 $5000m^3$。现在,特别是在大项目中,注入的钻屑量显著增长。

流变学的设计和操作程序的选择等方面取得了很大进展,例如,利用悬浮和置换来避免注入能力的损失,最大限度地提高处理能力,并最大限度地减少健康、安全和环境问题。

结合风险评估软件、工具,已有数据、知识和经验,用来模拟回注过程中存在的不确定性和潜在风险[41]。

### 6.9.1 微波处理

油井钻井过程中常产生被非水基钻井液污染的钻屑,随着环境法的制定以及勘探和生产钻井成本的降低,要求进一步优化固液分离工艺[42]。目前,在巴西被合成基钻井液污染的钻屑海上排放环境阈值为 6.9%。

微波是一种很有前景的技术,可以去除钻屑中的有机组分。微波加热技术可以用来处理被非水基钻井液污染的钻屑。这种干燥方法适用于被污染的钻屑。采用中心复合试验设计法,以钻井液浓度、岩屑质量和特定能量为输入变量,以残留石蜡和残留水含量为输出变量,研究了微波处理被污染岩屑的效率[42]。

### 6.9.2 钻屑输送

目前,大型盐下地区钻探已成为巴西海上盐下储层开发的常规方法[43]。通常使用油基钻井液钻探 2000m 以深的盐层。钻屑排放规定,必须对油基钻屑进行干燥处理,这对钻井施工有一定的限制。

使用饱和盐水钻井液是一种提高盐层钻进效率的替代方案,因为无需对水基钻井液钻屑进行干燥处理。虽然该技术需特别注意钻井过程中井眼扩径和井壁失稳的问题,但仍然非常具有吸引力。

通过将设计合适的水力参数,可以保证钻屑的携带和运输。由于钻屑可溶于钻井液中,钻屑直径在欠饱和钻井液中随循环流量增加而降低,井下压力恒定条件下,钻井液中的钻屑的容量限更高。因此,即使在高钻速下也可实现钻井安全和井眼清洁[43]。

### 6.9.3 钻屑堆肥

将含油钻屑与木屑以 1∶1 的比例混合,然后将混合物与土壤、家禽粪便和植物废弃物以 4∶2∶1 的比例混合,堆肥 18 周[44]。

在 12 周内异养细菌群落稳定增加。可以观察到堆肥系统的混合群落由 10 个细菌属和 5 个真菌属组成。堆肥系统的最高 pH 值为 8.15,电导率不断下降。

基于此研究结果,建议石油勘探与开发公司推行钻屑废弃物堆肥政策,即将有机肥,如家禽和植物废弃物与钻屑进行堆肥处理,以减少常规处理技术带来的高成本、耗能和污染问题[44]。

## 6.10 采出水的管理

在油田开发的后期,将产生更多的采出水[45]。合适的处理水平和技术取决于诸多因素,例如处置方法或用途、环境影响以及经济等。采出水管理的关键因素和目标如下[46]:

(1) 努力实现零排放;
(2) 不向地表或海洋排放;
(3) 变废为宝;
(4) 增量和渐进式分离;
(5) 采取超前措施,积极主动影响合作方、监管机构和环境法律。

文献[46]中给出了注水开发作业中采出、分离、处置废水的管理思路。基于对当前可用工具的全面评估和以往经验中获得的深刻见解,即可提炼出最佳作法。

有学者在原油集输站附近建了先导性试验工厂,其处理容量为 50 $m^3/d$,尝试对采出水进行浮选、过滤和吸附处理[45]。

设计的工厂具有一定的灵活性,可以测试将以上三种工艺进行不同组合的处理效果。加入了不同排量的凝结剂(聚氯化铝)进行诱导气体浮选试验。利用凝结/絮凝方法成功地从水中除去了分散的油珠。

浮选后水的浊度降低了 57%~78%。此外,过滤又进一步降低了水的浊度。通过红外测量发现,活性炭吸附也降低了水中油的浓度。

结果表明,吸附处理对化学需氧量低的产出水更为实用,因为水中高的氧浓度会显著降低活性炭的寿命[45]。

## 6.11 土壤油污染

在运输矿物油,特别是运输原油过程中,由于石油泄漏和石油排出,往往会对环境造成严重污染[47]。大到油罐爆裂或运输管道泄漏，小到事故发生后的燃料流出都会造成土壤油污染。

从水表面清除油污的方法很多，例如，使用可漂浮的油黏合剂。但被油污染的土壤清洁起来非常困难。使用机械清除被污染的土壤及其随后的处理成本昂贵。即使对于非常少量的污染也需要花费很大精力才能清除，且在经济上和后勤上不可能提供足够的支撑。

需要清洁的油污染环境种类很多，如，受油污染的岩石海岸和海滩以及油罐内部。用水（如使用高压清洁器）清除油残留物，可能导致污染物转移到不同的位置。另一方面，用机械清洁油污表面需要花费更多的精力[47]。

用一定浓度的乳化剂、植物油和乙醇的混合物可以实现对油污染的土壤和油污染表面的环保清洁[47]。

非离子表面活性剂，尤其是脂肪胺、聚乙二醇或乙氧基化蓖麻油的油酸酯，特别适合作乳化剂。化合物组成见表6-5。

表6-5 乳化剂组成[47]

| 组分 | 含量（vol%） | 组分 | 含量（vol%） |
| --- | --- | --- | --- |
| 蓖麻油二油酸酯 | 12.5 | 乙醇或异丙醇 | 75 |
| 玉米胚芽油 | 12.5 | | |

表6-5中的产品可以用水乳化以便于储存和运输。在使用时，可将产品再次用水处理形成清洁液，然后洒到待处理的油污染表面上。油在清洁溶液中乳化并从土壤颗粒上分离。

在乳化状态下油的降解非常容易。可将清洁溶液喷洒到油污表面清洗表面油污。此外，可以将粉末状吸附剂加入到油罐清洗过程中形成的含油乳状液中。吸附剂吸附乳化油并形成沉淀物在溶液中沉积[47]。

出现在参考文献中的商品见表6-6。

表6-6 参考文献中的吸附剂产品

| 吸附剂名称 | 供货商 | 吸附剂名称 | 供货商 |
| --- | --- | --- | --- |
| Marlowet ® LVS | 德国沙素公司 | Microtox ®标准化毒性测试系统 | |
| PEG-18 蓖麻油二油酸酯 | 贝克曼库尔特公司 | | |

# 参 考 文 献

[1] Meinhold AF. Framework for a comparative environmental assessment of drilling fluids. Brookhaven Nat Lab Rep, BNL-66108; Brookhaven Nat Lab; 1998.

[2] CWA. Clean Water Act. Law CWA. Washington, DC: US Environmental Protection Agency; 2012. URL: http://water.epa.gov/action/cleanwater40/cwa101.cfm.

[3] SWDA. Safe Drinking Water Act. Law SWDA. Washington, DC: US Environmental Protection Agency; 2012. URL: http://water.epa.gov/lawsregs/rulesregs/sdwa/.

[4] Gallivan D. Hydraulic fracturing: the intersection of commerce, property rights and the environment in New York state. Law School Student Scholarship; 2014; Paper 470. URL: http://scholarship.shu.edu/student_scholarship/470.

[5] Dorn P, Rabke S, Glickman A, Nguyen K, MacGregor R, Candler J, et al. Development, verification, and

[6] EPA Toxicity Test. Mysid acute toxicity test. Toxicity Test. EPA 712-C-96-136. Washington, DC: US Environmental Protection Agency; 1996. URL: http://ww.epa.gov/ocspp/pubs/frs/publications/OPPTS-Harmonized/850-Ecological_Effects_Test_Guidelines/Drafts/850-1035.pdf.

[7] Patel AD. Low toxicity shale hydration inhibition agent and method of use. US Patent 8,298,996, assigned to M-I L.L.C. (Houston, TX); 2012. URL: http://www.freepatentsonline.com/8298996.html.

[8] Johnson BT. Microtox® acute toxicity test. In: Blaise C, Férard JF, editors. Small-scale freshwater toxicity investigations. Netherlands: Springer. ISBN 978-1-4020-3119-9; 2005, p.69-105. doi: 10.1007/1-4020-3120-3_2.

[9] AZUR Environmental. Microtox® acute toxicity test; 2010. URLhttp://www.coastalbio.com/images/Acute-Overview.pdf.

[10] Bujdakova H, Kuchta T, Sidoova E, Gvozdjakova A. Anti-Candida activity of four antifungal benzothiazoles. FEMS Microbiol Lett 1993; 112(3): 329-34. URL: http://www.scopus.com/inward/record.url?eid=2-s2.0-0027327305&partnerID=40&md5=81aa10882351cb00e18bd6e65a05e2db.

[11] Chen CC, Lin CE. Analysis of copper corrosion inhibitors by capillary zone electrophoresis. Anal Chim Acta 1996; 321(2-3): 215-8. doi: 10.1016/0003-2670(95)00591-9.

[12] Habibi MH, Tangestaninejad S, Yadollahi B. Photocatalytic mineralisation of mer-captans as environmental pollutants in aquatic system using TiO2 suspension. Appl Catal B: Environ 2001; 33(1): 57-63. doi: 10.1016/S0926-3373(01)00158-8.

[13] Fiehn O, Wegener G, Jochimsen J, Jekel M. Analysis of the ozonation of 2-mer-captobenzothiazole in water and tannery wastewater using sum parameters, liquid- and gas chromatography and capillary electrophoresis. Water Res 1998; 32(4): 1075-84. doi: 10.1016/S0043-1354(97)00332-1.

[14] Hine CH, Kodama JK, Guzman RJ, Loquvam GS. The toxicity of allylamines. Arch Environ Health: Int J 1960; 1(4): 343-52. doi: 10.1080/00039896.1960.10662707.

[15] Toraason M, Luken ME, Breitenstein M, Krueger JA, Biagini RE. Comparative toxicity of allylamine and acrolein in cultured myocytes and fibroblasts from neonatal rat heart. Toxicology 1989; 56(1): 107-17. doi: 10.1016/0300-483X(89)90216-3.

[16] Duhon Sr JJ. Olive pulp additive in drilling operations. US Patent 5,801,127; 1998. URL: http://www.freepatentsonline.com/5801127.html.

[17] Ziemkiewicz P, Quaranta J, Darnell A, Wise R. Exposure pathways related to shale gas development and procedures for reducing environmental and public risk. J Nat Gas Sci Eng 2014; 16: 77-84. doi: 10.1016/j.jngse.2013.11.003.

[18] St Clergy J, Toney FL. Methods for disposing of produced water recovered dur-ing hydrocarbon drilling, production or related operations. US Patent 8,608,405, assigned to Baker Hughes Incorporated (Houston, TX); 2013. URL: http://www.freepatentsonline.com/8608405.html.

[19] Wilson WN, Miles LH, Boyd BH, Carpenter RB. Cementing oil and gas wells using converted drilling fluid. US Patent 4,883,125, assigned to Atlantic Rich-field Company (Los Angeles, CA); 1989. URL: http://www.freepatentsonline.com/4883125.html.

[20] Filippov L, Thomas F, Filippova I, Yvon J, Morillon-Jeanmaire A. Stabilization of NaCl-containing cuttings wastes in cement concrete by in situ formed mineral phases. J Hazard Mater 2009; 171(1-3): 731-8.

[21] Haque MN, Kayyali OA. Free and water soluble chloride in concrete. Cem Concr Res 1995; 25(3): 531-42.

[22] Al-Ansary MS, Al-Tabbaa A. Stabilisation/solidification of synthetic petroleum drill cuttings. J Hazard Mater 2007; 141(2): 410-21.

[23] Anonymous. Characterization of waste—leaching; compliance test for leaching of granular and sludges—part 1: One stage batch test at a liquid to solid ration of 2 l/kg with particle size below 4 mm (without or with size reduction). European Standard, EN 12457-1. Brussels: CEN—Committee for European Standardization; 2002.

[24] Wyant RE, Van Dyke O. Method and composition for cementing oil well cas-ing. US Patent 3,499,491, assigned to Dresser Ind.; 1970. URL: http://www.freepatentsonline.com/3499491.html.

[25] Bell S. Mud-to-cement technology converts industry practices. Pet Eng Int 1993; 65(9): 51-2, 54-5. URL: http://www.osti.gov/scitech/biblio/6121882.

[26] Cowan KM, Hale AH. High temperature well cementing with low grade blast furnace slag. US Patent 5,379,840, assigned to Shell Oil Company (Houston, TX); 1995. URL: http://www.freepatentsonline.com/5379840.html.

[27] Cowan KM, Hale AH, Nahm JJW. Dilution of drilling fluid in forming cement slurries. US Patent 5,314,022, assigned to Shell Oil Company (Houston, TX); 1994. URL: http://www.freepatentsonline.com/5314022.html.

[28] Cowan KM, Smith TR. Application of drilling fluids to cement conversion with blast furnace slag in Canada. In: Proceedings volume, no. 93-601, CADE/CAODC Spring Drilling Conf. (Calgary, Can., 4/14-16/93) Proc.; 1993.

[29] Zhao L, Xie Q, Luo Y, Sun Z, Xu S, Su H, et al. Utilization of slag mix mud conversion cement in the Karamay oilfield, Xinjiang. J Jianghan Pet Inst 1996; 18(3): 63-6.

[30] Caveny B, Ashford D, Hammack R, Garcia JG. Tires fuel oil field cement manufac-turing. Oil Gas J 1998; 96(35): 64-7.

[31] Schreiber Jr RJ, Yonley C. The use of spent catalyst as a raw material substitute in cement manufacturing. ACS Pet Chem Div Preprints 1993; 38(1): 97-9.

[32] Hundebol S. Method and plant for manufacturing cement clinker. WO Patent 9429231; 1994.

[33] Terry DT, Onan DD, Totten PL, King BJ. Converting drilling fluids to cementitious compositions. US Patent 5,295,543, assigned to Halliburton Company (Duncan, OK); 1994. URL: http://www.freepatentsonline.com/5295543.html.

[34] Benge OG, Webster WW. Evaluation of blast furnace slag slurries for oilfield application. In: Proceedings volume. Iadc/SPE Drilling Conf. (Dallas, 2/15-18/94); 1994, p. 169-80.

[35] Saasen A, Salmelid B, Blomberg N, Hansen K, Young SP, Justnes H. The use of blast furnace slag in North Sea cementing applications. In: Proceedings volume, vol. 1. SPE Europe Petrol. Conf. (London, UK, 10/25-27/94); 1994, p. 143-53.

[36] McCarthy SM, Daulton DJ, Bosworth SJ. Blast furnace slag use reduces well completion cost. World Oil 1995; 216(4): 87-88, 90, 92, 94, 96.

[37] Hale AH. Well drilling cuttings disposal. US Patent 5,341,882, assigned to Shell Oil Company (Houston, TX); 1994. URL: http://www.freepatentsonline.com/5341882.html.

[38] Hofstätter H, Holzer C. Recycling of borehole solids in polymers. WO Patent 2013,037,978 assigned to Montanuniversität Leoben; 2013. URL: https://www.google.at/patents/WO2013037978A1?cl=en.

[39] Dovan HT. Drilling mud disposal technique. US Patent 5,213,446, assigned to Union Oil Company of California (Los Angeles, CA); 1993. URL: http://www.freepatentsonline.com/5213446.html.

[40] Elanchezhiyan SSD, Sivasurian N, Meenakshi S. Recovery of oil from oil-in-water emulsion using

biopolymers by adsorptive method. Int J Biol Macromol 2014. doi: 10. 1016/j. ijbiomac. 2014. 07. 002.

[41] Guo Q, Geehan T, Ovalle A. Increased assurance of drill cuttings reinjection: challenges, recent advances, and case studies. SPE Drill Completion 2007; 22(2). doi: 10. 2118/87972-PA.

[42] Pereira MS, de Ávila Panisset CM, Martins AL, Marques de Sá CH, de Souza Barrozo MA, Ataide CH. Microwave treatment of drilled cuttings contaminated by synthetic drilling fluid. Sep Purif Technol 2014; 124(0): 68-73. URL: http://www.sciencedirect.com/science/article/pii/S138358661400032X. doi: 10. 1016/j. seppur. 2014. 01. 011.

[43] Silva F, Calçada L. Transport of soluble drilled cuttings. American Association of Drilling Engineers 2014; AADE-14-FTCE-45. URL: http://www.aade.org/app/download/7238001550/AADE-14-FTCE-45. pdf .

[44] Imarhiagbe EE, Atuanya EI, Ogiehor IS. Co-composting of non-aqueous drilling fluid contaminated cuttings from ologbo active oilfield with organic manure. Niger J Biotechnol 2013; 26. URL: http://www.ajol.info/index. php/njb/article/view/103388.

[45] Al-Maamari RS, Sueyoshi M, Tasaki M, Okamura K, Al-Lawati Y, Nabulsi R, et al. Flotation, filtration, and adsorption: pilot trials for oilfield produced-water treatment. Oil Gas Facilities 2014; 2(3): 56-66.

[46] Abou-Sayed A, Zaki K, Wang G, Sarfare M, Harris M. Produced water management strategy and water injection best practices: design, performance, and monitoring. SPE Prod Oper 2007; 22(1). doi: 10. 2118/108238-PA.

[47] Kroh W. Agent for treating oil-polluted ground, and for cleaning oil-contaminated surfaces and containers. US Patent 7, 947, 641, assigned to Swisstech Holding AG (Zug, CH); 2011. URL: http://www.freepatentsonline.com/7947641. html.

## 国外油气勘探开发新进展丛书（一）

书号：3592
定价：56.00元

书号：3663
定价：120.00元

书号：3700
定价：110.00元

书号：3718
定价：145.00元

书号：3722
定价：90.00元

## 国外油气勘探开发新进展丛书（二）

书号：4217
定价：96.00元

书号：4226
定价：60.00元

书号：4352
定价：32.00元

书号：4334
定价：115.00元

书号：4297
定价：28.00元

# 国外油气勘探开发新进展丛书（三）

书号：4539
定价：120.00元

书号：4725
定价：88.00元

书号：4707
定价：60.00元

书号：4681
定价：48.00元

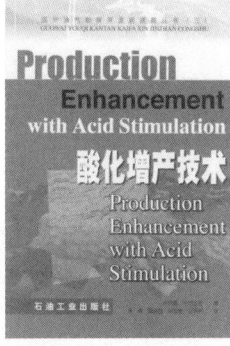

书号：4689
定价：50.00元

书号：4764
定价：78.00元

## 国外油气勘探开发新进展丛书（四）

书号：5554
定价：78.00元

书号：5429
定价：35.00元

书号：5599
定价：98.00元

书号：5702
定价：120.00元

书号：5676
定价：48.00元

书号：5750
定价：68.00元

## 国外油气勘探开发新进展丛书（五）

书号：6449
定价：52.00元

书号：5929
定价：70.00元

书号：6471
定价：128.00元

水基钻井液、完井液及修井液技术与处理剂　173

书号：6402
定价：96.00元

书号：6309
定价：185.00元

书号：6718
定价：150.00元

## 国外油气勘探开发新进展丛书（六）

书号：7055
定价：290.00元

书号：7000
定价：50.00元

书号：7035
定价：32.00元

书号：7075
定价：128.00元

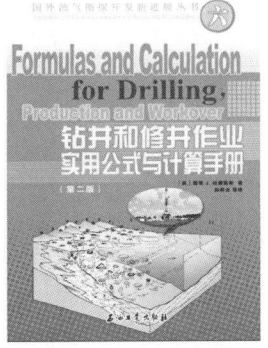

书号：6966
定价：42.00元

书号：6967
定价：32.00元

## 国外油气勘探开发新进展丛书（七）

书号：7533
定价：65.00元

书号：7802
定价：110.00元

书号：7555
定价：60.00元

书号：7290
定价：98.00元

书号：7088
定价：120.00元

书号：7690
定价：93.00元

## 国外油气勘探开发新进展丛书（八）

书号：7446
定价：38.00元

书号：8065
定价：98.00元

书号：8356
定价：98.00元

书号：8092
定价：38.00元

书号：8804
定价：38.00元

书号：9483
定价：140.00元

# 国外油气勘探开发新进展丛书（九）

书号：8351
定价：68.00元

书号：8782
定价：180.00元

书号：8336
定价：80.00元

书号：8899
定价：150.00元

书号：9013
定价：160.00元

书号：7634
定价：65.00元

# 国外油气勘探开发新进展丛书（十）

书号：9009
定价：110.00元

书号：9989
定价：110.00元

书号：9574
定价：80.00元

书号：9024
定价：96.00元

书号：9322
定价：96.00元

书号：9576
定价：96.00元

# 国外油气勘探开发新进展丛书（十一）

书号：0042
定价：120.00元

书号：9943
定价：75.00元

书号：0732
定价：75.00元

# 水基钻井液、完井液及修井液技术与处理剂

书号：0916
定价：80.00元

书号：0867
定价：65.00元

书号：0732
定价：75.00元

## 国外油气勘探开发新进展丛书（十二）

书号：0661
定价：80.00元

书号：0870
定价：116.00元

书号：0851
定价：120.00元

书号：1172
定价：120.00元

书号：0958
定价：66.00元

书号：1529
定价：66.00元

## 国外油气勘探开发新进展丛书（十三）

书号：1046
定价：158.00元

书号：1167
定价：165.00元

书号：1645
定价：70.00元

书号：1259
定价：60.00元

书号：1875
定价：158.00元

书号：1477
定价：256.00元

## 国外油气勘探开发新进展丛书（十四）

书号：1456
定价：128.00元

书号：1855
定价：60.00元

书号：1874
定价：280.00元

书号：2857
定价：80.00元

书号：2362
定价：76.00元

## 国外油气勘探开发新进展丛书（十五）

书号：3053
定价：260.00元

书号：3682
定价：180.00元

书号：2216
定价：180.00元

书号：3052
定价：260.00元

书号：2703
定价：280.00元

书号：2419
定价：300.00元

书号：2274
定价：68.00元

书号：2428
定价：168.00元

书号：1979
定价：65.00元

书号：3450
定价：280.00元

书号：2862
定价：160.00元

书号：3081
定价：86.00元

书号：3514
定价：96.00元

书号：3512
定价：298.00元

书号：3980
定价：220.00元

## 国外油气勘探开发新进展丛书（十八）

书号：3702
定价：75.00元

书号：3734
定价：200.00元

书号：3693
定价：48.00元

书号：3513
定价：278.00元

# 国外油气勘探开发新进展丛书（十九）

书号：2216
定价：120.00元

书号：3834
定价：200.00元